住房城乡建设部土建类学科专业"十三五"规　　材

高等学校风景园林（景观学）专业规划推荐教材

国家公园规划

Planning for National Parks

杨　锐　庄优波　赵智聪　著

中国建筑工业出版社

图书在版编目（CIP）数据

国家公园规划／杨锐等著 ． —北京：中国建筑工业
出版社，2018.8
住房城乡建设部土建类学科专业"十三五"规划教材
高等学校风景园林（景观学）专业规划推荐教材
ISBN 978-7-112-22724-2

Ⅰ．①国…　Ⅱ．①杨…　Ⅲ．①国家公园－规划－
高等学校－教材　Ⅳ．① S759.9

中国版本图书馆 CIP 数据核字（2018）第 217858 号

本教材共由 14 章组成。第 1 章至第 3 章回顾了国家公园与自然保护地的类型构成、
演变脉络和现状概况；第 4 章对国家公园规划体系进行了概括性描述，包括规划演变脉络、
规划特征、规划层次与内容、规划程序与方法、与其他规划的协调等；第 5 章"资源评价"
阐述国家公园价值构成、价值评价方法、以价值完整性保护为基础的国家公园范围划定等，
是后面的目标体系、战略规划和各项专题规划的基础；第 6 章"目标与战略的确定"；第
7 章分区规划是国家公园保护与利用统筹在空间上的综合体现；第 8 章至第 13 章是专题
规划，包括保护规划、环境教育、访客管理、社区协调、区域协调、规划环境影响分析等；
最后，第 14 章是规划实施体制保障，阐述国家公园体制建设为规划实施提供的多方面保障。
本书有配套课件，可加 QQ 群 628144042 下载。

责任编辑：杨　琪　王　跃　陈　桦　杨　虹
责任校对：芦欣甜

住房城乡建设部土建类学科专业"十三五"规划教材
高等学校风景园林（景观学）专业规划推荐教材
国家公园规划
杨　锐　庄优波　赵智聪　著
*
中国建筑工业出版社出版、发行（北京海淀三里河路 9 号）
各地新华书店、建筑书店经销
北京雅盈中佳图文设计公司制版
天津翔远印刷有限公司印刷
*
开本：787 毫米 ×1092 毫米　1/16　印张：15¼　字数：304 千字
2020 年 9 月第一版　2020 年 9 月第一次印刷
定价：**45.00** 元（赠课件）
ISBN 978-7-112-22724-2
（32838）

前　言

一、我国国家公园规划的"传承性"与"创新性"

从全球范围看，国家公园规划已经具有很长的历史。美国 1872 年成立第一个国家公园至今，各国的国家公园及保护地规划理论和技术方法均成果丰富。对于我国而言，从 1956 年成立第一个自然保护区以来，自然保护地规划领域也形成了较为丰富的规划理论和标准规范等，很多方面与国家公园规划具有共通性。在此背景下，清华大学在国家公园和保护地规划领域进行了长期持续的研究积累，包括 20 世纪 70~90 年代由吴良镛先生、朱畅中先生、郑光中先生等带领的风景区规划研究和实践，周维权先生 1996 年出版的《中国名山风景区》，以及杨锐教授团队 20 多年来对于自然遗产和混合遗产规划的长期探索，和国际国家公园规划理论的研究和借鉴应用等。这些国际国内相关的规划研究成果，有必要对其进行系统梳理和传承，作为我国国家公园规划研究的基础。

然而，我国国家公园体制建设至今仍是新鲜事物。"建立国家公园体制"是 2014 年《中共中央关于全面深化改革若干重大问题的决定》中确定的工作任务之一。到 2017 年 9 月，中共中央办公厅、国务院办公厅印发了《建立国家公园体制总体方案》，才明确了国家公园的内涵，以及国家公园体制建设的总体要求。因此从时间上看，我国国家制度背景下的国家公园规划是很新的新生事物。在"生态保护第一、国家代表性、全民公益性"的科学内涵指导下，国家公园规划应设置哪些目标、程序应如何组织、内容方法应如何安排等，均需要在新的体制背景下创新性构建。

二、我国国家公园规划的"迫切性"和"阶段性"

国家公园规划是国家公园保护管理的基本依据。未来 2~3 年我国国家公园体制试点区需要编制各项规划，之后陆续成立的各个国家公园也需要编制规划。无论对于规划编制者、还是对于国家公园管理者和基层规划实施者而言，均迫切需要规划理论和技术方法的指导。

目前我国国家公园体制建设尚处于试点期，相关体制和政策仍在探索中不断调整，这也决定了国家公园规划也具有了阶段性特征。因此，本次教材在内容组织上注意了两个方面。一方面，注重国家公园规划一些本质问题的讨论，包括规划理念、认识、概念、原则等，这些内容是对国际公认的理念和国内形成的传统的继承，讨论过程中强调其发展阶段和相应时代背景与驱动因素；另一方面，注重国家公园可操作的规划技术方法的讨论，包括规划内容、程序方法和技术等，以实现对当前阶段国家公园规划迫切需要的指导。

三、本书内容与编者

本书共由 14 章组成。第 1 章至第 3 章回顾了国家公园与自然保护地的类型构成、演变脉络和现状概况；第 4 章对国家公园规划体系进行了概括性描述，包括规划演变脉络、规划特征、规划层次与内容、规划程序与方法、与其他规划的协调等；第 5 章"资源评价"阐述国家公园价值构成、价值评价方法、以价值完整性保护为基础的国家公园范围划定等，是后面的目标体系、战略规划和各项专题规划的基础；第 6 章"目标与战略的确定"；第 7 章分区规划是国家公园保护与利用统筹在空间上的综合体现；第 8 章至第 13 章是专题规划，包括保护规划、环境教育、访客管理、社区协调、区域协调、规划环境影响分析等；最后，第 14 章是规划实施体制保障，阐述国家公园体制建设为规划实施提供的多方面保障。

除了署名的著者外，本书还凝聚了清华大学国家公园研究团队老师、已经毕业和在读各位同学在相关课题中的研究成果，包括钟乐、胡一可、王应临、张振威、许晓青、贾丽奇、彭琳、廖凌云、马之野、曹越、黄澄、张引、张碧坤、关学国、曹木、王笑时、叶晶、侯姝彧、张昀晨、陈爽云、宋松松、马志桐等。

限于作者水平和认识上的局限性，书中存在谬误实属难免，望广大读者批评指正，不吝赐教，以便在后续版本中更正。

目 录

第1章
总 论

教学要点

1. 什么是国家公园?
2. 什么是规划?
3. 什么是国家公园规划?
4. 怎样做好国家公园规划?

1.1 什么是国家公园①

1.1.1 国家公园定义

目前世界上权威的国家公园概念是由世界自然保护联盟（IUCN）定义的：
"大面积自然或近自然区域，用以保护大尺度生态过程以及这一区域的物种和
生态系统特征，同时提供与其环境和文化相容的精神的、科学的、教育的、休
闲的和游憩的机会。"

中国国家公园是国家生态文明制度建设的重要内容，是承载生态文明的绿
色基础设施。中共中央办公厅、国务院办公厅 2017 年 9 月印发的《建立国家
公园体制总体方案》对中国国家公园定义如下："国家公园是指由国家批准设
立并主导管理，边界清晰，以保护具有国家代表性的大面积自然生态系统为主
要目的，实现自然资源科学保护和合理利用的特定陆地或海洋区域。"

本书推荐使用的中国国家公园的定义是：由中央政府批准设立并行使事
权，边界清晰，以保护具有国家代表性、原真性和完整性的大面积生态系统、
大尺度生态过程，以及自然遗迹为主要目的，实现科学意义上最严格保护和合
理利用的特定陆地或海洋区域。这个定义中，除了强调生态保护第一、国家代
表性和全民公益性外，还明确了以下内容。其一，国家公园应由中央政府批准
设立并行使事权，改变目前我国自然保护地实质上由地方政府，尤其是市县级
政府行使事权的局面。其二，强调了国家公园的国家代表性、原真性和完整性
三大属性。其三，强调了对国家公园的"最严格保护"是科学意义上的最严格
保护，这意味着对国家公园及其自然生态系统的认识、规划、保护和利用等都
应该是科学意义上的。这也将成为本书讨论国家公园规划的根本出发点。

1.1.2 中国国家公园三大理念

中国的国家公园重点体现三大理念：生态保护第一、国家代表性、全民公
益性。

生态保护第一。生态文明背景下的中国国家公园所面临的环境、社会、人
口形势，与工业文明背景下的美国黄石国家公园和持续几千年的农业文明时期
中国古代名山风景区截然不同。1850 年中国人口达到农业文明时期的峰值 4.3
亿，1870 年黄石国家公园建立前美国的人口不到 4000 万，而今天中国的人口
规模近 14 亿，是前者的 3.25 倍，后者的 35 倍。巨大的人口规模、史无前例

---

① 本节内容主要参考：杨锐.生态保护第一、国家代表性、全民公益性——中国国家公园
体制建设的三大理念 [J]. 生物多样性，2017，25（10）：1040–1041.

的城市化和工业化速度使中国单位土地面积的污染排放量超过历史上最高的两个国家德国和日本 2~3 倍。在此背景下，建立国家公园体制是保障中国国土生态安全的重大举措，相比以审美体验为目标的名山风景区，和以美景保护为初始目标的早期黄石国家公园，大尺度生态过程和生态系统保护的战略地位高得多，所肩负的时代责任也重要得多。

国家代表性。中国国家公园保护的大面积自然或近自然区域，是中国生态价值及其原真性和完整性最高的地区，是最具战略地位的国家生态安全高地，例如第一轮试点中的三江源、大熊猫、东北虎豹等国家公园体制试点区都具有这样的特征。未来中国国家公园也许还将纳入更多具审美价值的名山大川，使国家公园成为美丽中国的华彩乐章，成为国家形象高贵、生动的代言者，成为激发国民国家认同感和民族自豪感的精神源泉。

全民公益性。国家公园作为最为珍贵稀有的自然遗产，是我们从祖先处继承，还要完整地传递给子孙万世的"绿水青山"和"金山银山"。因此必须保证这些无价遗产的全民利益最大化、国家利益最大化、民族利益最大化和人类利益最大化。四个利益最大化要求中国国家公园始终将生态保护放在第一位，并在此前提下，吸收融汇中国古代生态智慧，为全体中国人民提供作为国家福利而非旅游产业的高品质教育、审美和休闲机会。

1.2 什么是规划[①]

《辞海》中规划的定义：比较全面的长远的发展计划。就发展阶段而言，规划分为物质形体式、系统式和参与性过程式三个阶段。

早期规划为"物质形体式"规划，是从物质形体环境或形态角度来审视规划对象，并从形体和美学角度去进行规划、设计。规划被认为与设计没有本质差别。"美学观念"成为规划的核心和出发点，规划被视为一门"艺术"。

20 世纪 60 年代随着系统论的发展，逐步发展出"系统理性式"规划。将规划对象视为一个由多种要素组成的复杂系统，运用系统方法研究各个要素的现状、发展变化与构成关系。规划被视为一门"科学"，规划师也将自己的"设计师"定位转变到"科学系统分析者"的角色，他们相信规划掌握了决策与管理的新技术，能经过合理的程序对未来的决定作出理性的选择。

20 世纪 70~80 年代以来，逐步发展出"参与性过程式"规划。规划师不仅扮演有一技之长的专业人员角色，通过自己的主观意识和价值体系来进行规划，而且将自己投身到在公共事务中，扮演汇集群众意见和协调不同利益团体的角色。规划师注重公众参与，协调不同利益集团的利益关系。他们寻找解决问题、

① 本节内容主要参考：方澜，于涛方，钱欣.战后西方城市规划理论的流变 [J]. 城市问题，2002（01）：10-13.

实现规划的关键人物或关键部门，把他们引到讨论桌上，组织交流协商，以求共识；或者和相关各方——沟通，听取他们的意见，化解矛盾，帮助达成共识。此时的规划师不再仅仅被视为技术性角色，同时也是组织者、说服者、咨询者。

1.3　什么是国家公园规划[①]

国家公园规划可以从以下四个方面进行理解。

（1）具有一定程度限定的空间范围。国家公园规划有一个明确的空间范围，即国家公园范围。国家公园规划的作用被限定在这个范围内（当然也涉及国家公园与区域协调的相关内容）。在这一区域内，开展保护管理建设等各项活动，要按照国家公园规划预先给出的方式进行。国家公园也涉及区域协调的相关内容，所以这里提具有一定程度的限定。

（2）作为实现国家公园价值的技术手段。国家公园规划是一项技术，通过对物质空间要素和非物质要素的调控和安排，实现对国家公园的管理，以及对资源的有效保护和合理利用，最终实现国家公园的生态、文化或者科学价值以及科普、游憩等功能。

（3）以物质空间要素和非物质要素作为规划作用对象。国家公园规划的作用对象，既包括物质空间层面的功能分区、空间布局、土地利用和设施建设等，也包括非物质空间层面的公众参与、游客引导、社会经济引导调控、管理体制保障等。

（4）包含政策性因素和社会价值判断。国家公园规划决策不仅是科学决策过程，也是多种利益相关者不同社会价值的统筹协调过程。

国家公园规划糅合了前述四种规划的特点。其中，具有一定程度限定的空间范围，体现了"物质形体式"规划的特点；作为实现国家公园价值的技术手段、以物质空间要素和非物质要素作为规划作用对象，体现了"系统理性式"规划的特点；而包含政策性因素和社会价值判断，则体现了"参与性过程式"规划的特点。

1.4　怎样做好国家公园规划

（1）坚定的生态保护意识

国家公园的首要目标是保护好自然生态环境，因此规划师应扮演"为自然代言"的角色。树立坚定的生态保护意识，对当代中国国家公园的规划尤为重要。在如何处理保护与利用的矛盾，如何科学的认识自然、了解生态系统和生态过程，如何解决自然生态保护的问题等方面，都需要规划师对自然本身的价值有正确的认识，同时坚定的站在自然一边。

[①]　本节关于规划四个方面的理解主要借鉴：谭纵波 . 城市规划 [M]. 北京：清华大学出版社 . 2010.

（2）宽广的知识背景

国家公园是多元素的综合体，涉及自然、文化、历史、艺术、宗教、经济、社会等多方面。作为国家公园规划的理论基础，地理学、生物学、历史学、建筑学、风景园林学、旅游学、经济学、社会学等都对规划起到必要的指导作用。因此，要注意培养广泛的兴趣，积累多样的专业知识，并努力建立不同知识之间的有机联系。

（3）全面的综合素质

国家公园规划是应用性很强的一门学科，规划过程中需要与国家公园相关的各个行业进行交流沟通，以获得第一手资料和利益相关者观点等，因此除了有广泛的知识外，还需要培养良好的沟通交流能力，同时，国家公园规划过程是一个多学科团队合作过程，团队合作能力也是必备的重要能力。

（4）开放的价值判断

国家公园规划涉及多方利益，不仅有代表公众利益的游客、科研专家、非政府组织；也有代表私人利益的社区居民、经营者；以及代表地方利益的各级地方政府等；规划过程中需要保持开放态度，倾听各方利益诉求，并将其进行合理协调平衡，因此，秉持开放的价值判断，是做好一个各方都能接受的国家公园规划的基础。

（5）合适的专业方法

国家公园规划中，不同类型的生态系统，面临的问题、提供的规划条件往往很不相同，因此需要选择合适的专业技术方法。解决社区矛盾问题可能需要选择适宜的社会学方法，而恢复动物生境质量可能需要选择保护生物学方法；当游客统计数据有很好积累的条件下，可以采用多元回归方程进行游客规模预测，而当游客数据缺乏情况下，类比和经验法也可以发挥很好的作用。因此，技术方法并不一定强调"先进"，而是强调特定规划条件下的"合适"。

思考题

1. 我国国家公园定义与世界自然保护联盟（IUCN）定义及其他国家定义的异同？
2. 我国国家公园规划中如何体现生态保护第一、国家代表性和全民公益性三大理念？

主要参考文献

[1] 杨锐.生态保护第一、国家代表性、全民公益性——中国国家公园体制建设的三大理念 [J].生物多样性，2017，25（10）：1040-1041.
[2] 杨锐.论中国国家公园体制建设中的九对关系 [J].中国园林，2014，30（08）：5-8.
[3] 杨锐.防止中国国家公园变形变味变质 [J].环境保护，2015，43（14）：34-37.
[4] 杨锐.国家公园与自然保护地研究 [M].北京：中国建筑工业出版社.2016.
[5] 方澜，于涛方，钱欣.战后西方城市规划理论的流变 [J].城市问题，2002（01）：10-13.
[6] 谭纵波.城市规划 [M].北京：清华大学出版社.2010.

第2章 我国国家公园与保护地

教学要点
1. 人与自然精神联系的类型、影响因素与发展脉络。
2. 我国传统保护地的发展脉络、各阶段特点及影响因素。
3. 我国现代保护地概况及面临问题。
4. 我国国家公园体制改革基本概况。

2.1 人与自然的精神联系[①]

谢凝高先生认为，无论是农业文明时代的天下名山，还是工业文明时代的国家公园和生态文明时代的自然文化遗产，都是满足人类在不同发展阶段对大自然精神文化活动的需求，是人与自然精神往来的场所。人与自然这种复杂的精神联系，也是区别于其他高等动物的标志之一。他将人类与自然的这种精神联系划分为四个时代。

2.1.1 渔猎采集时代——自然崇拜关系

渔猎采集时代生产力极低，人们靠渔猎采集维持生存与发展，对大自然有强烈的依赖关系，对天地万物之间的关系"无所了解"，只能靠天赐良机、人碰运气才能生存与发展。因此人对大自然种种物象的认识莫不存在迷信与崇拜，人与自然的精神联系是普遍的自然崇拜关系。

2.1.2 农业文明时代——情感关系

中国"名山"是农业文明时代的产物，在"靠天吃饭"的农业时代，人与大自然的物质关系是索取、种植和饲养，很大程度上依赖大自然，并产生了敬畏、崇拜、祈求与亲和的情感。这种关系，已经从远古的普遍自然崇拜，上升到选择名山大川作为大自然的原型和代表，进行各种反映天人关系的精神文化活动。天下名山从作为普通的物质生产和经济开发对象的自然山岳中分离出来，专门作为人对自然的精神文化活动胜地，并受到保护。在中国数千年的农业文明时代，名山积淀了深厚的山水精神文化，发展了多种功能。其主要功能包括：帝王封禅祭祀、游览与审美、宗教文化与活动、山水文化创作体验、问奇于名山大川——探索山水科学、隐逸与书院文化等。

中国农业文明时代天下名山的功能发展历程，充分体现了人与自然精神联系的不断发展与深化。数千年来，有的功能消失了，如祭祀、隐读；有的功能发展了，如游览审美、探索规律等。这些都是属于建立在情感基础上的精神文化功能。

2.1.3 工业文明时代——理性关系

随着生产力的提高和经济的发展，科技开创了工业文明新时代。人类对大自然的依赖性相对减弱，与此同时，掠夺性的开发、对大自然的破坏也日趋严重。19世纪后半期，美国在西部大开发时，要求国会圈地保护，让世世代代

---

① 本节主要引用：谢凝高. 国家风景名胜区功能的发展及其保护利用 [J]. 中国园林，2005（07）：1-8.

的美国人都能享受这美丽的大自然。经国会通过、总统签署，1872 年美国诞生了世界上第一座国家公园——黄石国家公园。100 多年来，国家公园运动波及全世界。现在世界上已有 200 多个国家建立了 2600 多个国家公园，平均占其国土面积的 2.4%。一位美国政治家说，"如果说美国对于世界文明发展做过贡献的话，恐怕最大的就是设立国家公园的创见了"。国家公园（及其后发展的各类保护区）是工业文明时代，人与自然精神文化（包括科教）关系的纽带。它的特点是建立在理性即科学基础上的精神关系。我国于 1956 年成立了第一个自然保护区，1982 年经国务院批准公布了第一批国家风景名胜区，这些都标志着农业文明时代人与自然精神关系中的感性关系阶段已进入工业文明时代人与自然精神关系的理性阶段，强调保护原生自然本底，强调科研、科普和爱国主义教育功能，使各类保护地成为种质资源库、自然博物馆、生态实验室和环境教育课堂，限制游人及其服务设施的数量，使人与自然的精神关系建立在理性的科学基础上。

2.1.4　生态文明时代——伦理关系

后工业时代高科技的发展，使人类的生产生活发生了日新月异的变化，同时也给大自然带来空前的破坏，自然环境的日益恶化，已直接威胁到人类自身的生存与发展。联合国环境署发表的《全球环境二千年展望》的报告指出，地球上的植被、土地已遭严重破坏，全球 80% 的原始森林已被砍伐或被破坏，我国国土荒漠化速度也是史无前例的。

面对地球村的绿色家园受到日益严重的威胁、干扰、改造和毁坏，人们不仅要有整体的保护意识，更需要保护那些传统的自然文化遗产和抢救那些尚未被破坏的具有科学、美学和历史文化价值的自然保护区、自然风景区，以满足人类对大自然的精神文化的需求。这已成为全球的"共识"。

1972 年，联合国教科文组织通过了《保护世界文化与自然遗产公约》，以公约的形式联合全世界的力量来保护全球最珍贵的遗产，保护它的真实性和完整性，使之世代传承、永续利用。这也是现代文明的重要标志。这表明自然文化遗产功能的发展已进入生态文明时代，生态保护原则已成为保护的首要原则。这种精神文化关系是建立在发扬传统、突出生态价值的基础上，承认自然界的生物同人类有着同样的价值和权利。尊重自然、爱护生态，使人对自然的情感、理性的关系提高到伦理关系，并借以从精神、伦理和科学上指导人与自然的可持续发展。

2.2　中国传统保护地：名山风景区演变脉络

名山风景区是我国所特有的传统保护地类型。周维权先生认为，中国名山风景区经历了漫长的发展过程，既是人们对山岳的认识程度逐渐深刻、利用水平逐渐提高的历史，也是山岳文化逐渐丰富、充实、演变的历史。他将其从先秦至明清的历史细分为四个阶段，第一阶段为萌芽期，秦汉及之前，具备名山性质，第二阶段为转折期，两晋南北朝，从名山转向名山风景区；第三阶段为全盛期，唐宋时期；第四阶段为衰微期，明清时期[①]。这里把民国时期的探索列为第五阶段。

2.2.1 第一阶段：萌芽期

这一时期，山这种自然物披覆着各式各样的神秘帷幕，人们对它的认识是持着敬畏的宗教感情和神秘的伦理审美态度的。名山主要是人们崇拜、祭祀的对象，不可能成为完全独立的审美对象。

崇奉山岳、视为神灵。先民崇拜山岳，一是由于山的奇形怪状好像神灵的化身，其中称为岳的大山犹如通往天上的道路；再者，高山岩谷间涌出滚滚的白云，似神灵在兴云作雨，把山作为祈求风调雨顺的对象来崇拜。统治阶级标榜自己"奉天承运"，代表天来统治人间，风调雨顺又是原始农业生产的首要条件。所以历代封建统治者都要奉自己封内的主要山岳为圣山，其中四座最高的山即所谓"四岳"特别受到重视，不仅祭礼隆重而且有的还由天子亲临主持，这就是所谓封禅大典。

神山仙居、理想境界。人们不仅把山当作神灵的化身，还幻想为神仙居住的地方。秦汉时期迷信神仙之说，认为神仙来去飘忽于太空，栖息在高山，方士们为此而虚构出种种依附于山的神仙境界。其中流传最广的要数东方的海上仙山和西方的昆仑山，这也是我国最古老的两个神话体系的渊源。东汉时兴起的道教进一步利用、发展了这类富于浪漫色彩的神仙山居的迷信。

仁山比德、自然之美。对山的崇拜，也是孕育我国早期美学思想的因素之一。儒家认为大自然之所以能够引起人们的美感，在于自然物本身的形象表现出一种与人的美德相类似的特征。孔子云："仁者乐山,智者乐水"。在儒家看来，山具有与仁者的高尚品德相类似的特征，因此，"仁者愿比德于山，故乐山也"，这是儒家从伦理道德的角度所认识的自然。

2.2.2 第二阶段：转折期

到了魏晋南北朝时期，人们对山水的审美观念实现了从萌芽到成熟的转化，把名山当作独立的审美对象来看待，并结合佛教和道教在名山的长足发展，把山岳当作风景资源来开发、利用。

雅好山水、品鉴风景。魏晋南北朝时期是中国历史上一个大动乱时期，也是思想上的大解放时期。魏晋知识界的精英，即所谓名士，代表人物如"竹林

---

① 本节前 4 个阶段主要引用：周维权 . 中国名山风景区 [M]. 北京：清华大学出版社 . 1996.

七贤"经常以饮酒等来麻醉自己，发泄不满情绪，而最好的自我解脱则莫过于到远离人事扰攘的山林中去寻求大自然的慰藉，这正是老庄思想倡导的返璞归真的主旨所在。在他们影响下，逐渐形成知识界游山玩水的浪漫风气，原来带有迷信色彩的"修禊"活动，也作为群众性的春季野游而普遍盛行起来。文坛开始盛行山水诗。诗人们直接以自然风景为描写对象，不仅运用精炼工巧的艺术语言状貌山水之美，而且还借物以言志、抒发自己的感情。对于自然美的认识趋于普遍和深化。

寄情山水、营造园林。当时交通条件之下，游山玩水必需付出艰辛的代价，并非一件轻松的事情。大多数并不愿意放弃城市的享乐生活而又要求幽游山林之趣，这种两全其美的情况只有通过两种办法才能获得。一是经营园林、二是经营邑郊风景区。至于那些远离城市的深山野林，虽然风光绮丽多姿但生活条件毕竟艰苦，实际上乃是借助于方兴未艾的佛、道宗教力量才得以完成。山水诗文的涌现、风景式园林的发展、自然风景区的开放建设，三者彼此促进，互为启迪，决定了我国园林、诗文、绘画三个艺术门类在以后漫长的历史时期与自然风景的极其密切的关系。

幽静清寂、佛道共尊。佛、道两教作为名山风景区开发建设的先行，一方面固然出于宗教本身的目的和宗教活动的需要，另一方面也是受到时代美学思潮影响的必然结果。

2.2.3 第三阶段：全盛期

政治扶持，宗教独据。唐宋时期，佛教和道教空前兴盛，皇帝多有崇佛或崇道的，民间亦广泛流布。于是又出现许多新的名山风景区，宋以后开发的就比较少了。所以，保存至今的大约都有八九百年以上的历史，其中不少荟萃着文物古迹的精华、堪称民族传统文化的形象缩影。唐代佛教和道教由于统治阶级的扶持而各自依靠社会势力和政治背景，彼此进行争夺、排挤。结果出现一种宗教独据一山的情况，如佛教的"四大名山""八小名山"，道教的"十大洞天""三十六小洞天"等。寺、观由于"丛林制度"的完善而普遍形成经济实体，而且还略具地方行政基层单元的性质，发挥着政治实体的作用。

结庐营居，栖息山林。随着文人名流游山活动的兴盛，他们在风景优美的名山结庐营居的情况亦较之前期更多地见于史载。各地名山别墅的数量陡增。别墅的主人固然有甘心情愿终老于林泉生活的，但相当多的并非真正的隐者，而是以栖息山林作为政治上进退的一种韬晦策略，也是亦儒亦道亦佛的多元心态的表现。结庐营居的内容不仅有山庄、别墅，还有讲学授徒的书院和学舍。宋代，知识界得到了中国封建社会历史上罕见的一定程度的言论自由。于是，理学的学派纷呈，学术讨论呈现魏晋以来的最为活跃的局面。众多的学派各有师承，开设书院聚徒讲学，民间的乡党之学遂相对于官学和私学而大为兴盛起来。这些大小书院也像禅宗佛寺一样，大多建置在郊野风景地带，其中相当一部分即建置在名山风景区内。

理性科考、山水成因。宋代，科学的发展影响及于人们对大自然山水的理性分析，个别的文人名流游览山水风景时就把目光转向科学考察方面。他们不是单纯把山水作为审美对象，而且还从地质学、博物学的角度来探究山水风景的成因。这种寓科学考察于旅游的做法尽管是极个别的情况，却开拓了一个前所未有的新领域。其代表人物为宋代的博物学家沈括，以及明末清初的地理学家和旅行家徐霞客、清代的魏源等。

2.2.4 第四阶段：衰微期

明、清两代，佛教和道教逐渐衰微，已失却唐、宋时的发展势头。这种情况对于名山风景区来说，意味着宗教推动力量的相对减弱，因而其发展也处于全盛之后的守成阶段。新的名山极少开发，旧的名山则基本上承袭唐宋余绪，但一般都得到不同程度的培育、更新、扩充。寺、观建筑普遍更新换代，在原址上重修、扩建或改建，也有易地重建的，最终形成名山区域范围的寺、观分布的总体格局。

鸦片战争以后，西方殖民势力入侵，中国经历了历史上的大转折而逐渐沦为半封建半殖民地社会。由于文化、经济、社会等方面的诸多原因，到清末民初，名山风景区更加显示出衰微迹象而处于萧条状态了。

2.2.5 第五阶段：民国时期的科学探索

民国时期，一方面帝国主义入侵，盗窃名山风景区的文物，如敦煌石窟文物、龙门石窟文物；在名山风景区建造别墅疗养院，如庐山、鸡公山等。另一方面，不少中国学者从西方学习现代科学，开始着手名山风景区的科学研究和科学建设[1]。

开展科学研究。例如李四光对庐山第四纪冰川的研究、丹霞地貌的研究、桂林喀斯特地貌的研究、峨眉山植被和地质的研究、五台山与泰山的地质研究等，使得名山学的内容和含义更加充实、更加丰富。

国家公园探索。在20世纪30~40年代，民国政府以庐山、太湖等成熟风景区为基础，进行了有益实践，编制了相应的规划文件。1930年风景园林巨匠陈植主编的《国立太湖公园计划书》出版，是迄今所见最早者。其前言说明了"国立公园四字，相缀而成名词，盖译之英语'National Park'者也"；认为"……故为发扬太湖之整个风景计，绝非零碎之湖滨公园，及森林公园能完成此伟业，而需有待于由国家经营之国立公园者也"；并强调"（National Park）

---

① 谢凝高. 中国的名山 [M]. 北京：中国国际广播出版社. 2010.

盖国立公园之本义,乃所以永久保存一定区域内之风景,以备公众之享用者也。国立公园事业有二,一为风景之保存,一为风景之启发,二者缺一,国立公园之本意遂失"。至今在庐山风景名胜区内的展览中仍然保留着关于编制庐山国家公园规划大纲的民国政府文件[①]。

逐步构建风景区管理机构。以黄山风景区为例。民国 21 年(1932 年),由国民党元老许世英发起,邀集皖籍同仁张治中、徐静仁与安徽省政府主席刘镇华等,筹备成立黄山建设委员会。民国 23 年 4 月,黄山建设委员会成立。11 月,黄山建设委员会推许世英为主任常务委员。民国 24 年 1 月 10 日,在南京正式召开黄山建设委员会第一次委员大会,常务委员许世英、张治中、刘贻燕、徐静仁及其他委员共 48 人与会。黄山建设委员会下设黄山、上海、屯溪 3 个办事处和南京、芜湖、杭州 3 个问讯处(通讯处)。先后开通汤口至逍遥亭公路,修建云谷寺至北海石阶路,并着手开凿天都登道。民国 32 年 4 月,成立黄山管理局,隶属安徽省政府。民国 36 年,安徽省政府主席李品仙再次行文上报当时行政院内政部,进一步明确黄山管辖范围[②]。

2.3 中国现代自然保护地发展

2.3.1 自然保护地发展概况

中华人民共和国成立后至今,我国已经建立了多种类型的保护地。根据国家环保部 2014 年统计,自然保护区有 2669 处、风景名胜区 962 处、国家地质公园 218 处、森林公园 2855 处,湿地公园 298 处、海洋特别保护区(含海洋公园)41 处,(地方性或部门性)国家公园试点 9 处,上述保护地约占国土面积的 17%。它们是我们从祖先手中继承下来,还要真实完整地传承给子孙万代的"不可替代"的国家财产(表 2-1、图 2-1)。

2.3.2 自然保护地制度面临问题

在国家公园体制建设之前,尽管自然保护取得了大量成绩,但是我国自然保护地制度也面临很多问题,可以归纳为 7 个方面的因素:认识不到位、立法不到位、体制不到位、技术不到位、资金不到位、能力不到位和环境不到位[③]。

---

① 贾建中,邓武功,束晨阳.中国国家公园制度建设途径研究 [J].中国园林,2015,31(02):8-14.

② 《黄山志》编纂委员会.黄山志 [M].黄山书社.1988:413.

③ 本节主要参考:杨锐.中国自然文化遗产管理现状分析 [J].中国园林,2003(09):42-47.

我国自然保护地发展一览表 表2-1

时间	自然保护区	风景名胜区	国家森林公园	国家水利风景区	国家地质公园	国家湿地公园	世界生物圈保护区	世界遗产	国际重要湿地	世界地质公园
1956	1									
1973							6			
1978							2			
1979		2					1			
1982		1	1							
1985								6		
1987		3						1		
1992									6、1	
1994	3		3							
1996	4		5							
1999		5								
2000										5
2001				1	1					
2004				3						1
2005				4		1				
2006		3								
2008									5	
2010					5				5、3	
2013					3	5				
2016						5				

1 建立第一个/批
2 成立委员会/管理机构
3 条例/管理办法
4 发展规划
5 规范/标准
6 加入世界组织/公约

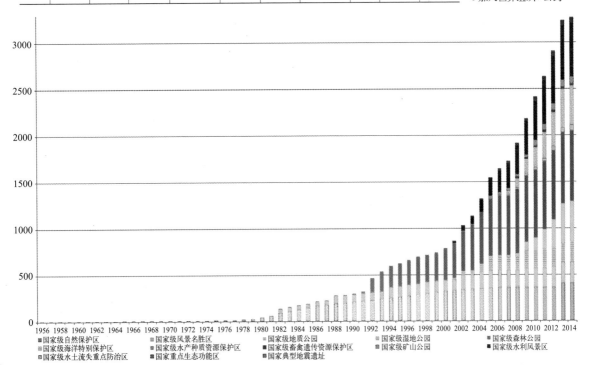

图2-1 我国自然保护地发展和面积

1）认识不到位

认识不到位是管理不到位的思想根源。没有正确的认识，哪来正确的行动？

认识不到位，是在多个层次上出现的：第一是某些领导对自然文化遗产重要性的认识不到位；第二是一些地方政府对资源保护和可持续发展重要性的认识不到位；第三是部分群众对自然文化遗产与自己的关系认识不到位；第四是有些企业对自然文化遗产只认其经济价值，不认其环境价值和社会价值。

很多国家都将自然文化遗产视为其国家王冠上的明珠，视为由祖宗传下来的、还要传承给子孙万代的自然文化遗产。对于一个国家而言，他们是国家认同的重要组成部分（是国家形象的最佳代表；是国家文明的历史见证；是科学教育和爱国主义教育的基地）。自然文化遗产对国家而言，不是可有可无的花瓶；不是只供当代人中的某些人或集团赚钱的摇钱树；不是发展的障碍，而是使遗产永续，代间共享，因而是可持续发展的一种必要条件，又是可持续发展的生态文化本底和资源基础。对于自然文化遗产的最高级别，就是那些具有世界意义和国家意义的资源。"罕见的不可替代"[①]，"一经破坏，很难恢复"的国家财产，就是它们的定位。不可替代性和不可恢复性，决定了自然文化遗产的极端重要性。想想看，对于"中国"这两个字，除了我们的自然文化遗产，还有什么是不可替代又不可恢复的呢？想想看，100年后，我们的子孙不能完整地、真实地看到故宫和颐和园时，他们的沮丧和愤懑；想想看，这种愤懑是不是与我们这一代人对"英法联军"烧毁"圆明园"的仇恨有些类似；想想看，失去了"黄山黄河、长江长城"的中国，是不是还是令亿万中国人和他们的子孙后代骄傲和自豪的祖国。只有决策层真正认识到自然文化遗产是"罕见的不可替代又很难恢复的人类财产"，只有自然文化遗产在决策层的"心中重千斤"，他们才会有意愿和魄力，从根本上解决盘根错节的问题。

认识不到位的另一方面，是一些地方政府对资源保护重要性认识不够。自然文化资源的保护，并不排斥地方经济社会的发展，处理得好，是可以统筹兼顾的。在这里，关键要处理好4个关系：一是保护和发展的关系；二是短期利益和长远利益的关系；三是局部与全局的关系；四是保护单位边界内部和边界外部的关系。遗憾的是，一些地方政府重发展轻保护；重短期利益轻长远利益；重局部利益轻全局利益；将保护单位边界内部的资源当作摇钱树，而不是牵引机。其实，如果真正贯彻"区内保护，区外发展""景区保护，城区发展"的话，很多矛盾都可以迎刃而解。笔者在承担泰山风景名胜区总体规划时，曾粗略地算了一笔账，中天门索道修建后，游客在泰山的平均逗留时数从48小时减少到12小时。以每位游客24小时平均花费150元，年平均游客规模150万人次计算，泰安一年仅该项收入就损失了3.38亿人民币。而索道公司一年的

---

① 引自联合国教科文组织《保护世界文化和自然遗产公约》。

盈利就算是 6000 万人民币的话，泰安一年的纯损失也达到 2 亿多人民币。这仅是一笔数字账，且不论损失的就业岗位等社会账。这种"肥了一家，穷了大家"的现象，实际上是大量存在的，其反映的事实是地方政府狭隘的、短期的、局部的经济利益观。这种狭隘的经济利益观，导致了自然文化遗产成为"摇钱树""印钞机"，而不管"摇钱树"和"印钞机"实际上也是需要培育和维护的，即使仅仅站在经济利益的角度考虑。

认识不到位的第三个方面，是部分群众的自然文化遗产保护意识不够。许多人还没有认识到国家自然文化遗产是全体国民及他们子孙后代的共同财产，自己既有欣赏之权，也有真实、完整的保护之责。从许多国家的经验来看，自然文化遗产运动从本质上是一场全民社会运动、全民教育运动。老百姓的认识不到位，必然制约自然文化遗产的有效管理。

由于前面的 3 个不到位，导致了最后一个问题，就是有些企业钻空子。我们发现，依托自然文化遗产资源发展的企业，对自然文化遗产的经济价值认识比较到位，甚至"过位"。当然，就企业而言，这也无可厚非，因为企业就是为了利润而存在。问题的关键是由于上述的 3 个不到位，尤其是一些地方政府的认识不到位，给了某些企业获得"整体转让、垄断经营"的机会，地方政府主动放弃了资源保护和管理的政府职能，许多问题由此产生，这是令人难以接受的。

2）立法不到位

立法不到位是管理不到位的法律根源。法律法规是管理的依据，法规不到位，必然导致管理不到位。法规不到位，首先表现在我国没有一部自然文化遗产保护方面的总法。《文物保护法》是针对文化遗产，而风景名胜区、自然保护区等自然遗产或自然文化混合遗产，却长期缺乏根本性法律依据，致使大量的管理政策都来源于法律规范效率较低的行政法规文件，造成管理政策随意性加大。1998 年，联合国教科文组织在系统考察了泰山等 5 处世界遗产后指出："中国的文化和自然双重遗产景区，尤其是那些国家级风景区，虽然已有国务院颁发的各种规定和命令，还需要有进一步的立法"[①]。

立法不到位，还体现在缺少专门法和授权法。美国国家公园的相关法律，共计数十部之多，其中很多是专门法，如《特许经营法》《国家公园航天器飞越管理法》《国家公园体系单位大坝管理法》《公园志愿者法》等等。同时，美国国会还为每一个国家公园体系单位制定了授权法，为每一保护单位确定了其使命、基本政策和有针对性地解决该保护单位历史遗留问题的法律规定。专门法和授权法，明确了美国国家公园的基本管理政策，真正成为管理的法律依据。

当然，有没有法律是一方面的问题，法律的质量是另一方面的问题。我国

---

① 张晓，张昕竹 . 中国自然文化遗产资源管理体制改革与创新 [J]. 制度经济学，2001（04）.

的一些管理条例和管理办法，大多是由各部门起草的，带有较为明显的部门倾向。立法过程中缺少相应的研究和广泛的咨询工作，导致法律针对性不够、法律条文不清晰和不明确等问题。

3）体制不到位

体制不到位是管理不到位的制度根源。我国自然文化遗产体制不到位，在宏观上表现为缺少一个强有力的、能够总揽全局的管理机构，缺少清晰、明确和统一的管理目标体系。住建、农林、文化、环保、国土、水利等部门各自为政，缺乏沟通和合作。在微观上表现为空间重叠，即风景名胜区、自然保护区、森林公园、重点文物保护单位等，管理边界交互缠绕，你中有我，我中有你。产生各种矛盾和问题的根本原因，是界权分离，即同一管理范围内，存在住建、林业、文化、文物、旅游、宗教等不同的行政主管部门，效率低下。

体制不到位的另一个表现，是管理和经营之间日益尖锐的矛盾冲突。以前只有政企不分，"裁判员想当运动员"，现在更是"整体转让，垄断经营"，"运动员要当裁判员"。管理者不是本分的管理者，经营者不是本分的经营者，错位、换位、抢位造成了微观体制上的不到位。黄果树的矛盾，就是这个问题的一个集中反映（案例一）。

案例一：黄果树管理与经营的矛盾

三千万元门票收入引发黄果树体制之争
—— 谁来对各种错综复杂的关系实行强有力的协调？

1999 年，贵州省人民政府下发了黔府发 [1999]23 号关于进一步理顺贵州省旅游景区管理体制有关问题的通知。当年 4 月 28 日"贵州省黄果树风景名胜区管理委员会"成立，115km^2 区域划归管委会托管。与旧体制本质的区别在于，新成立的管委会具有政府的职能，它能对景区作总体规划并负责组织实施和管理，对景区内的开发建设单位和经济实体进行行政管理和协调，并审核进入景区的开发投资项目。作为优化黄果树景区旅游经济运营机制的现实举措，黄果树旅游（集团）有限公司与管委会同期挂牌。黔府发 [1999]23 号文规定企业拥有黄果树景区的经营性资产，负责打造黄果树这一品牌，企业自负盈亏。有限公司成立后，开始为 3000 多万元门票收入的归属、社会公益事业的设施管理权与黄果树风景区管委会无休止的争执。管委会副书记何忠品认为，依据建设部规定，风景名胜区门票专营权是政府对风景名胜资源实行统一管理的重要手段，门票收入是政府对风景区实行有效保护和管理的重要的经济来源。目前，黄果树门票收入旁落他门，使得管委会失去了生态建设、环境整治、基础设施建设的财力支撑。他算了一笔账，管委会去年的财政税收为 400 万元，除去40多位工作人员的工资和办公费用，所剩无几，而目前风景区的绿化、旧城的搬迁，却动辄上千万。

黄果树旅游集团有限公司常务副总经理李勇则有自己的看法，国有企业经营国有资源，有何不可，我省是穷省，同时是旅游大省，要实现资源优势向经济优势的转变，必然要进行改革。按照2000年3月15日省长办公会议纪要要求：黄果树景区按省国资局的报告划分，在对省、地县级原来的对黄果树的投资进行界定的基础上，充分考虑地、县利益，省和地县持股比率为省55%、地县45%，黄果树旅游集团公司的净利润由股东按股分配，考虑到具体因素，从今年起5年内省让利15个百分点给地县，5年后按股权分成。对管委会执意要争取每年3000万元门票收入的管理权，李勇表示十分不理解，在他的心目中，一级政府部门所要做的应该是给企业做好服务工作，企业发展了，政府的税收自然会多起来，既然管委会目前已对门票实现征税，就已经承认它是一种商品，政府不能既当经营者，又当管理者。对风景区的保护经费来源，李勇告诉记者，管委会应积极争取上一级政府机构的积极支持，公司会主动配合规划，今年，公司已融资3000万元用于建设，其中就包含环境保护的内容。

对于一些社会公益事业的设施管理权归公司，管委会更为不满，特别是今年省发展计划委员会关于下达2000年黄果树风景名胜区国债旅游基础设施项目投资计划的通知中规定，国债所形成的国有资产，其管理由旅游投资公司负责。管委会认为，社会公益事业的设施管理权的垄断，势必造成竞争的不平等。

理清这种争论的道理其实也很简单，三个问题：管委会的职能是什么？谁来投资黄果树？谁来监督目前的旅游公司？还有最关键的疑问：谁来对各种错综复杂的关系实行强有力的协调？

资料来源：人民网联报网2001年6月12日

http://www.unn.com.cn/GB/channel2/3/14/200106/12/70584.htm

4）技术不到位

技术不到位首先是科研工作薄弱。自然文化遗产的保护和管理，是一项技术要求很高的工作，保护和管理过程中会涉及许多学科的专业知识。许多保护政策和管理决策，需要以翔实可靠的科学研究作为基础。但是遗憾的是，除了极少数保护单位（如九寨沟）外，绝大多数都没有进行科研，更别说建立有专门的科研部门了。以作者正在承担的一处国家级风景名胜区为例，由于缺乏生物多样性的基础研究和连续的水文资料，在保护规划方面就遇到了很大的困难。

技术不到位的第二个体现，是技术标准体系极不健全。美国的国家公园体系，以指令性文件的形式，建立了完整的技术标准体系，涉及国家公园管理的方方面面，使得国家公园的管理者遇到任何事情，都有据可查，避免了管理的随意性和盲目性。反观我国的情况，目前制定的涉及保护性用地的技术标准只有寥寥几个，即使已有的技术标准，质量也不能令人满意。

技术不到位的第三个体现，是规划质量有待提高。第一，表现在大多数规划还停留在物质规划阶段，考虑的是如何建而不是如何管的问题，没有与国际上先进的"总体管理规划（General Management Plan）"接轨。第二，规划目标、政策、指标没有落实在明确的空间边界上，使得管理人员拿到规划不知如何下手。第三，规划小组人员学科背景单一，未能有效地应用"多学科融贯"的方法（表 2-2）。第四，资源评价与规划政策脱钩，没有在资源重要性和敏感度与资源保护政策之间建立密切的联系。第五，一些国际上已经成熟的自然文化遗产规划技术，如 LAC、ROS 等，未能应用到我国的总体规划之中。

技术不到位的第四个体现，是监测手段落后。监测（Monitoring）是目前资源和环境保护领域广泛应用的一个概念，它是国家公园与保护区管理的重要工作。可以有效地反馈信息，控制管理质量，并及时调整管理政策。遗憾的是，我国的绝大多数资源保护单位缺少监测意识、监测手段、监测人员、监测资金和监测设备。

美国大峡谷国家公园总体管理规划组　　　　　　　　　　表 2-2

丹佛规划设计中心（Denver Service Center）
规划组组长景观建筑师（规划开始至 1994 年 8 月）
规划组组长室外休闲规划师（1994 年 8 月至规划结束）
景观建筑师（2 名）Landscape Architect（1）
视觉信息专家（2 名）Visual Information Specialist
自然资源专家（1 名）Natural Resources Specialist
建筑师 Architect
交通管理者 Transportation A&E Manager
视觉信息技师 Visual Information Technician
历史学家（2）Historian
编辑 Editor
考古学家 Archeologist
市政工程师 Civil Engineer
大峡谷国家公园（Grand Canyon National Park）
历任园长 Superintendent（共 4 位，分别从规划开始至规划结束）
助理园长 Assistant Superintendent（1 位，规划开始至 1993 年）
副园长 Deputy Superintendent（1 位，1993 至规划结束）
职业服务处主管 Chief，Division of Professional Services（1 名）
公园巡警 Park Ranger（1 名）
室外休闲规划师 Outdoor Recreation Planner（1 名）
Harpers Ferry Center
解说项目规划师 Interpretive Planner（1 名）
华盛顿办公室 Washington Office
水资源专家 Water Resources
西部区域办公室 Western Regional Office
规划主管 Chief of Planning，Grants and Environmental Quality

5）资金不到位

资金不到位主要是指保护资金不到位。资金不到位，首先表现在中央财政投入少。表 2-3 为美国国家公园体系和中国国家重点风景名胜区 1995-2003 的中央财政投入对比。从表中可以看出：美国每年投入在国家公园体系上的财政资金，平均折合人民币 168.2 亿元，中国风景名胜区为 0.1 亿元，占美国的 0.06%，也就是说，美国每年用于国家公园的财政投入为中国风景名胜区的 1682 倍。美国 2003 年比 1995 年财政投入增加了约 42%，与此同时中国增加数为 0。这些数字清楚地告诉我们，中央财政投入少，是资金不到位的首要原因。

资金不到位的第二个原因，是资源无偿使用的现象比较普遍。根据中国风景名胜区协会 2002 年所做的《国家重点风景名胜区门票及经营收益情况问卷调查报告》[①]，在返回问卷的 82 个国家重点风景名胜区中，未收取任何资源有偿使用费的有 43 个风景区，占此次调查的 53.7%。向景区内非隶属单位的旅游服务经营项目收取管理费的有 13 个风景区，占 15.9%。收取管理费的项目包括索道、宾馆、饭店、餐饮、运营车辆（船）、经营销售摊点，以及文化娱乐性项目等。收取资源保护费或资源有偿使用费的有 11 个景区，占 13.4%。上述数字表明，资源有偿使用的国家级重点风景名胜区仅占到一成多，而没有收取任何资源使用费的风景区，占到总数的一半以上。

保护资金不到位的另一个原因，是监管不力。上述调查问卷同时表明，有 65% 以上的风景区，没有明确各项收益中用于资源保护的经费。从答卷中注明资源保护资金情况的 28 个风景区看，风景资源保护资金，平均占风景区总

中美 1995-2003 年国家公园预算一览表　　　　　　　表 2-3

年份	中国（万元）	美国（万元）	中国占美国的 %
1995	1000	1195357	0.083
1996	1000	1188662	0.084
1997	1000	1424779	0.070
1998	1000	1654266	0.061
1999	1000	1644404	0.060
2000	1000	1756776	0.057
2001	1000	2027524	0.050
2002	1000	2181960	0.046
2003	1000	2064368	0.048
平均	1000	1682011	0.060

（资料来源：美国部分，http://data2.itc.nps.gov/budget2/documents/budget%20history.pdf；根据 1：8.3 的汇率折算；中国部分为作者了解的情况）

---

① 见：厉色.《国家重点风景名胜区门票及经营收益情况问卷调查报告》，2002 年（内部资料）。国家重点风景名胜区即今天的国家级风景名胜区。

收益的 35%。在明确资源保护经费比例的风景名胜区中，基本未说明具体的资源保护经费使用项目，大多是笼统地与日常管理维护性费用混在一起，难以反映出目前风景名胜区资源保护项目的内容以及资金的准确使用情况。

从上述调查中，笔者发现：2001 年门票年收入超过 1000 万元人民币的风景区，占总数的 47.5%，门票收入超过 5000 万元人民币的风景区，占到总数的 22.5%，门票收入超过 1 亿元人民币的风景区，占到总数的 10%。门票收入最高的风景名胜区，一年可达 3.1 亿元人民币。可见，仅门票收入就是十分可观的经费来源，可是这些经费很少用在景区的资源保护方面，没有一处景区设立资源保护专项基金。

6）能力不到位

能力不到位是中国自然文化遗产管理不到位的人力资源约束。表 2-4 为 1997 年我国自然保护区管理人员统计一览表。从表中可以看到，每个自然保护区所拥有的专业技术人员平均仅为 5.7 人，专业人员仅占管理人员总数的 20.8%。这个数字无疑极大地限制了资源保护单位的管理能力。表 2-5 为中国国家级重点风景名胜区和美国国家公园在职工人数方面的对比。从表中可以看到：国家重点风景名胜区的面积，大约是美国的 1/6，职工总人数则是美国的 6 倍；我国的国家重点风景名胜区平均每 1hm^2 的用地职工人数为 0.016 人，美国为 0.0004 人，我国的单位面积职工人数是美国的 40 倍。

从这两个表的数据中，我们得出的结论是，专业人员缺乏，一般人员冗余，是造成能力不到位的根本原因。

培训跟不上，是能力不到位的另一个原因。自然文化遗产的管理，是一项专业知识要求非常高、多学科知识要求非常广的工作。据笔者的统计，美国国家公园管理中，涉及的职业门类多达 200 多种。而且，与此有关的新技术、新知识也在不断发展。这些都要求管理人员，即使是专业人员也需要不断得到相应的培训，以适应高水平管理的要求。遗憾的是，我国绝大多数的基层管理人员都得不到基本的培训，严重制约了国家公园与保护区的能力水平。

我国自然保护区管理人员统计一览表（1997） 表 2-4

级别	自然保护区数量		管理人员		专业技术人员		
	总数	有管理人员自然保护区数	总数	平均（人/处）	总数	平均	占管理人员（%）
国家级	124	115	6889	59.9	1713	14.9	24.7
省级	392	287	7718	26.9	1196	4.2	15.5
市级	84	53	690	13.0	186	3.5	27.0
县级	326	163	1718	10.5	451	2.8	26.2
合计	926	618	17015	27.5	3536	5.7	20.8

（资料来源：欧阳志云：《中国自然保护区的管理体制》）

中美国家公园在职工人数对比 表 2-5

国家重点风景名胜区 / 国家公园	面积（hm²）	职工人数	职工人数 / hm²
中国总计	5 141 900	82 622	0.016
庐山	28 200	6 376	0.226
黄山	15 400	3 306	0.215
武陵源	39 600	4 000	0.101
八达岭	400	1 181	2.953
美国总计	32 500 024	14 307	0.0004
大峡谷	492 584	294	0.0006
黄石	898 349	469	0.0005
约塞米蒂	308 072	489	0.0016

能力不到位的另一个原因，是缺乏后援队。我国的高等院校没有自然文化遗产保护和解说教育方面的专业设置，在高等院校中，也很少开设自然文化遗产保护方面的课程，这些都是制约能力建设的消极因素。

7）环境不到位

中国的自然文化遗产要管理得好，除了内部的结构、要素和机制需要调整外，外部环境的改善也是十分重要的。这些外部环境包括非政府保护组织（NGO）、当地社区（Local Community）、专家、媒体、志愿者（Volunteer）和其他利益相关者（Stakeholders）。

环境不到位是指环境支持不到位。首当其冲的问题是社区问题。笔者在承担黄山、泰山、镜泊湖和梅里雪山等几个国家重点风景名胜区总体规划中发现，每一个都存在着风景名胜区管理机构与当地社区的矛盾。例如国务院批准的黄山风景名胜区的规划范围为 154km²，而管委会的管辖用地只有 127.8km²，其余 26.2km² 的用地属于周边的五镇一场。与黄山有着类似状况的保护单位还有很多，即在规划边界内存在着当地社区拥有产权的土地。缓冲区的情况更是这样。大部分保护单位的缓冲区都有大量的社区存在。可以说，保护单位与周边社区在经济、社会、文化和行政隶属关系上，有着千丝万缕的联系，是想躲也躲不过去的包围圈。在这种情况下，如果社区的权益得不到保证，责权利的关系不平衡，就不可能得到社区的支持。没有社区的支持和合作，自然文化遗产就没有稳定的周边环境，资源保护和管理也不可能顺利开展。

环境不到位的另一个体现，是没有充分调动起非政府保护组织和志愿者的积极性。从国际经验来看，非政府保护组织和志愿者在自然文化遗产管理中，发挥着十分重要的作用。遗憾的是，在我国的自然文化遗产管理中，很少能看到志愿者和非政府环保组织的影子。

综上总结如图 2-2 所示。

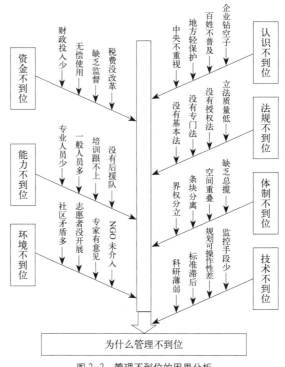

图 2-2　管理不到位的因果分析

2.4　中国国家公园体制改革背景

2.4.1　国家公园体制改革的提出

2011年6月国务院正式发布《全国主体功能区规划》【国发〔2010〕46号】。根据规划，全国国土空间将被统一划分为4大类主体功能区，明确了风景名胜区、自然保护区、森林公园、地质公园等区域为禁止开发区。2012年11月8日，十八大报告中指出："建设生态文明，是关系人民福祉、关乎民族未来的长远大计。面对资源约束趋紧、环境污染严重、生态系统退化的严峻形势，必须树立尊重自然、顺应自然、保护自然的生态文明理念，把生态文明建设放在突出地位"。2013年11月12日《中共中央关于全面深化改革若干重大问题的决定》明确提出，加快生态文明制度建设，严格按照主体功能区定位推动国土空间的开发保护，建立国家公园体制。2015年5月发布的《中共中央国务院关于加快推进生态文明建设的意见》（以下简称《生态文明意见》）也明文"建立国家公园体制，实行分级、统一管理，保护自然生态和自然文化遗产原真性、完整性"。解读这些政策可知，国家公园建设发展是建设生态文明的重要组成部分，是关系全民福祉和民族未来的"长远大计"，意义重大。

在此之前，也存在一些由各级地方政府主导的、由国家各行政主管部门批准的国家公园试点。

1）2006 年，云南省迪庆藏族自治州提出建立"中国大陆第一个国家公园试点——香格里拉普达措国家公园"。2007 年 6 月，普达措国家公园正式挂牌。

2）国家林业局于 2008 年 6 月正式批准云南省为国家公园建设试点省（国家林业局林护发〔2008〕123 号）。同时省政府在林业厅保护办挂牌成立了"云南省国家公园管理办公室"。云南省相继试点建设了丽江老君山、西双版纳、梅里雪山、普洱、高黎贡山、南滚河和大围山等 8 个国家公园。根据《云南省国家公园发展规划纲要（2009-2020 年）》，到 2020 年在全省建立 12 个国家公园。

3）2008 年 9 月，黑龙江汤旺河国家公园获得环保部和国家旅游局的批复开建，诸多新闻报道称其为"我国首个获得国家级政府部门批准核定建设的国家公园"。

4）2012 年，贵州称将投资 3 万亿元，打造"国家公园省"，这个计划依据的是由贵州省政府、国家旅游局、世界旅游组织于 2012 年联合编制完成的《贵州省生态文化旅游发展规划》。

5）2014 年 3 月 7 日，浙江省的仙居、开化两县被环保部列入国家公园试点，成为全国首批两个国家公园试点县；同日，开化县人民政府印发《开化国家公园创建国家 4A 级旅游景区实施方案》。

6）2014 年初，湖北省提出支持神农架等地创建国家公园；湖南省张家界国家森林公园提出要建设一流国家公园；湖北省林业厅向国家林业局提出申请，请求将湖北列为国家公园建设试点省。

7）2014 年初，西藏也称将开展国家公园试点建设，争取逐步将珠穆朗玛峰、雅鲁藏布大峡谷、纳木错、玛旁雍错纳入国家公园建设试点范围，"推动西藏建设世界级旅游目的地的步伐"。

2015 年 1 月，区别于之前由地方政府或者单个部门出台，国家发改委等 13 个部门联合下发《建立国家公园体制试点方案》（发改社会〔2015〕171 号），将在包括北京、云南、青海、福建、浙江、湖南、湖北、黑龙江、吉林在内的 9 个省份，各选取 1 个区域开展试点，试点时间为 3 年，2017 年底前结束。截止 2018 年 7 月，三江源、湖北神农架、福建武夷山、浙江钱江源、湖南南山、北京长城、云南香格里拉普达措、大熊猫、东北虎豹、祁连山等 10 个试点区实施方案已经印发。

此次中国试点建立国家公园体制推行中央统筹和地方探索相结合的工作思路。中央政府提出试点要求，并鼓励各试点省探索多样化的保护和管理模式，为建立符合中国国情的国家公园体制提供丰富的实践和理论素材。然而，国家公园在中国仍属新事物。中国社会各界，包括各相关政府部门，对国家公园及国家公园体制仍持有不同的看法。对于国家公园体制建设中涉及的保护和管理理念及关键技术问题，许多地方政府负责试点方案和规划编制和具体落实的管理者更是缺乏清晰的认识。

2017 年 10 月 18 日，习近平总书记在十九大报告中提出，要加快生态文明体制改革，建设美丽中国，"构建国土空间开发保护制度，完善主体功能区配套政策，建立以国家公园为主体的自然保护地体系"。

为加快构建国家公园体制，在总结试点经验基础上，借鉴国际有益做法，立足我国国情制定，由中共中央办公厅、国务院办公厅于 2017 年 9 月 26 日印发并实施《建立国家公园体制总体方案》（简称《总体方案》）。

《总体方案》是国家公园体制建设重要阶段成果。首先，《总体方案》明确了国家公园体制建设的地位。"建立国家公园体制是党的十八届三中全会提出的重点改革任务，是我国生态文明制度建设的重要内容，对于推进自然资源科学保护和合理利用，促进人与自然和谐共生，推进美丽中国建设，具有极其重要的意义。"其次，《总体方案》明确了国家公园体制建设的主要目标。建成统一规范高效的中国特色国家公园体制，交叉重叠、多头管理的碎片化问题得到有效解决，国家重要自然生态系统原真性、完整性得到有效保护，形成自然生态系统保护的新体制新模式，促进生态环境治理体系和治理能力现代化，保障国家生态安全，实现人与自然和谐共生。到 2020 年，建立国家公园体制试点基本完成，整合设立一批国家公园，分级统一的管理体制基本建立，国家公园总体布局初步形成。到 2030 年，国家公园体制更加健全，分级统一的管理体制更加完善，保护管理效能明显提高。最后，《总体方案》明确了国家公园体制建设的主要任务。包括科学界定国家公园内涵、建立统一事权、分级管理体制、建立资金保障制度、完善自然生态系统保护制度、构建社区协调发展制度、实施保障等相关内容。

2.4.2　国家公园在保护地体系中的地位

我国建立国家公园体制的举措，是国家生态文明体制改革和创新国家治理体制的重要组成部分。目前我国的自然保护地虽有多种类型，但尚未形成体系，存在各类自然保护地分类体系混乱，在空间上相互交叉、重叠，在管理上多部门交叉等问题。国家公园体制如果只新建狭义的国家公园，而不同时理顺中国的自然保护地体系，实质上是在回避现有的体制机制弊端，另开炉灶，偏安一隅。这种做法不仅不能解决中国生态文明中的重大问题，还将制造新的问题；不仅不能降低自然保护地管理中的复杂程度，还会使原本已经十分复杂的问题更加复杂化。

那么，中国的国家公园制度应覆盖"国家公园"一个类别，还是覆盖包括"国家公园"在内的完整的"自然保护地体系"？杨锐教授提出要坚定地选择后者，换言之，中国国家公园体制建设须同时完成双重目标，即在"推进国家公园体制建设"的同时，"坚决破除各方面体制机制弊端"，根本解决中国自然保护地管理中的深层问题和矛盾，建立更加注重"系统性、整体性、协同性"的中国自然保护地体系。2017年9月，党的十九大报告第一次明确提出"建立以国家公园为主体的自然保护地体系"，2018年4月，组建国家公园管理局，整合原来各部委下的各类自然保护地管理职责，为理顺我国自然保护地体系提供了认识层面、机制层面的保障。

在我国自然保护地体系中，国家公园应在生态系统保护对象、价值重要性、资源类型的综合性和审美体验方面具有国家代表性。即在自然保护地体系中，国家公园是那些生态系统最完整、价值最高、资源最丰富，同时能为访客提供最佳环境教育和游憩体验的保护地。

从保护对象方面考虑，国家公园应以保护大面积的完整生态系统为主要目标，和自然保护区一起作为主要保护形式共同保护我国不同类型的生态系统，并得到很好的保护。国家公园和自然保护区在保护对象方面的不同体现在，国家公园必须拥有代表性意义的大面积、完整的生态系统，而自然保护区则除了上述保护对象外，还有以保护单一或多个物种及其栖息地类型的自然保护区。

从价值重要性和资源类型的综合性方面考虑，国家公园应是自然保护地体系中资源类型最具国家代表性、最为丰富的、多种价值（包括地质地貌价值、生态系统价值、物种多样性价值、文化多样性价值、审美价值等）最高的，即每一处国家公园都应是多种类型资源的综合体，多种价值的集合体。而其他类型的自然保护地的资源类型和价值可以是某一价值最高，或单一的，而非多种价值（集合价值）最高。

从审美体验方面考虑，国家公园和风景名胜区共同代表我国不同类型的自然审美体验，也就是"最美的"自然山水是由国家公园和风景名胜区共同代表的。而国家公园和风景名胜区的差别在于，国家公园必须以大面积的完整的生态系统来支撑其审美体验，并在其他方面也同时具有极高价值；而风景区则可以依托单一资源来形成极好的审美体验，其他方面的价值也不必是极高的。

国家公园同现有的森林公园、地质公园、水利风景区、湿地公园、海洋特别保护区的主要差别体现在两个方面，其一是国家公园在资源类型上是丰富的，即保护对象是多种的、复杂的，而上述其他类型则可能是单一的。尽管上述其他类型的自然保护地通常也是多种资源类型的复合体，但其最重要的价值体现是相对单一的，如森林公园应具有很高价值的森林生态系统价值，而地质公园则应主要在地质遗迹重要性方面具有很高价值。其二是国家公园的价值应高于上述其他类型自然保护地的价值。

另外，国家公园在土地权属和管理模式上也应具有国家代表性，应保证绝大多数土地为国家所有；在管理上，应由中央政府派出机构进行统一管理。

2.4.3　国家公园体制改革对规划的要求

《总体方案》对国家公园编制规划提出了明确要求。其中，在（十五）实施差别化保护管理方式中提出：编制国家公园总体规划及专项规划，合理确定国家公园空间布局，明确发展目标和任务，做好与相关规划的衔接。按照自然资源特征和管理目标，合理划定功能分区，实行差别化保护管理。重点保护区域内居民要逐步实施生态移民搬迁，集体土地在充分征求其所有权人、承包权人意见基础上，优先通过租赁、置换等方式规范流转，由国家公园管理机构统一管理。其他区域内居民根据实际情况，实施生态移民搬迁或实行相对集中居住，集体土地可通过合作协议等方式实现统一有效管理。探索协议保护等多元化保护模式。在（二十一）完善法律法规中提出：制定国家公园总体规划、功能分区、基础设施建设、社区协调、生态保护补偿、访客管理等相关标准规范和自然资源调查评估、巡护管理、生物多样性监测等技术规程。在《国家公园体制试点区实施方案大纲》中，对各个试点区的规划也提出了明确要求。第二章第四节规范规划中提出，本节旨在拟定试点区所需各类规范、规划，设定其基本内容，并拟定规划编制、咨询、审批等各类程序。

目前，各个国家公园试点区均已经开展国家公园试点区总体规划的编制，部分国家公园已经完成编制，例如三江源国家公园。

思考题

1. 我国传统与现代的人与自然精神联系的异同点？
2. 我国国家公园体制改革应体现何种人与自然关系？
3. 我国国家公园体制建设与自然保护地体系之间是什么关系？

主要参考文献

[1] 谢凝高. 国家风景名胜区功能的发展及其保护利用 [J]. 中国园林，2005（07）：1-8.
[2] 周维权. 中国名山风景区 [M]. 北京：清华大学出版社. 1996.
[3] 杨锐. 中国自然文化遗产管理现状分析 [J]. 中国园林，2003（09）：42-47.
[4] 杨锐. 论中国国家公园体制建设中的九对关系 [J]. 中国园林，2014,30（08）：5-8.
[5] 赵智聪，彭琳，杨锐. 国家公园体制建设背景下中国自然保护地体系的重构 [J]. 中国园林，2016，32（07）：11-18.

第 3 章

国际视野中的国家公园与自然保护地

教学要点

1. 美国国家公园与国家公园体系基本情况。

2. 世界各国国家公园发展阶段和各自特点。

3. IUCN 保护地体系的概念与应用情况。

4. 由国际组织命名的保护地类型和特点。

3.1 美国国家公园与国家公园体系^①

3.1.1 美国国家公园与国家公园体系的基本情况

"国家公园（National Park）"最早出现于美国。1832 年，美国艺术家乔治·卡特林（George Catlin）对美国西部大开发影响印第安文明、野生动植物和荒野（Wilderness）深表忧虑。他写到"它们可以被保护起来，只要政府通过一些保护政策设立一个大公园（A Magnificent Park）……一个国家公园（A Nation's Park），其中有人也有野兽，所有的一切都处于原生状态，体现着自然之美"。1864 年，美国国会将约瑟米蒂峡谷（Yosemite Valley）和玛瑞波萨森林（Mariposa Big Tress Grove）赠予加利福尼亚州政府，由该政府进行管理，并且将之命名为州立公园（State Park）。1872 年，美国国会设立了由联邦政府内政部（U.S. Department of the Interior）直接管理的公园——黄石国家公园（Yellowstone National Park）作为"有益于人民，为人民所想用的公共公园（Public Park）或游憩地（pleasuring-ground）"。

黄石国家公园被认为是美国，也是世界上第一个真正意义上的国家公园。在其之后，美国国会在 19 世纪末 20 世纪初相继设立了萨克亚国家公园（Sequoia NP，1890）、约瑟米蒂国家公园（Yosemite NP，1980）、瑞尼尔山国家公园（Mount Rainier NP，1899）等国家公园，在西奥多·罗斯福总统（President Theodore Roosevelt）总统的推动下逐渐建立了美国的保护地体系。

3.1.2 美国国家公园体系发展的六个阶段

第一阶段为萌芽阶段（1832–1916 年）。19 世纪初，美国艺术家、探险家等有识之士开始认识到西部大开发将对原始自然环境造成巨大威胁，同时颇有势力的铁路公司也发现了西部荒野作为旅游资源开发的潜在价值。于是保护自然的理想主义者和与强调旅游开发的实用主义者一拍即合，联合起来共同反对伐木、采矿、修筑水坝等另外类型的实用主义者，并最终成功地说服国会立法建立了世界上第一个国家公园。19 世纪末，美国公众又开始关注史前废墟和印第安文明的保护问题，从而导致国会于 1906 年通过了古迹法授权总统以文告形式设立国家纪念地。

第二阶段为成型阶段（1916–1933 年）。截至 1916 年 8 月，美国内政部共辖 14 个国家公园和 21 个国家纪念地，但没有专门机构管理它们，保护力度十

① 本节主要参考：杨锐 . 美国国家公园体系的发展历程及其经验教训 [J]. 中国园林，2001（01）: 62-64.

分薄弱。国家公园重新面临着资源开发的巨大压力。这种情况下，马瑟（Stephen Tyng Mather）成功筹建了国家公园局，并制订了以景观保护和适度旅游开发为双重任务的基本政策。同时积极帮助扩大州立公园体系以缓解国家公园面临的旅游压力，并在美国东部大力拓展历史文化资源保护方面的工作。从而使美国国家公园运动在美国全境基本形成体系。

第三阶段为发展阶段（1933-1940 年）。1933 年对美国国家公园体系来讲是又一个十分重要的年份，在这一年，富兰克林·罗斯福总统签署法令将国防部、林业局等所属的国家公园和纪念地以及国家首都公园划归国家公园局管理，极大增强了国家公园体系的规模，尤其是国家公园局在美国东部的势力范围。同时随着罗斯福新政的展开，国家公园局与公民保护军团（CCC）配合，雇佣了成千上万的年轻人在国家公园和州立公园内完成了数量众多的保护性和建设性工程项目，这些项目对国家公园体系产生了深远影响。同时 1935 年和 1936 年分别通过的《历史地段法》和《公园、风景路和休闲地法》进一步增强了国家公园局在历史文化资源和休闲地管理方面的力度。

第四阶段为停滞与再发展阶段（1940-1963 年）。这一阶段包括了二战期间的停滞时期和战后由于旅游压力迅速发展时期。二战期间国家公园体系的经费和人员急剧减少，但国家公园局却成功地抵制了军事飞机制造业、水电业等开发公园内自然资源的蛮横要求。战后由于国家公园的游客大增，旅游服务设施严重不足，国家公园局启动了"66 计划"，即从 1956 年起，用 10 年时间，花费 10 亿美元彻底改善国家公园的基础设施和旅游服务设施条件。"66 计划"在满足游客需求方面是成功的，但在生态环境保护方面考虑不足，被保护主义者们批评为过度开发。

第五阶段为注重生态保护阶段（1963-1985 年）。20 世纪 60 年代以前，美国国家公园局保护的仅仅是自然资源的景观价值，而对资源的生态价值没有充分认识，因此在公园动植物管理中犯了很多严重的错误，如在公园内随意引进外来物种等。随着美国环境意识的觉醒，在学术界和环保组织的压力下，国家公园局在资源管理方面的政策终于向保护生态系统方面做出了缓慢但重要的调整。如不再对观赏型野生动物进行人工喂养、逐步消灭外来树种等。

第六阶段为教育拓展与合作阶段（1985 年以后）。国家公园的教育功能在 1985 年以后得到了进一步强化，在教育硬件设施方面进行了较大规模的建设，在人员配备、资金安排等方面优先考虑。使国家公园体系成为进行科学、历史、环境和爱国主义教育的重要场所。由于里根以后的几届政府不断压缩国家公园局的人员和资金规模，因此这一时期的另一趋势是国家公园局开始强调和其他政府机构、基金会、公司和其他私人组织开展合作。

3.2 世界各国国家公园概况

3.2.1 世界范围国家公园发展阶段

紧随美国之后，加拿大于 1885 年、澳大利亚于 1879 年、新西兰于 1887 年分别建立了它们的国家公园体系。1930 年前后，南非于 1926 年、日本于 1931 年建立了国家公园。一战期间北美国家公园的数量增加了 7 倍，欧洲增加了 15 倍。第二次世界大战后，随着战后经济的逐渐复苏，南美洲、亚洲、非洲等许多发展中国家也相继建立起自己的国家公园体系，已经设置国家公园的国家开始扩大其数量[①]。在世界范围内，国家公园的发展大致可以分为三个阶段。

（1）初步阶段：19 世纪到第一次世界大战阶段，欧美发达国家加快了国家公园建设，欧美在此期间建立了数量可观的国家公园，并且一些国家建立了自然保护机构和国家公园管理制度，从制度上完善国家公园管理工作。

（2）发展阶段：二战阶段，国家公园建设遍布全球，亚非拉众多国家和地区建立了国家公园，特别是非洲一些殖民地国家相继建立了国家公园，因而国家公园建设进入了快速发展阶段。

（3）繁荣阶段：二战以后，随着经济复苏和科技快速发展，人类对生态环境的渴望，促进了国家公园的繁荣，其中，北美洲的国家公园数量扩大了 7 倍（从 50 个到 356 个），欧洲的国家公园数量增长了 15 倍（从 25 个扩大到 379 个）[②]（表 3-1）。

部分国家的国家公园建设概况 表 3-1

国家	数量（个）	面积（km²）	占国土面积的比例（%）
美国	59	21.1	2.2
加拿大	44	30.4	3.0
德国	14	0.7	2.0
日本	29	2.1	5.5

根据世界保护区数据库（World Database on Protected Areas，WPDA）提供的数据统计，到 1970 年代中期，全世界已经建立了 1204 处国家公园；截至 2009 年 6 月，一共有 158 个国家共成立了 3417 处国家公园，总面积达到 420 万 km²[③]。截止到 2014 年 3 月，国家公园（II 类）的数量已经达到了 5219 个[④]。

---

① 杨锐.建立完善中国国家公园和保护区体系的理论与实践研究 [D].清华大学，2003.
② 罗帅.国家公园传统利用区规划研究 [D].广州大学，2017.
③ 张海霞.国家公园的旅游规制研究 [D].华东师范大学，2010.
④ 张希武，唐芳林.中国国家公园的探索与实践 [M].北京：中国林业出版社，2014.

3.2.2 世界各国国家公园比较

管理体制方面，世界国家公园的管理体制大致可以归纳为以下三种具有代表性的治理模式：垂直治理模式、地方自治模式和综合治理模式。美国国家公园治理模式是垂直治理模式的典型代表，它主要是指国家、地方、基层管理局三个级别的机构对国家公园实行垂直管理；地方自治模式，是指地方政府管理机构对国家公园具有完全管理权，中央政府机构不能干涉。澳大利亚和德国是以地方自治模式治理国家公园的典型代表；综合治理模式属综合管理型，主要是指地方政府对国家公园的管理有一定的自主权，既有上级政府部门的参与，也有活跃的私营和民间组织的参与。加拿大、芬兰、英国、日本兼有上述两种体制。

土地权属方面，世界国家公园的土地权属管理主要分为国家管控型、私人管控型和混合管控型三种类型。一是国家管控型，指国家公园中的土地权属以国有土地为主，私人或集体所有的土地极少，以美国为代表，美国国家公园体系属于联邦层面的保护地体系，明确由国家公园管理局管理，国家公园内的土地、自然资源及文化遗产的产权均归联邦所有，归属于国土部；二是私人管控型，以私有土地为主，以英国为代表；三是混合管控型，以法国、日本等国家为代表。

社区协调方面，按照在国家公园决策、管理、规划等方面的参与层次，将各国国家公园的社区分为决策型社区、建议型社区、协调型社区、参与型社区和特殊型社区。决策型社区是指，社区居民在国家公园保护管理中享有决策权。主要的原因是社区居民以集体的形式在国家公园中拥有较多的土地权属，从而形成共同管理机构。例如，在澳大利亚北领地的社区共管模式，当地传统土地所有者通常在保护区管理委员会中占多数，对保护区管理计划的制订、产业发展和科研规划拥有决策权和决定权。建议型社区是指，社区居民在国家公园保护管理中享有较强的建议权。主要原因是社区居民以个体的形式在国家公园中拥有较多的私人土地。国家公园管理单位必须充分尊重社区居民的意见，从而获得社区居民土地保护管理的部分权限，例如英国国家公园。由于英国国家公园大部分的土地是私有土地，英国公园管理单位就通过鼓励各利益相关方共同参与国家公园的管理，建立了一些国家公园社区联盟组织。协调型社区是指，在国家公园管理机构在对土地资源管理拥有主导能力的同时，为了获取社区的支持，能够能予以社区较多的利益和优惠，同时协调社区的经济发展，让社区的发展与国家公园的保护目标相协调，例如法国国家公园。法国国家公园以"生态共同体（Solidarité écologique）"为社区管理的核心理念，在意识形态和实际措施上都体现了加盟区市镇协调发展的理念。参与型社区是指，国家公园管理机构对土地资源保护管理拥有绝对的主导权力，但是为社区设置了公众参与的良性机制。例如，在美国国家公园中，社区参与主要通过政府与社区居民共享国家公园相关法律及政策规定、公园发展存在的问题与管理目标等信息，让社区居民共同参与到公园规划的编制、公园资源与环境的保护、环境的评估等问题的决策中。特殊性社区是指，国家公园对部分社区居民采取特殊优待，一般为传统原住民。例如，加拿大国家公园对原住民就将社区分为原住民社区与非原住民社区。对于土著人来讲，国家公园管理署在制定政策方面则比较谨慎。

专栏：世界各国国家公园基本概况

1. 加拿大国家公园

加拿大是世界上面积第二大的国家，自然生态系统类型多样。拥有森林、草原、冻原、沼泽等多种陆地生态系统类型。自 1885 年建立班夫国家公园（Banff National Park）以来，冰川国家公园、草原国家公园、乌克什沙里克国家公园等一批典型的国家公园相继建立。经过 100 多年的发展，目前加拿大共设立了 38 个国家公园和 8 个国家公园保留地，这些国家公园总面积约占国土面积的 5%。其中，森林野牛国家公园面积为 448.07 万 hm^2，是加拿大面积最大的国家公园；圣劳伦斯岛国家公园面积为 870hm^2，是加拿大面积最小的国家公园[①]。

2. 澳大利亚

澳大利亚建立国家公园的历史可以追溯到 1879 年 4 月 26 日。新南威尔士州政府宣布建立澳大利亚第一个国家公园——皇家国家公园，这也是当时世界上继美国黄石国家公园之后的第二个国家公园。根据澳大利亚保护区数据库（CAPAD2004）显示，目前澳大利亚共有 50 多个保护区管理类别。其中，共有 544 个国家公园，主要为 IUCN 中的第 II 类保护地。总面积为 28718187hm^2，占澳大利亚国土面积的 3.74%。

由于联邦政府、州和领地政府各自管理国家公园，对国家公园的定义也有区别。首都直辖区是这样描述的："国家公园是用于保护自然生态系统、娱乐以及进行自然环境研究和公众休闲的大面积区域"。而新南威尔士州则将国家公园定义为"是以未被破坏的自然景观和动植物区系为主体建立的相当大面积区域，永久性地用于公众娱乐、教育和陶冶情操之目的。所有与基本管理目标相抵触的活动一律禁止，以便保护其自然特征"。

3. 新西兰

新西兰是位于太平洋西南部的岛屿国家，其国土由南岛、北岛及其他几个小岛组成，约 26.8 万 km^2，其中南岛、北岛面积约 26.6 万 km^2。新西兰属于温带海洋性气候，境内山地和丘陵占其总面积的 75% 以上，国土森林覆盖率达到 31%（2005 年），天然牧场或农场约占国土面积的一半。新西兰是世界上最早建立保护地的国家之一，其第一个国家公园是汤加里罗国家公园（Tongariro National Park），于 1887 年由毛利人赠送给国家而成为国家公园。目前新西兰已

---

① 张颖 . 加拿大国家公园管理模式及对中国的启示 [J]. 世界农业，2018（4）.

经形成了相对完整的保护地管理体系，国土面积的约 1/3 划为保护地，由国家保护部（Department of Conservation，DOC）进行管理。保护部拥有保护地的土地所有权和管理权，这部分土地为公共土地（Public Land），通过赠予、购买等方式获得，包含 8.5 万 km^2 的陆地和 33 处海洋保护区（近 128 万 hm^2），以及海洋哺乳动物保护区（约有 240 万 hm^2）。保护地包括了国家公园（National Park）、保护公园（Conservation Park）、荒野地（Wildness Area）、生态区域（Ecological Area）、水资源区域（Watercourse Area）、各类保护区（Reserves）等多种类型。①

4. 英国

1949 年英国正式通过了《国家公园与乡村进入法（National Parks and Access to the Countryside Act）》，确立了包括国家公园在内的国家保护地体系，并于 1951 年指定了第一批国家公园。截至 2013 年，英国已经拥有 15 处国家公园，涵盖了其最美丽的山地、草甸、高沼地、森林和湿地区域，其中英格兰有 10 个，威尔士有 3 个，苏格兰有 2 个。国家公园总面积占国土面积的 12.7%，其中占英格兰国土面积的 9.3%，威尔士国土面积的 19.9%，苏格兰国土面积的 7.2%。

5. 法国

自 1960 年建立国家公园的法案（Loi du 22 juillet 1960）发布以来，法国一共建立了拉瓦努瓦斯（Parc national de la Vanoise）、波尔克罗（Parc national de Port - Cros）、比利牛斯（Parc national des Pyrénées）、塞文山脉（Parc national des Cévennes）、埃克兰（Parc national des Ecrins）、马尔康杜（Parc national du Mercantour）、瓜德罗普国家公园（Parc national de la Guadeloupe）、圭亚那（Parc amazonien de Guyane）、留尼旺（Parc national de la Réunion）、蔚蓝海岸（Parc national des Calanques）十个国家公园，其中有七个在法国本土，有三个在法国殖民地。另外，第十一个国家公园——香槟勃艮第国家公园（Parc national des forêts de Champagne et Bourgogne）正在筹建中。法国国家公园总面积为 60728km^2，占法国领土面积的约 9.5%，每年接待游客超过 850 万人次。

6. 德国

1970 年德国建立了第一个国家公园，巴伐利亚森林国家公园。截至 2014 年 2 月，德国共有 15 个国家公园，总面积 10395km^2，占国土面积约 0.54%（不包括海洋和沿岸地区）；国家公园面积各不相同，其中最小的约 30km^2（亚斯蒙德），最大的约 4500km^2（石勒苏益格—荷尔斯泰因州瓦登海），平均面积约 700km^2；国家公园主要分布在德国沿国境线的位置或在曾经的东西德交界处，原因在于这些区域往往人烟稀少，对自然的影响程度相对较小。德国是联邦共和制国家，共有 16 个联邦州，目前除莱茵兰州尚未建立国家公园，巴伐利亚州、梅克伦堡州各有 2 个国家公园，其余基本上一个州有一个国家公园。在资源类

---

① 赵智聪，庄优波. 新西兰保护地规划体系评述 [J]. 中国园林，2013，29（09）：25–29.

型上，国家公园涵盖了德国多样的生态系统，如高山流石滩和高山草甸、山地森林、河流沼泽、海岸浅滩和海洋等。

7. 日本

日本内阁环境省所确定的日本自然保护地域（Areas for Nature Conservation）包括以下4类：①国立公园、国定公园、都道府县自然公园；②原生自然环境保全地域（Wilderness Area）、自然环境保全地域（Nature Conservation Area）、都道府县自然环境保全地域；③鸟兽保护区 [国设鸟兽保护区（National Wildlife Protection Area）、都道府县设鸟兽保护区]；④生息地等保护区（Natural habitat Conservation Area）。截止到2007年底，日本共有国立公园29个，国定公园56个，都道府县立公园309个。自然公园总面积达到5万多 km²，约占国土总面积的14%。

根据日本《自然公园法》，日本的国家公园包含自然公园中的国立公园（国家公园）与国定公园（准国家公园）。

国立公园：能够代表日本自然风景的区域，为保护自然风景而对人的开发行为进行限制，同时为了人们便于游赏风景、接触自然而提供必要信息和利用设施的区域。由国家直接管理，通过"自然环境保全审议会"（由地理、环境、历史等专家构成）提出意见，最终由环境大臣指定[1]。

国定公园：具有与国立公园相同的自然风景地区，相当于"准国家公园"，由都道府县直接管理。其景观和面积仅次于国立公园，通过都道府县直接提出书面申请，再由"自然环境保全审议会"进行审查，最终由环境大臣指定。

8. 巴西

国家公园是巴西最古老的保护区类型，其目标是保护具有重大生态重要性和风景秀丽的生态系统，让人们接触自然，同时支持科学研究，教育，娱乐和生态旅游。在联邦层面，国家公园由巴西环境部下属的行政机构——奇科门德斯生物多样性保护研究所（ICMBIO）来管理。

目前巴西全国一共有68个国家公园和超过300个自然保护区。巴西最早的国家公园——伊塔蒂亚亚国家公园（Itatiaia National Park）建立于1937年。截至目前，巴西国家公园总面积达250000km²，占国土面积的2.968%。

巴西许多国家公园起源于联邦或州用于各种研究或保护目的的林业储备，后来这些保护区捐赠给联邦政府成立国家公园。因此20世纪70年代末许多国家公园位于沿海的人口中心。

巴西没有制定详细的指导保护地建设的国家战略。2013年，巴西生物多样性国家委员会编制了《生物多样性国家目标，2020》。作为《生物多样性公约》的缔约国，根据履约的需要，巴西编制了《生物多样性战略计划（2011-2020）》，

---

[1] 谷光灿，刘智．从日本自然保护的原点：尾濑出发看日本国家公园的保护管理 [J]. 中国园林，2013（8）：109-113.

根据公约的五大战略目标^①，确定了20项子目标。实现国家目标需要联邦各机构行动一致，但巴西目前还没有制定或实施此类战略。就保护地而言，巴西确定的保护目标要比《生物多样性公约》战略框架设定的目标更加宏伟，并为各个生物区系设定了具体的保护目标。

巴西自然保护地体系被分为"严格保护"和"可持续利用"两大类，共11个类别，国家公园是自然保护地中最知名的类型，共有71个，占有最大的国土面积。国家公园保护有重要生态价值和风景优美的自然生态系统，同时内部允许科学研究、环境教育以及生态旅游活动。1979年，巴西推出国家自然保护地体系规划项目，这是世界历史上首次完全基于科学的、全面的自然保护地系统，并基本落实到位。该项目为巴西全国尤其是亚马孙地区众多保护地规划与建设，以及2000年国会通过的《自然保护地体系法》提供了基础。

9. 南非

南非是非洲大陆早建立保护地体系的国家。南非《国家环境管理：保护地法》(National Environmental Management： Protected Areas Act 57 of 2003) 及 2004年 31 号修正法案（National Environmental Management： Protected Areas Act 31 of 2004) 中明确规定了南非的保护地体系包含以下类型：特殊自然保护区、国家公园、自然保护区（包括荒野地）、保护的环境区、世界遗产地、海洋保护区、特别保护森林区、森林自然保护区、森林荒野地（依据《国家森林法》）、高山盆地区（依据《高山盆地区法案》）。截至2016年，南非共有528个国有（公共）保护区（包括20个海洋保护区），总面积750万公顷，占陆地国土面积的6.1%。

南非有21处国家公园，分布于南非九省中的七个省，总面积超过400万hm^2，占南非所有保护地面积的67%，即占南非国土面积的4.087%。南非建立国家公园的目的是保护生物多样性，保护具有国家或国际重要性的地域、南非有代表性的自然系统、景观地域或文化遗产地，包含一种或多种生态完整的生态系统地域，防止开发和不和谐的占有、利用破坏地域的生态完整性，为公众提供与环境和谐的精神、科学研究、教育和游憩的机会，可行的前提下为经济发展做出贡献。

3.3 自然保护地体系

3.3.1 "保护地"概念

"保护地"（protected areas）的概念是从"国家公园"概念演化而来的。1872 年美国国会立法建立了"黄石国家公园"（Yellowstone National Park），这

---

① CEBDS, 2014. CEBDS is a non-profit civil associationthat promotes sustainable development for companies that operate in Brazil by interacting with governments and civilsociety, in addition to divulging the most modern conceptsand practices pertaining to the theme.

一事件被普遍认为是世界性"国家公园和保护地"运动的起源。1872—2007年，保护地运动从美国发展到世界上233个国家和地区，从单一的"国家公园概念"衍生出"保护地管理分类""世界遗产地""人与生物圈保护区"等相关概念。据联合国权威机构统计，截至2007年1月，世界范围内建立的"保护地"数量达到107034个，面积为195.59万km²，占地球表面积的11.63%。其中中国大陆地区得到国家命名的保护地为2027个，面积为146.74万km²，约占国土面积的14.76%（WDPA，2007）。

根据世界保护联盟（IUCN）的定义，保护地是指通过立法和其他有效途径得到管理的陆地和（或者）海洋地域，特别致力于保护和维护生物多样性、自然资源以及相关联的文化资源。

3.3.2 IUCN 保护地管理分类

IUCN基于管理目标的不同划定了保护地的不同类别。按照保护地内人类利用程度的递升顺序排列，它将保护地管理类别划分为以下六类，其中第一类又划分成两个小类。

Ⅰa类：严格自然保护区（Strict Nature Reserve）。管理目标为供科学研究所用。定义：严格自然保护区是指那些陆地和（或）海洋地区，它们拥有杰出的或有代表性的生态系统、地质学或生理学上的特征和（或）种类，主要为科学研究和（或）环境监测服务。

Ⅰb类：荒野保护区（Wildness Area）。管理目标为保护荒野资源。定义：荒野保护区是指那些广阔的陆地和（或）海洋地区，其自然特性没有或只受到轻微改变。区内没有永久性的或明显的（人类）居住场所，保护与管理的目的是为了保存这些地区的自然状况。

Ⅱ类：国家公园（National Park）。管理目标为保护生态系统和提供游憩机会。定义：国家公园是指那些陆地和（或）海洋地区，它们被指定用来：①为当代或子孙后代保护一个或多个生态系统的生态完整性；②排除与保护目标相抵触的开采或占有行为；③提供在环境上和文化上相容的精神、科学、教育、娱乐和游览的机会。

Ⅲ类：天然纪念物保护区（Natural Monument）。管理目标为保护特殊的自然地貌。定义：天然纪念物保护区是指那些拥有一个或多个具有杰出或独特价值的自然或自然/文化特征的地区。这些特征来源于它们固有的稀缺性、代表性、美学品质或文化上的重要性。

Ⅳ类：栖息地/种群管理地区（Habitat/Species Management Area）。管理目标为通过积极的管理措施保护特定物种群。定义：栖息地/种群管理地区是指那些陆地或海洋上的区域，在这些区域内通过积极的管理行为的介入用以确保（特定物种群的）栖息地和（或）满足特定物种群的需要。

V 类：陆地 / 海洋景观保护区（Protected Landscape/Seascape）。管理目标为保护陆地 / 海洋景观和提供游憩机会。定义：陆地 / 海洋景观保护区是指那些包括适当的海岸或海洋的陆地区域。由于人类和自然长时间的相互作用，使得这些区域变成一个具有重要的美学、生态学和（或）文化价值，同时经常也是生物多样性密集的、具有不寻常特征的地区。在这些地区内，保护这些相互作用对于保护、保持和进化这些地区是至关重要的。

VI 类：受管理的资源保护区（Management Resource Protected Area）。管理目标主要是为了实现对生态系统的可持续性利用。定义：受管理的资源保护区是指这些区域，它们包含没有受到严重改变的自然系统。可以通过管理来保护和保持这些地区的生物多样性；同时为了满足社区的需要，在可持续性原则下，允许提供自然产品和服务。

3.3.3　IUCN 保护地管理分类的空间量化特征 [①]

IUCN2008 年出版了《IUCN 保护地管理分类应用指南》（以下简称《应用指南》），为世界各国保护地的交流借鉴提供了平台。IUCN《应用指南》明确了分类保护区的保护对象、管理目标和管理措施。区别于以往研究对于分类依据和管理措施的定性解读，本次研究尝试根据《应用指南》，对其保护对象、管理措施进行空间量化，总结为 4 点空间量化特征，并用（表 3-2）和（图 3-1）表达，使其更好地指导不同保护地类型的区分。

1）管理分类是 2 个尺度保护对象和 3~4 个等级管理措施的排列组合。保护地在保护对象的生态学分类上呈现 2 个尺度的空间特征，相对小尺度空间即物种级别和自然特征、自然遗迹等；相对大尺度空间即生态系统和景观级别；每一个尺度的空间分别对应 3~4 个等级的管理 / 干预程度。其中，小尺度的 3 个管理等级分别为 Ia、III、IV；大尺度的 4 个管理等级分别为 Ib、II、VI、V。

IUCN 保护地分类中保护对象和管理措施的排列组合　　　　　　表 3-2

管理措施空间占比	保护对象	
（首要保护 + 社区利用）%	相对小尺度：自然遗迹、自然特征和物种	相对大尺度：生态系统和景观
100+0	Ia 严格自然保护	Ib 荒野
75+25	III 自然特征保护	II 国家公园
75'+25	IV 物种和栖息地管理	VI 资源可持续利用（狩猎、放牧等）
25+75	—	V 陆地 / 海洋景观保护（林业、农业等）

注：首要保护中 75 表示占总面积 75% 处于自然状态，75' 表示占总面积 75% 处于积极管理的自然状态。

---

① 主要参考：庄优波 .IUCN 保护地管理分类研究与借鉴 [J]. 中国园林，2018，34（07）：17-22.

2）首要保护目标和其他利用（主要为社区利用）的空间划分。根据
IUCN 的保护地类别指南，自然保护地首要目标应适用于至少 3/4（75%）的自
然保护地范围（The primary management objective should apply to at least three-
quarters of the protected area）。因此，对于以生物多样性保护为首要目标的 I-IV
类保护地来说，其他利用形式应控制在 25% 范围内；而以人与自然互动、资
源可持续利用为首要目标的 V-VI 保护地，牧业、农业、林业等传统生产空间
则可以占据主体地位，达到 75% 以上。

3）分类体现出对社区可持续利用的大范围兼容，前四类和后两类分别
体现新旧两种社区可持续利用兼容方式。根据保护地分类阐述，第 I-IV 类
自然保护地，是旧的传统的保护地模式，首要目标是不同层级的生物多样性
保护，社区发展处于受限制地位，因此当地社区和传统利用所占空间应少于
25%，且与生物多样性保护相协调；第 V-VI 类自然保护地，则是新的保护
地模式，追求生物多样性保护与社区发展 / 资源可持续利用的双赢，首要目
标为人与自然长期互动或者资源的可持续利用，所以当地社区和资源利用的
空间可占总面积的 75% 以上，因为这些区域同时也是生物多样性保护的空间
所在。社区利用强度方面，前四类无大的差别，后两类有明显差别，其中第
V 类以强度较高的农业、林业和居住景观为主，而第 VI 类则以强度较低的
打猎、放牧等为主。

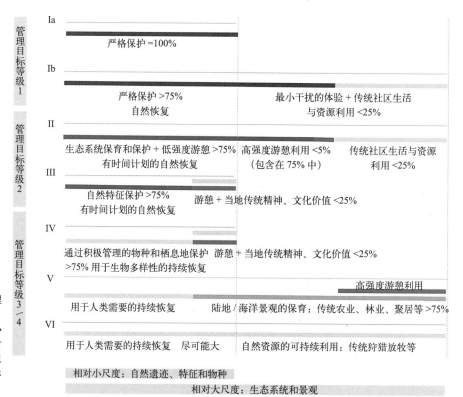

图 3-1 保护地分类管理
措施空间量化示意
（注：笔者认为尺度大小
和 3/4 面积比例为相对
值，可根据各国保护地生
态系统特征和管理实际
情况进行适当调整。）

4）游憩活动总体允许强度较高。除了 Ia 类不允许任何游憩活动、Ib 类仅允许低影响自助游之外，其余保护地均允许较大强度游憩利用，但是空间占比不同。在空间分布方面，第 III、IV 类将环境教育与游憩仅作为其他目标，因此游憩活动纳入 25% 的用地范畴内；而第 II 类将环境教育与游憩纳入首要目标，因此游憩活动可纳入 75% 首要目标用地范畴内。对于第 II 类国家公园而言，根据美国国家公园若干经典案例的统计研究，建议高强度游憩利用的影响范围应小于总面积的 25%（机动交通两侧各 500m 范围），或高强度利用建设用地应小于 5%。

3.3.4　IUCN 保护地管理分类国际应用

IUCN 保护地管理分类在提出之初，源于各国多种保护地命名互相之间缺乏通用语言，因此管理分类旨在建立各国之间自然保护地的通用语言交流平台；随着保护地分类的完善，IUCN 也建议应用该体系推动各国自然保护地体系设计。

联合国环境署（UNEP）在全球和各大洲保护地统计方面积极应用该管理分类。"保护星球"网站（https：//protectedplanet.net）由联合国环境署和 IUCN（UNEP-WCMC）联合维护，每月更新全球保护地信息，其中包括各国保护地管理分类信息。根据《2014 年亚洲保护星球报告》，亚洲地区大约 86% 的保护地确立了 IUCN 管理分类，主要对应第 IV、V 和 VI 类，占保护地数量的 77%（图 3-2）。其中，陆地保护地的大部分（72%）为第 IV 及 V 类，近一半（45.6%）为第 IV 类；海洋保护地的 60% 为第 IV、V 和 VI 类，第 IV 类最多，占 25.8%。

各国在建立 IUCN 管理分类与本国保护地对应关系方面的积极程度各不相同，大致分为 3 个等级：第一等级为立法要求、第二等级为编制适用于本国的分类指南、第三等级为对 IUCN《应用指南》英文版本的翻译和培训。其中，

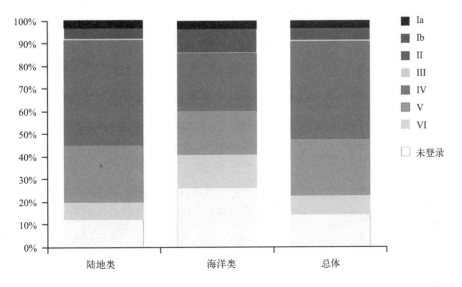

图 3-2　亚洲区保护地管理分类数量统计
（图译自《2014 年亚洲保护星球报告》：Juffe-Bignoli, D.1, Bhatt, et. Asia Protected Planet 2014. UNEP-WCMC：Cambridge, UK. 2014, p30）

澳大利亚是第一等级的代表，1999 年《环境和生物多样性保护法案》，要求将现有的以及新划设的保护地建立起与 IUCN 分类的对应关系，参考 IUCN 各类保护地的保护宗旨和要求进行管理；加拿大、德国、英国等是第二等级的代表，编制了适用于本国的管理分类指南；很多国家都参与了 IUCN《应用指南》的翻译和培训，处于第三等级，包括韩国、中国等。我国官方层面目前尚未建立起保护地与 IUCN 管理分类的对应关系。

3.3.5 各国对 IUCN 管理分类的应用——指导保护地体系构建

IUCN 保护地管理分类在指导各国保护地体系构建方面，大致可以分为三种类型。

第一种类型，基于本国资源特征和历史发展机遇形成本国保护体系，成为 IUCN 保护地管理分类的重要原型参考，以美国为代表。如美国荒野保护系统对应了第 I 类、国家公园系统对应了第 II、III 类，野生动植物庇护系统对应了第 IV 类、景观保护系统对应了第 V 类等。"美国的分系统形成基本都早于 IUCN 六大类系统的建立，因此也可以说，IUCN 分类系统的建立，美国的系统是一个主要参考依据"。

第二种类型，运用 IUCN 管理分类原则，指导国家层面的自然保护规划，以澳大利亚为代表。澳大利亚 2009 年国家保护地规划的出台标志着澳大利亚国家保护地体系建设基本完成。根据 IUCN 制定的保护层级体系，澳大利亚将国土领域内的自然资源划分为 6 个保护层级，对每个层级的保护性质、保护目标以及相应的保护标准等进行了详细规划。

第三种类型，参考 IUCN 管理分类原则，构建本国保护地分类体系，以巴西为代表。2000 年 7 月 18 日巴西由联邦法律规定了不同保护区的创建、实施和管理的标准。巴西的保护区分为两大类：完全保护和可持续利用。完全保护类包括生态站（Ia）、生物保育区（Ia）、国家公园（II）、自然纪念地（III）及野生动物避难所（II）。可持续利用类包括：环境保护区（V）、重大生态价值区（V）、国家森林（IV）、野生动物保护区（IV）、可持续发展保护区（VI）、私人自然遗产保护区（VI）。

纵观各国自然保护地分类体系建设，在应用 IUCN 管理分类过程中，均体现了本国自然保护的地域和历史特征。各保护地和 IUCN 管理分类之间既有一一对应关系，也有多一、一多对应关系。例如，英国国家公园、国家景观区、区域公园、遗产海岸，均属于第 V 类，体现出不同侧重的景观类保护对象，但是在管理目标和方式上属于同一层级（表 3-3）。又例如，澳大利亚的土著保护地是由当地传统的土著居民通过内部的自愿协议，划设用以保护其特有生物多样性和文化价值的区域，占国家保护地体系面积的 44.6%，占国土面积 761.8 万 km^2 的 8.83%，是国家保护区系统计划的组成部分和重要补充

英国保护地与 IUCN 管理分类对应一览表　　　　　表 3-3

保护地国家命名	位置	登记个数	IUCN 分类
突出自然美景区	英格兰和威尔士；北爱尔兰	49	V
特殊科学价值区	北爱尔兰	226	IV
遗产海岸	英格兰和威尔士	32	V
地方自然保护区	英联邦	1372	IV
海洋咨询区	英联邦	2	未知
海洋自然保护区	英联邦	3	IV
国家自然保护区	英联邦	403	IV
国家公园	英格兰、威尔士和苏格兰	14	V
国家风景区域	苏格兰	40	V
区域公园	苏格兰	4	V
特殊科学价值点	英格兰、威尔士和苏格兰	6586	IV
联合国人与生物圈	英联邦	9	未分类
拉姆萨尔湿地	英联邦	158	未分类
世界遗产地	英联邦	3	未分类

（表格译自：IUCN NCUK. Putting nature on the map–identifying protected areas in the UK. IUCN National Committee for the United Kingdom. 2012，p41.）

（数据源自：https：//www.pmc.gov.au/indigenous–affairs/environment/indigenous–protected–areas–ipas）。该保护地在管理类型上对应从 Ia 到 V、VI 各个类型，在自然保护基础上兼顾了文化的多样性。

3.4 世界遗产

3.4.1 世界遗产概念

世界遗产属于世界国家公园运动的一部分。1972 年通过《世界遗产公约》恰逢美国黄石国家公园成立 100 周年。因此，如果追溯广义上自然和文化遗产保护发展历程，我们至少可以追溯到 1872 年。就狭义的世界遗产地来讲，国际社会最早是在 1959 年开始进行保护埃及阿布辛贝尔神庙的努力，因为当时阿斯旺水坝的建设可能会淹没神庙，国际社会希望筹集 8000 万美元的资金用于神庙保护。由于这个成功的案例引发了 1972 年《世界遗产公约》的制订和通过，并扩展至自然遗产。

世界遗产分为自然遗产、文化遗产、自然与文化复合遗产。具有明确的定义和供会员国提名及遗产委员会审批遵循的标准：

文化遗产

文物：从历史、艺术或科学角度看，具有突出的普遍价值的建筑物、碑雕和碑画，具有考古性质成分或结构，铭文、洞穴以及其综合体。

建筑群：从历史、艺术或科学角度看，在建筑式样、分布均匀或与环境景色结合方面具有突出的普遍价值的单立或连接的建筑群。

遗址：从历史、美学、人种学或人类学角度看，具有突出的普遍价值的人造工程或人与自然的联合工程以及考古遗址地方。

另外，"文化景观"是包含于"文化遗产"中的一个特殊类型，并不是单独的一类遗产。

自然遗产

从美学或科学角度看，具有突出、普遍价值的由地质和生物结构或这类结构群组成的自然面貌。

从科学或保护角度看，具有突出、普遍价值的地质和自然地理结构以及明确规定的濒危动植物物种生境区。

从科学、保护或自然美角度看，具有突出、普遍价值的天然名胜或明确划定的自然地带。

混合遗产

文化与自然混合遗产（Mixed Site）简称"混合遗产""复合遗产""双重遗产"。按照《实施保护世界文化与自然遗产公约的操作指南》，只有同时部分满足《保护世界文化与自然遗产公约》中关于文化遗产和自然遗产定义的遗产项目才能成为文化与自然混合遗产。

3.4.2 世界遗产标准

提名的遗产必须具有"突出的普世价值"以及至少满足以下十项标准之一：

1）表现人类创造力的经典之作。

2）在某期间或某种文化圈里对建筑、技术、纪念性艺术、城镇规划、景观设计之发展有巨大影响，促进人类价值的交流。

3）呈现有关现存或者已经消失的文化传统、文明的独特或稀有之证据。

4）关于呈现人类历史重要阶段的建筑类型，或者建筑及技术的组合，或者景观上的卓越典范。

5）代表某一个或数个文化的人类传统聚落或土地使用，提供出色的典范——特别是因为难以抗拒的历史潮流而处于消灭危机的场合。

6）具有显著普遍价值的事件、活的传统、理念、信仰、艺术及文学作品，有直接或实质的连结（世界遗产委员会认为该基准应最好与其他基准共同使用）。

7）包含出色的自然美景与美学重要性的自然现象或地区。

8）代表生命进化的纪录、重要且持续的地质发展过程、具有意义的地形学或地文学特色等的地球历史主要发展阶段的显著例子。

9）在陆上、淡水、沿海及海洋生态系统及动植物群的演化与发展上，代表持续进行中的生态学及生物学过程的显著例子。

10）拥有最重要及显著的多元性生物自然生态栖息地，包含从保育或科学的角度来看，符合普世价值的濒临绝种动物种。

3.4.3 世界遗产名录

截至 2018 年 7 月，世界遗产地总数达 1092 处，分布在世界 167 个国家。其中世界文化遗产 845 项、世界文化与自然双重遗产 38 项、世界自然遗产 209 项。

截至 2018 年 7 月，中国已有 53 项世界文化、景观和自然遗产列入《世界遗产名录》，其中世界文化遗产 31 项、世界文化景观遗产 5 项、世界文化与自然双重遗产 4 项、世界自然遗产 13 项，世界遗产项目总数与意大利并列第一。

3.4.4 世界遗产发展趋势 [①]

对发展脉络和整个趋势的判断，可以用四句话来概括。第一，影响范围越来越广。从最初欧洲、北美的一些国家，到现在影响到世界绝大多数国家。1978 年第一批世界遗产共有 13 处，涉及当时 178 个缔约国中的 8 个国家；到 2011 年第 35 届世界遗产大会之后共有 936 处世界遗产，涉及 188 个缔约国中的 153 个国家或地区。最初主要是相关专业领域的人士关注，到现在政府、非政府组织、社区、游客以及其他利益相关方都在关注世界遗产。申报的数量也是逐年递增，从刚开始的鼓励申报到现在已是限制申报的局面。第二，种类越来越多。最初的世界遗产主要分为文化遗产和自然遗产，后来又陆续加入了混合遗产、文化景观、历史城镇、工业遗产、遗产廊道等等，种类更加多样。第三，门槛越来越高。中国在 20 世纪 80 年代中后期，一年申报的数量很多，1987 年一年就有 6 项列入世界遗产清单。到 2000 年澳大利亚"凯恩斯决议"后，确定下来是每国只能申报一项，2004 年"苏州决议"在中国政府的努力下又调整成为两项。以前的世界遗产申报可形容为"大门洞开"，现在基本上只留着一个"门缝"。这种形势要求遗产申报要更高质量，自己的价值论述和国际比较要足够强，保护管理方面要做得足够到位，才有可能列入世界遗产的名单里面。第四，保护管理越来越深入。最初保护管理的理念、手段及研究都没有现在这么强，现在包括定期报告、监测指标和标准的要求都是越来越严，而且在保护和管理方面的研究也越来越深入。现在绝大多数世界遗产地都要求编制保护管理规划。

---

① 庄优波，杜婉秋 . 世界遗产的发展脉络和趋势 访清华大学建筑学院景观学系主任杨锐教授 [J]. 风景园林，2012（01）：56–57.

世界遗产体系目前主要有两个不平衡：一个是遗产种类的不平衡，另一个是遗产分布区域的不平衡。根据前两年的统计数据，约 75% 为文化遗产，约 22% 是自然遗产，3% 左右是混合遗产。2011 年 35 届世界遗产大会之后，文化遗产 725 处，达到 77.5%，已经超过了 3/4；自然遗产 188 处，占 19.6%，还不到 1/5；混合遗产（自然和文化双遗产）28 处，占 2.9%，也是下降的趋势。而实际上自然遗产是非常重要的，尤其在生态环境问题越来越突出的情况下，在生态转向的情况下，这种不平衡是不合理的。应该花一些力量来扭转这种局面。

3.5 其他国际公约和宪章

除了世界遗产，当前在各类国际公约下设立的国际保护地有 4 个，分别是人与生物圈计划及其世界生物圈保护区网络、拉姆萨尔湿地公约、国际地球科学和地质公园计划下的联合国教科文组织世界地质公园，以及 IUCN 绿色名录。

3.5.1 人与生物圈（MAB）计划

人与生物圈（MAB）计划是联合国教科文组织（UNESCO）自 1971 年起在全世界范围内开展的一项大型国际科学合作项目。其目的在于通过全球性的科学研究、培训及信息交流，为生物圈自然资源的合理利用与保护提供科学依据，同时为各国的自然资源管理培养合格的专门人才。到目前为止，全世界已有 113 个国家成立了人与生物圈国家委员会，协调并推动人与生物圈计划在各国的发展。在人与生物圈计划的倡议和组织下，在全世界范围内开始建立生物圈保护区网，不仅在遗传种质和生态系统的保护方面起到重要作用，也为环境监测培训和科学研究提供了必要的场地。目前，已有 66 个国家的 266 个保护区加入了生物圈保护区网。

该计划的最高的权力机构是人与生物圈国际协调理事会（简称 ICC）：它由 30 个理事国的代表组成，理事国由教科文大会选举产生。人与生物圈协调理事会每两年举行一次。理事会通常是在巴黎的教科文总部举行。

我国积极参加国际人与生物圈计划，早在 1972 年就参加了国际人与生物圈计划，并且一直是"人与生物圈国际协调理事会"的理事国，1978 年成立了中华人民共和国人与生物圈国家委员会。从 1980 年起，中国长白山、卧龙等处自然保护区被列为国际生物圈保护区，我们目前有 28 个保护地被列为国际生物圈保护区[①]。

---

① 李文华. 国际人与生物圈计划及其发展趋势 [J]. 北京林业大学学报，1987（02）：213-220.

3.5.2 国际湿地公约

1971 年 2 月 2 日来自 18 个国家的代表在伊朗拉姆萨尔共同签署了《关于特别是作为水禽栖息地的国际重要湿地公约》（简称《湿地公约》，又称《拉姆萨尔公约》）。《湿地公约》确定的国际重要湿地，是在生态学、植物学、动物学、湖沼学或水文学方面具有独特的国际意义的湿地。该公约于 1975 年 12 月 21 日正式生效。《湿地公约》已经成为国际上重要的自然保护公约，受到各国政府的重视。为纪念公约诞辰，1996 年 10 月公约第 19 届常委会决定将每年 2 月 2 日定为"世界湿地日"。截至 2016 年 4 月，公约共有 169 个缔约国，共有 2171 块湿地被列入国际重要湿地名录，总面积 2 亿多 hm^2。我国自 1992 年加入湿地公约以来，现已指定国际重要湿地 49 块，总面积 405 万 hm^2。《湿地公约》致力于通过国际合作，实现全球湿地保护与合理利用，是当今具有较大影响力的多边环境公约之一。

湿地公约认为，各缔约国承认人类同其环境的相互依存关系；考虑到湿地的调节水分循环和维持湿地特有的植物特别是水禽栖息地的基本生态功能；相信湿地为具有巨大经济、文化、科学及娱乐价值的资源，其损失将不可弥补；期望现在及将来阻止湿地的被逐步侵蚀及丧失；承认季节性迁徙中的水禽可能超越国界，因此应被视为国际性资源；确信远见卓识的国内政策与协调一致国际行动相结合能够确保对湿地及其动植物的保护。

3.5.3 世界地质公园

在 2002 年 2 月召开的联合国教科文组织（UNESCO）国际地质对比计划执行局年会上，联合国教科文组织原地学部（现为生态与地学部）提出建立地质公园网络，其目标是：①保持一个健康的发展环境；②进行广泛的地球科学教育；③营造本地经济的可持续发展。随即，该网络计划得到 UNESCO 的正式认同，其英文名称为"Global Geoparks Network"，或者"Global Network of National GeoParks"，缩写为"GGN"。2004 年 2 月，联合国教科文组织在巴黎召开的会议上首次将 25 个成员纳入世界地质公园网络，其中 8 个来自中国，17 个来自欧洲。这标志着全球性的"联合国教科文组织世界地质公园网络"正式建立。截至 2018 年，网络内成员增至 140 个，分布在 38 个国家。中国目前有 37 个世界地质公园网络成员。

世界地质公园于 2015 年第 38 届联合国教科文组织会议批准通过。其主要目标是保护世界范围内重要的具有特殊地质条件的区域，同时使当地社区实现经济的可持续发展。世界地质公园秘书处设于法国巴黎联合国教科文组织总部。世界地质公园每四年进行评估，包含进展报告和实地检查，根据评估结果决定四年后再次评估，或者在发现某些问题的情况下，两年后再次评估。此后，下一次的评估将会决定某个特定世界地质公园续期还是除名。截至 2015 年 10 月底，世界范围内共有世界地质公园 120 处，总覆盖面积 0.15 亿 hm²。

3.5.4 IUCN 绿色名录

《IUCN 最佳管理保护地绿色名录》（绿色名录），是世界自然保护联盟 (IUCN) 为帮助各国实现生物多样性公约（CBD）"爱知目标"中的第 11 项指标，落实 2012 年世界自然保护大会相关决议，并且促进以保护地为基础的生物多样性保护而制定的一项计划。绿色名录计划在开发、试点和完善的基础上，推出一系列新的针对更有效更公平管理保护地的全球标准，并由此开展评估工作，建立和定期发布《IUCN 全球最佳管理保护地绿色名录》。绿色名录以保护区是否达到所要保护的目标作为主要条件。

2014 年 11 月 14 日，在悉尼召开的第六届世界公园大会（World Park Congress）上，世界自然保护联盟 (IUCN) 正式全面启动"自然保护地绿色名录"项目（Green List of Protected Area，缩写为 GLPA，下文简称为"绿色名录"），并公布了全球第一批入选绿色名录的自然保护地名单。第一批绿色名录收录了来自 8 个试点国家的 24 处自然保护地，其中澳大利亚 2 处、韩国 3 处、中国 6 处、意大利 1 处、法国 5 处、西班牙 2 处、肯尼亚 2 处、哥伦比亚 3 处。来自中国的 6 处自然保护地分别是黄山风景名胜区、五大连池风景名胜区、龙湾群国家森林公园、唐家河国家级自然保护区、长青国家级自然保护区和东洞庭湖国家级自然保护区。这是首次针对自然保护地最佳管理的全球评选，IUCN 官方网站也以"点绿成金"（Green is the New Gold）的标题来表明绿色名录及其收录的自然保护地所具有的重要意义。

绿色名录的评选遵照一套严格的标准，即绿色名录标准（Green List of Protected Area Standard），对自然保护地的管理水平和成效进行评估。首批入选的 24 处自然保护地经过所在国家提名、绿色名录国内评委专家评审、外部专家评审、全球评委会评审等严格的层层筛选，最终从 50 个提名自然保护地中胜出。被收入绿色名录的自然保护地，意味着其在管理工作方面的成功，成了全球自然保护地管理的典范。绿色名录项目让管理有效性的评估得到了更多的重视，有效确保全球的自然保护地能得到真正的保护，使社会、经济和环境都从中获益[①]。

3.5.5 多头衔保护地

2014 年联合国保护地名录中已包含 209429 个保护地，覆盖了全球 3.14% 的海洋面积和 14% 的陆地面积。在国际保护区域中，有 263 个区域重叠或部

---

① 张琰，刘静，朱春全. 自然保护地绿色名录：内容、进展及为中国自然保护地带来的机遇和挑战 [J]. 生物多样性，2015，23（04）：437–439.

分重叠，同一区域拥有两个、三个甚至四个国际头衔，这就是多头衔保护地（Multiple International Designated Areas），简称 MIDAs。例如，有 215 个湿地保护地整体或部分包含生物圈保护区；109 个生态保护区和 97 个湿地保护地与世界遗产地存在重合；22 个湿地保护地部分属于 UNESCO 世界地质公园；16 个生物圈保护区包含在 UNESCO 世界地质公园中；15 个全球生态公园和世界遗产地部分重合。除了这些具有两重头衔的保护地，还有三重、四重头衔的情况。47 个区域兼有湿地保护地、世界遗产地、生物圈保护区的头衔；6 个区域兼有湿地保护地、生物圈保护区和世界地质公园的头衔；2 个保护地同时被授予世界遗产地、生物圈保护区和世界地质公园头衔。而韩国济州岛更是兼具湿地保护地、世界遗产地、生物圈保护区和世界地质公园四重身份[1]。

多头衔的内涵。把英文"multi-internationally designated area"翻译为"多头衔国际保护地"，初看有些不太适应，细想却觉得有一定道理。这里使用了"多头衔"而不是"多命名地"，意在更直观体现"世界遗产地""世界生物圈保护区""世界地质公园"及"拉姆萨尔湿地保护地"是国际组织依据价值类型和保护管理标准赋予各国国内自然保护地的一种称号，类似荣誉，而不是各国自身的保护地实体（如我国的自然保护区、风景名胜区等）。所以从不同价值类型出发（如生物多样性、地质、湿地、自然美景等），赋予一个保护地多种头衔，具有其存在的合理性。

相关讨论仍属新议题。尽管"世界生物圈保护区""拉姆萨尔湿地保护地""世界遗产地""世界地质公园"这些国际保护地分别产生于 1971、1971、1972 年和 2004/2015 年，但是对"多头衔国际保护地"的讨论在国际上仍属于很新的议题。2012 年 IUCN 在韩国济州岛世界自然保护大会上最早提出相关倡议，并于 2015 年联合 UNESCO、RAMSAR 等在济州岛举行专题研讨会，2016 年整理形成《多头衔国际保护地管理》报告。

"多头衔"——更多关注，更大责任。那么国际保护地是不是头衔越多越好呢？这是很多保护管理者关心的问题。该报告中也进行了一定解答。答案是：并不是，而是"双刃剑"。头衔越多，能够从多个国际保护项目中受益，获得更高国际知名度和关注度，但是也将承担更多责任，面临更多的挑战，包括：更多的保护内容和更高的保护标准，更多与国际机构协调，更多的部门之间协调，更多的人力资源配置等。所以报告建议，各保护地单位和国家各层级的管理机构，应评估不同头衔的附加价值，为保护地选择最为合适的国际头衔。

我国的多头衔国际保护地。"多头衔国际保护地"议题在中国具有较强的研究必要性。我国是世界上拥有多头衔国际保护地较多的国家。而且，2016

---

[1] Schaaf, T. and Clamote Rodrigues, D.（2016）. Managing MIDAs：Harmonising the management of MultiInternationally Designated Areas： Ramsar Sites, World Heritage sites, Biosphere Reserves and UNESCO Global Geoparks. Gland, Switzerland：IUCN. xvi + 140 pp.

年我国神农架列入世界遗产名录，成为继韩国济州岛之后世界上第二处同时具有四个国际保护地头衔的自然保护地。如何评估国际保护地头衔在自然保护中实际发挥的作用，不同头衔的品牌辨识度如何，如何更好地进行协调管理等，都有待进一步研究。而且，多头衔国际保护地与我国目前正在讨论中的国家公园与自然保护地体系多头管理、交叉重叠问题，尽管在本质上有差别，但是在具体问题和解决对策方面，如国家层面形成统一的管理体系和法律体系等，具有一定的互通性，可以提供相关借鉴。

思考题

1. 我国自然保护地体系应采用何种框架？
2. 我国国家公园与其他各国国家公园比较的特点是什么？
3. 国际命名的保护地与国内保护地之间应如何对接？

主要参考文献

[1] 杨锐.美国国家公园体系的发展历程及其经验教训 [J].中国园林，2001（01）：62-64.

[2] 杨锐."IUCN 保护地管理分类"及其在滇西北的实践 [J].城市与区域规划研究，2009，2（01）：83-102.

[3] 庄优波.IUCN 保护地管理分类研究与借鉴 [J].中国园林，2018，34（07）：17-22.

[4] 庄优波，杜婉秋.世界遗产的发展脉络和趋势　访清华大学建筑学院景观学系主任杨锐教授 [J].风景园林，2012（01）：56-57.

[5] 李文华.国际人与生物圈计划及其发展趋势 [J].北京林业大学学报，1987（02）：213-220.

[6] 张琰，刘静，朱春全.自然保护地绿色名录：内容、进展及为中国自然保护地带来的机遇和挑战 [J].生物多样性，2015，23（04）：437-439.

[7] Schaaf, T. and Clamote Rodrigues, D. (2016). Managing MIDAs：Harmonising the management of MultiInternationally Designated Areas：Ramsar Sites, World Heritage sites, Biosphere Reserves and UNESCO Global Geoparks. Gland, Switzerland：IUCN. xvi + 140 pp.

第4章
国家公园规划体系

教学要点

1. 国外国家公园规划体系发展概况。

2. 我国自然保护地规划发展阶段和面临问题。

3. 我国国家公园规划的总体特征以及规划层次、规划内容、规划程序和方法等。

4. 我国国家公园规划与其他规划的协调关系。

4.1 美国国家公园规划体系①

4.1.1 美国国家公园规划的发展阶段及其特点

美国国家公园的规划实践始于 1910 年前后，当时黄石国家公园开始制定一些建设性规划，以更好地从公园的整体角度布置道路、游步道、游客接待设施和管理设施等，之后，其他国家公园开始仿效这种做法。1910 年，美国内政部长理查德·白林格（Richard Ballinger）倡议为各个国家公园制定"完整的和综合的规划（Complete and Comprehensive Plan）"。1941 年，马克·丹尼尔斯（Mark Daniels）被任命为第一任美国国家公园"总监和景观工程师"（General Superintendent and Landscape Engineer），丹尼尔斯认为，美国国家公园需要系统规划（Systematic Planning）。1916 年，美国景观建筑师学会的詹姆斯·普芮呼吁为每个国家公园制定"综合性的总体规划"（Comprehensive General Plans）。但直到 20 世纪 30 年代，大规模的综合性规划才得以开展。

大体来说，美国国家公园的规划发展可以分为 3 个阶段，即：物质形态规划（Master Plan）阶段、综合行动计划（Comprehensive Action Plan）阶段和决策体系（Framework of Decision Making）阶段。各阶段的特点详见表 4-1。

20 世纪 70 年代以前的规划，属于物质形态规划阶段。物质形态规划的思想主要来源于马克·丹尼尔斯。丹尼尔斯认为，国家公园的价值主要体现在"经济价值和美学价值（Economic and Aesthetics）"两个方面，而且这两种价值密不可分。在他看来，国家公园的功能与城市和州立公园（State Parks）没什么区别，因为它们都需要向人民提供"游戏场地和休闲场所"。1915 年，丹尼尔斯十分强调在国家公园内开发旅游设施的紧迫性，他说："道路要建、桥梁要建、步道要建、旅馆要建，卫生设施的建设也应予以重点关注。"丹尼尔斯的做法被有些观察家描述为用城市规划的方法对国家公园进行"艺术性发展（Artistic Development）"。丹尼尔斯的继任者罗伯特·马修，继承了丹尼尔斯在国家公园内进行大规模旅游建设的做法。马修提倡在国家公园内建设网球场、高尔夫球场和滑冰设施，以促进其"国家游戏场（National Playground）"的功能。马修认为通过这些建设和商业化的管理（Businesslike Management），国家公园完全可以吸引更多的游客，同时这些游客可以自我支付："几年之内，我们可以拥有大批的游客。这是值得的，它花不了多少钱，而且最终这些游客将支付我们在国家公园里为他们提供的娱乐。"丹尼尔斯和马修的观点是 1970 年之前美国国家公园体系内部的主流观点。尤其在美国新政（New Deal）和"66 计划"

---

① 本节主要参考：杨锐. 美国国家公园规划体系评述 [J]. 中国园林，2003（01）：45-48.

美国国家公园规划的发展阶段及其特点　　　　　　　表 4—1

规划阶段	年　代	规划特点
物质形态规划阶段	20 世纪 30 ~ 60 年代	1. 规划内容上以旅游设施建设和视觉景观为主要对象，忽视对自然资源的保护和管理 2. 规划的主要成果为物质形态规划 3. 解决的问题主要是如何建设而不是如何管理 4. 注重概念与设计 5. 以预测为前提制定规划 6. 只关注规划边界内的事务 7. 以景观建筑师为主体制定规划，忽视生物学家等的作用
综合行动计划阶段	20 世纪 70 ~ 80 年代	1. 内容上开始以资源管理为规划主要对象 2. 规划的主要成果为总体管理规划 3. 解决的主要问题转变为如何管理而不是如何建设 4. 注重行动计划及其可能产生的影响 5. 开始引进公众参与机制 6. 多方案比较 7. 以预测为前提制定规划 8. 只关注边界内的事务 9 科学家尤其是生态学家开始进入到规划决策的过程之中
决策体系阶段	20 世纪 90 年代以后	1. 规划内容强调层次性，不仅包括各种层次的目标规划，也包括实施细节 2. 规划的主要成果包括 4 个部分：总体管理规划、战略规划、实施计划和年度执行计划 3. 不同层次的规划解决不同的问题：总体管理规划主要解决目标确定的问题；战略规划主要解决项目的优先顺序问题；实施计划解决资金落实情况下项目实施问题；年度完成计划在具体操作层次提供一种逻辑性强的、有据可循的和理性的决策模式 4. 公众参与观念全面引入规划过程 5. 注重规划的效果，将规划与决策更多地连接起来 6. 以监测为基础制定规划（引入 LAC 理论） 7. 多方案比较 8. 不仅关注边界内的事务，同时关注边界外部事务 9. 全面的多学科介入，规划决策队伍学科背景多样化

（Mission 66）时期，所谓规划，完全就是设施规划，生物（或生态）学家被排斥在规划决策体系之外。

　　从物质形态规划向综合行动计划的转变，其社会背景是美国 20 世纪 60 年代蓬勃开展的生态保护运动。这一运动的结果直接导致了 1969 年国家环境政策法（NEPA）的通过。这项法令要求将自然科学与社会科学应用到国家公园的规划和决策之中，同时明确提出"环境影响评价"的有关内容，应该成为公共土地管理规划的内容之一。公众参与机制也在这一阶段成为规划的必要程序。与物质规划相比，综合行动计划的最大特点是规划重点从如何建设向如何管理过渡。这一转变应该说是一个质的转变，它将国家公园的规划与"城市和州立公园"的规划区别开来，也就是说，在国家公园中资源管理是最重要也是最根本的任务。这一转变最显著的表现，就是国家公园总体规划的名称由"Master Plan"改为"General Management Plan"。这一阶段另一个很重要的变化是生物（生态）学家开始介入到规划决策的过程之中。1971 年，美国国家公园管理局丹佛规划设计中心（Denver Service Center）成立时，开始设立了相应的科学研究岗位，以增加规划决策中的科学含量。

进入 20 世纪 90 年代以后，美国国家公园规划又进行了第二次较为重大的变革。这次变革的原因主要有 4 点。首先是美国国家公园管理面临的复杂性越来越大，这就要求管理过程中更富有创新性和合作精神，同时，由于周边环境变化速度加快，15 年期的总体管理规划明显不能适应这种变化的要求。第二，美国国家公园局进行了机构重组，决策的权利更多地下放到了基层国家公园。决策模式的改变相应地要求规划成果的变化，也就是说，规划应该成为基层管理者的工具，而不是强加给他们的"紧箍咒"。第三,1993 年美国国会通过了《政府政绩与成效法》，该法要求政府部门在工作中更强调成效而不是投入，同时要求明确实施规划的责任主体（Accountability）。第四，联邦预算的削减，要求以最小的花费获取最大的效益，同时要求规划要制定明确的优先顺序。

4.1.2 美国现行国家公园规划决策体系

根据这些变化，20 世纪 90 年代以后的美国国家公园规划，用一个规划决策体系替代了较为单一的物质形态规划或总体管理规划。这一规划决策体系包括四个层次的规划成果：总体管理规划、战略规划（Strategic Plan）、实施计划（Implementation Plan）和年度执行计划（Annual Performance Plan）。这个规划决策体系的逻辑关系示于图 4-1。它将规划的时间分成 3 种，即无限期、长期（5 年）和年度（1 年）。在不同的规划期限下,分别回答 3 个层次的问题：为什么、是什么和怎么做。

这个规划与决策体系的构成因素（图 4-2）包括：

使命（Mission）与目标（Mission Goals）：国家公园使命是由法律所规定的，国家公园目标（Mission Goals）是使命的细化与深化。

管理规定（Management Prescriptions）：包括对理想状况的规定和合理行动的规定。理想状况一方面是指资源的理想状况，另一方面是指游客体验方面的理想状况。管理规定一般是与公园区划（Zoning）连接在一起的。也就是说管理规定是针对具体的地块确定的。

图 4-1 美国现行决策体系的逻辑关系（左）
图 4-2 规划决策体系的构成因素（右）

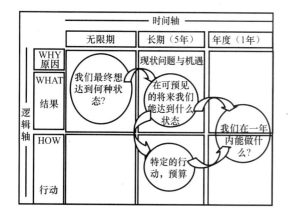

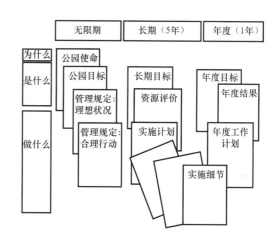

五年长期目标（Five Year Long term Goals）和资源评价（Resource Assessment）：五年长期目标是一系列特定的、可衡量的目标。这些目标是在对现有状况、能力和需要等进行资源评价的基础上制定的。同时，这些目标也是考核国家公园管理者的责任目标。

实施计划（Implementation Program）和实施细节（Implementation Details）：实施计划是一种行动计划，描述需要采取何种行动以达到长期目标；实施细节主要侧重如何实施行动。

年度目标（Annual Goals）和年度工作计划（Annual Work Plan）：年度目标和年度工作计划是下一个财政年度国家公园工作的指南。

年度结果（Annual Results）：年度结果是与年度目标相对应的，是对上一财政年度是否达到年度目标的总结。

上述 10 种因素之间具有十分密切的关系。每一个行动将与一个目标挂钩，而每一个目标都与公园的使命挂钩。同样，年度目标将与五年长期目标挂钩，而五年长期目标又是根据公园的理想状态制定出来的。同时，为了保证公园规划决策的质量，每一因素的制订又都必须符合国家公园局制定的相关标准。

4.1.3 美国国家公园规划体系评述

1）以法律为框架

不论是内容还是程序，美国国家公园的规划都是以相关的法律要求为框架。以它的两个演变过程为例，20 世纪 70 年代由物质形态规划向综合行动计划的演变，源于《国家环境政策法》的通过执行，该法要求联邦一级各政府机构的规划（计划）必须引入公众参与机制和环境影响评价内容；20 世纪 90 年代综合行动计划向规划决策体系的演变，则与（政府政绩和成效法）的通过施行有着千丝万缕的联系。法律是规划的框架、依据和出发点，这是美国国家公园规划的一个十分突出的特点。总体管理规划和实施计划的主要法律框架是《国家环境政策法》和《国家史迹保护法》，战略规划和年度计划的主要法律框架是《政府政绩和成效法》。由于国家公园不是一片片"孤岛"，所以国家公园的有效管理，需要国家公园管理局和其他政府部门和利益各方的妥协和合作。这种情况下，以法律为框架的规划，除了能保证国家公园规划的合法性外，还能使国家公园管理当局能够以法律为平台，与其他联邦机构和利益相关方进行公平有效的沟通、磋商和交流，以解决规划实施过程中可能出现的各种矛盾与问题。

2）规划面向管理

从美国国家公园规划的演变过程，可以看出，规划与管理的关系越来越密切。最初的物质形态规划强调的是对设施的安排与配置，而综合行动计划则强调的是如何通过管理行动达到管理目标，规划决策体系则将管理目标分解为长远、长期和年度 3 个层次，分别通过总体管理规划、战略规划、实施计划和年度计划 4 种规划形式，制定实现不同层次目标的行动和措施。国家公园的主要矛盾，是资源保护与资源利用之间的矛盾。其实，不论是资源保护还是资源利用，都要通过管理来实现。只有规划面向管理，为管理服务，成为管理人员的重要工具，规划的可操作性就能加强。

3）以目标引领规划

美国国家公园规划决策体系中非常强调目标制定的重要性，规划决策首先是对目标的决策，没有一个明确的与相关法律一致的目标，就不可能取得良好的管理效果。美国国家公园规划中存在一个目标体系，这一目标体系的顶层是由各种法律法令所确定的使命（图 4-3）。国家公园所有的规划决策的依据，都来源于 3 个方面：首先是各个国家公园的使命，即建立该国家公园的目的以及该国家公园的重要性。这是由美国国会在该国家公园授权法中确定的。其次是国家公园局的使命，这是由一系列有关国家公园局和国家公园体系的法律和法令所限定的。最后是一些适用于特定国家公园的命令或协议（Special Mandates and Commitments）。使命类似于我们风景名胜区规划中的性质，不同的是，美国国家公园的使命是由相关授权法限定的，而风景名胜区规划的性

图 4-3 美国国家公园规划决策依据

质是由规划本身确定的，美国国家公园规划中通过对使命的不同程度的具体化和细化，形成了一个目标体系，包括长远（无限期）、长期（5 年）和年度（1 年）3 个层次。所有的规划措施与行动都与一个具体目标挂钩，这样做可以减少管理中的盲目性，提高规划措施的一致性和效率。

4）强调公众参与和环境影响评价

美国国家公园规划中，公众参与的兴起是与其社会背景相适应的。20 世纪 60 年代，受自由主义的复兴和民权运动的影响，美国公众的自我意识开始觉醒，对社会提出了自我权利的要求。作为这种民意的反映在政府和制度两方面得到了体现。反映在法律上，1969 年通过的《国家环境政策法》明确要求联邦政府所制定的规划要引入公众参与机制。公众参与机制提高了规划的透明度，同时使与国家公园有关的利益各方，如民间环保部门、其他联邦机构、国家公园内的土地所有者等，都能参与到规划决策体系当中，不仅提高了规划的质量和针对性，同时也较大程度地减少了规划实施过程中可能出现的矛盾。

与公众参与类似，环境影响评价也是 20 世纪 60 年代的产物，是由《国家环境政策法》给予其法律地位的。美国国家公园规划决策体系中，明确要求总体管理规划和实施计划要进行多方案比较（Alternatives），通过多方案比较，选中一个推荐方案（Preferred Action）。而所谓比较，主要是对方案不同的自

然环境、文化环境和经济社会环境（Socioeconomic Environment）影响进行分析比较，从而选择影响最小的一个作为推荐方案。环境影响评价体现了美国国家公园体系资源保护为第一目标的价值取向，同时也可减少国家公园管理过程中有意无意造成的对环境的破坏。

5）软性规划与硬性规划相结合

软性规划主要指对解说（Interpretation）、游客服务线（Visitor Service）、教育（Education）、资源管理和监测（Monitoring）以及基础研究（Basic Research）方面的规划；而硬性规划主要是指对于物质设施方面的规划，如道路、建筑物、基础设施等。从美国国家公园园规划的演变过程中，可以看到，早期的规划主要是物质性的规划，即对设施的规划，而 20 世纪 90 年代之后的规划体系，则越来越重视对上述软性内容的规划。这实质上是一种进步，因为国家公园规划要服务的对象是资源管理而不单是设施管理。

4.2　我国自然保护地规划背景

国家级自然保护区以自然资源保护和科学研究为主要目标；国家重点文物保护单位以对不可移动的文物研究和文化（遗产）资源保护为主要目标；国家级风景名胜区以自然资源和人文资源相结合的风景名胜资源保护利用为主要目标。三者涵盖了我国保护自然资源、保护文化资源、保护自然和人文相结合的资源等国家自然、文化、自然与文化遗产保护的基本内容，因而构成了以国家级风景名胜区与国家级自然保护区、国家重点文物保护单位并称的国家三大法定遗产保护地体系。这里选择其中的两类自然保护地，即自然保护区和风景名胜区，以及由此组成的价值最高者世界自然遗产的规划进行阐述。

4.2.1　风景名胜区规划综述

1）风景名胜区规划发展历程 [①]

在中华人民共和国成立以来的不同时期，广大风景园林师从我国国情出发，从深入研究风景名胜区规划面临的实际问题入手，进行了较长时间的探索，创造了我国风景名胜区规划理论，取得一系列代表性成果。风景名胜区的规划、建设和经营管理已经有了 60 余年的成长历程，根据规划内容、关注问题、形式特点等，当代风景名胜区规划大致可以分为以下四个主要发展阶段。

第一阶段。20 世纪 60 年代及其以前时期。从 20 世纪 50 年代初期的北戴河、庐山、西湖、太湖等风景区的休疗养规划建设，重点是解决为劳动者提供休息场所问题，规划安排游览、休假、休疗养设施和配套服务的基础设施；到

---

① 贾建中 . 我国风景名胜区发展和规划特性 [J]. 中国园林 . 2012.12.

20 世纪 60 年代，以桂林风景区规划为代表，对桂林和风景区进行了全面的风景研究和比较系统的规划编制工作。

第二阶段。1978-1985 年，国家实行改革开放，带动全国经济社会全面进入新时期，在此期间，全国进行了大规模的风景资源普查及相关研究工作，国务院审定公布了全国第一批国家重点风景名胜区，规划工作由此全面展开。以黄山、泰山、峨眉山等风景区规划为代表，吸收国外国家公园规划理念，发扬传统文化优势，规划内容对于风景游览、景点组织或游览服务设施等规划内容各有侧重，峨眉山对于管理体制规划的重要探索影响了我国相当长时间的政策法规的制定。由此开始了一个现代风景名胜区规划探索的新时期，拉开了全国大规模开展风景名胜区规划编制工作的序幕。

第三阶段。1985 年开始，国务院颁布《风景名胜区管理暂行条例》，从法规层面上对风景名胜区保护、利用、规划和管理提出了政策与法规要求。在国家法规指导和结合实践研究的基础上，这一时期的规划研究对于 20 世纪末的风景名胜区规划产生了深刻影响。以青岛崂山风景名胜区总体规划等为代表，开始了从更高的层面、更宽的视野、更深入的角度，从实践出发研究我国的风景名胜区规划特点，把风景名胜区作为一个实体地区进行规划，不再回避保护与发展中所遇到的问题，提出了构建风景名胜区规划职能结构的三大系统规划理论：风景游览主系统、旅游服务设施辅系统和居民社会辅系统，贯穿于风景名胜区规划的整个过程，力求妥善处理风景名胜区保护与利用、风景游览与居民生产等问题，探索了一条新的规划道路。

第四阶段。进入 21 世纪，经建设部和质量技术监督局批准，2000 年 1 月 1 日实施国家标准《风景名胜区规划规范》GB 50298—1999，对于规范统一国内风景名胜区规划内容，提高规划水平，保障规划质量，加强规划编制管理，引领全国风景名胜区规划发展等发挥了重要作用，这一时期的风景名胜区规划逐渐走向了成熟阶段。

2）风景名胜区规划面临挑战①

（1）研究深度与现实要求有差距。目前风景名胜区理论的研究框架已经逐渐清晰，各个方面的研究也在蓬勃展开，关于风景名胜区的价值、立法保护、社区参与、世界遗产保护等方面，学者的研究在宏观的、原则的层面基本取得了共识。但从研究深度角度考察，停留在宏观和原则的层面，仍然不能满足现实需求，针对实际问题的具体技术手段仍不十分清晰。这些技术问题的解决都需要各学科的通力合作和不断深入、持续的研究。

（2）研究前瞻性与国际上新观念、新趋势有差距。在风景名胜区保护与管理领域，国际上的新观念、新方法、新趋势层出不穷。国内的研究与国外研究

---

① 庄优波，杨锐，赵智聪，胡一可，林广思 . 风景名胜区专题报告 . 2009-2010 风景园林学科发展报告 [M]. 北京：中国科学技术出版社 . 2010.

在数量和深度上都存在差距。主要表现为对国际上的新观念、新方法和新趋势的关注较少，还不能够全面了解其变化及其根源；其次，介绍国际上新观念、新趋势的研究往往流于片面，忽略了对其本质的探讨；另外，在应用这些观念和方法时，容易忽略我国国情和具体情况，不能有效的将其转化为适用于我国风景名胜区保护与管理的理念和方法。

（3）研究与中国的国情、文化背景的结合有差距。中国文化背景和国际研究背景两者相辅相成，是一种辩证关系。中国风景名胜区研究应在坚持研究和借鉴先进经验的同时，深入挖掘中国传统文化中长期孕育形成的保护观念、思想和方法，形成具有中国特色的思想。在我国风景名胜区的规划理论方面，对中国传统文化的借鉴主要沿用我国古典园林设计理论，包括审美理论、园林艺术理论、山水画理论。在借鉴过程中亟须进一步的充实和完善，以满足风景名胜区规划的现实需求，满足现代社会发展的需要。

4.2.2　自然保护区规划综述 ①

1）自然保护区总体规划发展历程

编制和实施总体规划（master plan）是自然保护区建设管理的重要环节之一，也是自然保护区增强保护针对性、提高管理有效性的最有效措施。我国自然保护区虽然建设历程仅60年，实行总体规划制度的时间更短，但随着总体规划研究的不断深入，编制方法和技术不断完善，发展越来越规范。总体规划已成为自然保护区建设管理的纲领性文件，为自然保护区贯彻国家方针政策，实现保护目标，提升管理水平，促进社区发展起到了极为重要的作用。

自然保护区总体规划是在对自然保护区的资源与环境特点、社会经济条件、资源保护与开发利用现状和潜在可能性等综合调查分析的基础上，明确自然保护区范围、边界、性质、类型、保护目标和管理体系，制定一系列行动计划与措施的过程，是指导自然保护区发展的长远和宏观规划。我国自然保护区规划发展演变大致经历了三个阶段：

（1）综合调查设计阶段。20世纪80年代以前，自然保护区设立主要是通过森林经理调查取得第一手资料，然后进行范围、功能区划和规划设计，确定自然保护区建设方针，以及土地利用、资源保护、科学实验、森林经营、配套设施等规划内容，福建万木林、云南勐养、黑龙江丰林、吉林长白山等第一批自然保护区都是通过区域综合调查设计或森林经营利用设计设立的。

（2）总体设计阶段。1986年，国务院批准了林业部审定的国家级森林和野生动物类型自然保护区的请示，将长白山等20个自然保护区列为国家级自然保护区，要求按照基本建设程序编制自然保护区总体设计，由国家投资建设。

---

① 唐小平．我国自然保护区总体规划研究综述 [J]．林业资源管理，2015（06）：1-9．

所谓总体设计就是完成大型工程体系的总体方案和总体技术途径的设计过程，是依据工程项目计划任务书完成的。20 世纪 80 年代中后期至 90 年代初，吉林长白山、云南西双版纳等第一批国家级自然保护区基本编制完成了总体设计并得到原林业部和国家计委批复，纳入国家五年计划投资建设。

（3）总体规划阶段。1993 年，国家启动了保护大熊猫及其栖息地工程，大熊猫分布区的 13 个自然保护区纳入了国家基本建设范畴，四川卧龙、陕西佛坪、甘肃白水江等自然保护区按照国家基本建设程序开始编制总体规划，分期开展工程项目建设。1998 年，国家林业局出台了"关于加强自然保护区建设管理有关问题的通知"，要求"各级林业行政主管部门要组织、督促和指导自然保护区管理机构抓紧编制总体规划"，这是国家层面第一次将总体规划作为规范自然保护区保护管理的主要措施，吉林长白山和向海、广东南岭等率先编制并上报了总体规划。1999 年，国家级自然保护区评审委员会颁发了《国家级自然保护区评审标准》，明确将自然保护区总体规划作为申报的主要材料之一。2000 年，国家林业局对自然保护区建设程序进行规范，将总体规划作为国家级自然保护区基本建设的主要依据，并规定了总体规划编制、评审、申报和审批要求。2001 年 6 月，国家启动了全国野生动植物保护及自然保护区建设工程，将自然保护区总体规划作为工程实施的必须环节，出台了总体规划编制大纲和技术要求，将审批通过的总体规划作为工程项目可行性研究的依据。

由此，我国所有自然保护区主管部门和各级政府都接受了自然保护区总体规划这个概念，从上到下基本形成了自然保护区总体规划制度，湖南壶瓶山、湖北后河、宁夏白芨滩、甘肃连古城等国家级自然保护区最早按照规范性要求进行科学考察并编制了总体规划。截止到 2014 年底，我国 75% 的国家级自然保护区均编制并批准实施了总体规划，24% 的国家级自然保护区编制了第二轮总体规划。部分省级和部分市县级自然保护区也编制和实施了总体规划。

2）自然保护区总体规划面临问题

我国自然保护区总体规划经过了 20 余年的发展历程，对自然保护事业发展起到了关键的、不可或缺的作用，但仍然存在许多问题：从根本上看，总体规划的法律地位未定，1992 年颁发的《自然保护区条例》仅提出了编制建设规划的概念，现行所有相关法律法规还没有明确总体规划在自然保护区建设管理中的法律地位，以及与下一层级规划的法律关系，需要突出总体规划的权威性；从编制环节看，总体规划的针对性较差，保护区之间的规划方案千篇一律，规划目的性不强、特征不明确，规划方案对缓解保护风险和压力缺少实质性帮助，违背自然保护宗旨的项目或措施屡见不鲜，需要突出总体规划的差别化；从实施环节看，总体规划执行程度差，实施效果不理想，总体规划对建设、管理和资源利用规划设计的指导性、控制性不强，实施过程缺少必要的监督管理，需要突出总体规划的约束性。

4.2.3 世界自然遗产规划综述 [①]

1）世界自然遗产规划实践回顾

世界遗产地保护管理规划，作为一种特殊的保护地规划类型，是保障世界遗产地突出普遍价值（OUV）及其真实性/完整性得到长期有效保护的重要手段。根据《实施世界遗产公约的操作指南》（以下简称《操作指南》）要求，缔约国在申遗过程中须将提名遗产地保护管理规划作为申遗文本的附件提交世界遗产中心。

伴随着申遗过程，作为附件的遗产提名地保护管理规划实践也积累了很多经验。从 1987 年开始，30 多年的自然遗产地保护管理规划实践大致可分为 3 个阶段或 3 种类型：国家保护地规划；"改良版"国家保护地规划；专门的提名地或遗产地规划。

（1）国家保护地规划。我国的世界自然遗产地，在国家层面是以风景名胜区、自然保护区、地质公园、森林公园等保护地形式进行保护。20 世纪 80 年代至 90 年代中，处于早期列入的泰山（1987 年）、黄山（1990 年）、九寨沟（1990 年）、黄龙（1990 年）、武陵源（1992 年）、峨眉山乐山大佛（1996 年）、庐山（1996 年），在国家保护地层面均为风景名胜区，遗产地范围与风景名胜区范围重合，申报遗产时提交的遗产地规划也就是风景名胜区的总体规划。

（2）"改良版"国家保护地规划。20 世纪 90 年代末至 21 世纪初，随着申遗难度增加以及对遗产地保护管理要求的提升，出现了"改良版"国家保护地规划，也就是配合申遗过程，重新编制国家保护地的规划，内容构成基本遵循国家保护地规划规范要求，但是在编制理念上参考国际保护地规划的先进理念。武夷山遗产地（1999 年）由 1 个风景名胜区、1 个自然保护区、联系两者的生态保护区以及闽越古城文物保护单位构成，提交的遗产地规划除了各自的总体规划外，增加了综合的分区规划，将 4 个区域进行统一分区，并划定统一的缓冲区，将 4 个区域在空间上联系起来。三江并流遗产地（2003）由 15 处保护地构成，其提交的提名地规划除了三江并流风景区总体规划，在申遗期间还组织编制了若干处单个风景区或自然保护区的总体规划，其中梅里雪山景区的规划得到国际考察专家的高度评价。

（3）专门的提名地或遗产地规划。21 世纪初开始出现了为申遗专门编制的提名地规划，一方面是应对遗产委员会对遗产保护管理的要求日益重视，另一方面也是应对我国自然遗产地构成单元发生的变化，从原来单一的风景名胜区，逐步向多个空间相邻的保护地组合、甚至空间不相邻的保护地组合转变。

---

① 庄优波. 我国世界自然遗产地保护管理规划实践概述 [J]. 中国园林，2013，29（09）：6-10.

四川大熊猫栖息地（2006 年）由空间上相邻的 11 处风景名胜区和 7 处自然保护区构成，提交的规划是专门为申遗编制的世界自然遗产提名地保护规划，将多个保护地单元作为整体进行规划。该规划于 2003 年通过四川省审批、2005 年提交联合国世界遗产中心，2008 年完成修编和审批，其规划内容构成与国家保护地规划有较大不同，可以算是我国第一个专门编制的世界自然遗产地规划。之后的各遗产提名地均编制了专门的提名地规划。例如，三清山（2008 年）、五台山（2009 年）为申遗专门编制了规划，且在规划内容上进行了很多探索；又例如，中国丹霞系列遗产地（2010 年）不仅编制 6 个单元的管理规划，而且编制了整个遗产地的管理规划。

2）国家保护地规划差距分析

这里以风景名胜区总体规划为例进行比较。

首先，与作为世界遗产地规划的 3 点要求相比，有些内容风景名胜区总体规划在表达形式上没有涉及；有些内容在保护管理实质方面没有达到要求的程度。①突出普遍价值的理解和保护方面，风景名胜区在资源评价上侧重强调美学价值，世界遗产地更强调科学价值，两者的保护对象往往存在差异；与自然遗产相比较，世界遗产文化景观在突出普遍价值的识别和保护方面任务会更重，因为之前国内规划对文化景观总体关注不足、对文化景观传统经验认识和总结不足；另外，风景区保护培育专项规划中，会涉及世界遗产相关资源的保护，但是基本没有明确其在世界范围内的重要性，在解说教育和宣传方面也没有进行特别强调。②遗产保护的承诺方面，因为风景名胜区总体规划大部分为物质空间规划内容，往往不涉及规划实施所需机构、人员、能力、资金等方面的保障，所以这部分内容是缺失的。③组合型或系列型遗产地的管理协调也是缺失的。

其次，与作为保护地规划的 3 点要求相比，风景名胜区总体规划尚有很大差距，①规划、实施、监测、评估和反馈的循环机制方面，风景名胜区尚未形成评估反馈循环机制，而监测往往局限于狭义的环境指标如水质、大气、噪声等，对于价值及完整性、威胁因素等较少关注；②"保护价值—现状与问题—目标—对策"规划逻辑表达方面，风景名胜区总体规划的目标表达往往比较笼统，缺乏量化和针对性；由于是综合性规划，除了保护还涉及很多其他内容，保护相关的问题、目标与对策之间的对应关系在表达上往往不是非常清晰明确；③公众参与方面，风景名胜区总体规划已经涉及社区受益和社区参与的内容，但是参与力度、持续时间等，仍有很大的提高空间。

通过前述分析我们可知，编制专门的世界自然遗产地规划，其必要性一方面在于应对世界自然遗产地这一特殊保护地类型的特定要求，另一方面在于受发展历史和国情限制，现阶段我国国家保护地规划与国际保护地领域的规划理念尚存在一定的差距。

4.3 我国国家公园规划特征

我国自然保护地规划面临的主要问题包括：多种类型保护地规划并置和矛盾；规划理念和方法轻保护重利用；规划决策科学性和参与性不强；规划执行度不同层面存在差异。这些问题可上述到我国自然保护地的管理体制根源，即：多头管理，定位不清；经济发展诉求占主导地位，保护资金不足；大背景科学民主决策意识不够；缺乏责任追究制度等。

国家公园体制建设为保护地规划问题的解决提供了契机。《建立国家公园体制试点方案》提到，通过国家公园体制试点，交叉重叠、多头管理的碎片化问题得到基本解决，形成统一、规范、高效的管理体制和资金保障机制，自然资源资产产权归属更加明确，统筹保护和利用取得重要成效，形成可复制、可推广的保护管理模式。同时，在生态文明体制改革的背景下，八大体制内容改革也为保护地规划问题的解决提供了契机。总体上，国家公园规划应体现三方面的特征。

4.3.1 规划内容方面，从物质空间规划到综合管理规划

物质空间规划主要针对人工设施和土地利用的类型、规模、分布等，综合管理规划在此基础上，还要管理人类活动的类型、规模、时间安排等，以及管理机构设置、活动组织和机制保障等。以往的规划通常强调空间措施，关注设施建设物质空间的规定，往往忽视管理措施的重要作用。国家公园体制建设为管理制度保障提供了契机。空间措施和管理措施相结合的实现途径主要包括：在容量与规模调控中，既要有空间扩展策略，也应包括管理优化策略；在社区发展与保护规划中，社区居住问题的解决，既需要解决居住用地空间问题，同时也要关注与居住密切相关的就业引导、生态补偿、管理协调问题；在游赏规划中，既要对游线、道路、设施等空间因素进行调控，也要对游客行为、解说教育等内容进行管理。

4.3.2 规划方法方面，强调生态保护第一和全民公益性

在边界划定方面，原有保护地限于行政区划、管理成本等原因，存在破碎化保护、重叠保护等问题。基于国家公园体制生态保护第一原则，在边界划定方法方面，要突出强调生态系统和生物多样性价值的保护，根据保护生态系统原真性和完整性的目标去划定边界。

在环境教育方面，国家公园开展环境教育是全民公益性的直接体现。现状很多保护地由于管理体制限制，存在重经济开发轻公益服务的问题，将国家公园游憩当作商业旅游进行经营，环境教育效果不佳，影响了保护地国家代表性和全民公益性的形象。基于国家公园体制全民公益性原则，规划中应重点强调国家公园环境教育功能。

访客管理方面，需要经历从现状保护地旅游经济发展、市场导向有求必应到国家公园游客体验机会提供、有选择性满足游客需求的转变。游客容量设定应切实从国家公园承载力、生态保护第一的角度出发进行决策，而不是一味满足市场需求。对游客行为和审美取向进行引导，从大众观光到自然保护和生态旅游，从文化猎奇到尊重不干扰，推崇身体力行感受大自然（不借助机动交通如索道、地轨缆车、飞行器），慢速体验大自然等。

在分区方面，探索新的科学的保护利用统筹模式。现状自然保护区采用"核心区/缓冲区/实验区"三分法，将保护和利用的主要空间基本隔离开来，存在忽视传统社区在其中生产生活的问题；风景名胜区采用景区模式，大部分存在利用范围过大、强度过高且均质的问题。国家公园在保护利用统筹方面，应探索形成新的模式，同时能够满足生态保护第一和适当的环境教育和游憩功能的发挥，例如类似美国国家公园的大面积生态系统保护和极小面积的游憩利用，大尺度的荒野系统和其中极小程度的荒野利用等，同时能够尊重社区利益，协调社区生产生活。

4.3.3 规划程序方面，提高科学性与参与性

首先，加强规划环评环节。规划环评是提高规划决策科学性和参与性的重要途径。尽管 2009 年 8 月 12 日国务院第 76 次常务会议已经通过《规划环境影响评价条例》，但是规划环评还存在很多问题，包括影响预测以定性分析为主，缺乏定量依据，科学性有待加强；没有开展规划影响的多方案比较；公众参与规划环评的环节不规范，难以监控建设和利用的影响，参与性有待加强。国家公园体制建设为规划环评提供了契机。

其次，开展规划实施监测与评估。规划遵循以监测为基础的适应性管理和渐进式改变原则。适应性管理是指在管理措施影响不确定的情况下，做出最佳管理决策的"决策—实施—监测—反馈—修改决策"循环过程，其目的在于通过长期的系统的监测，来降低不确定性程度。渐进式改变是指，景观变化在历史上的大多数时期里都表现为一种小规模的、逐渐演变的过程，规划对现状的改变措施，包括对自然环境、容量、村庄风貌、人口等，均应模拟景观变化的自然过程，采取小规模的逐渐演变的方法。但是当前各类保护地由于认识和经费的局限性，监测活动普遍缺乏系统计划和持续性、实施评估流于表面化。国家公园体制建设为开展规划实施监测评估提供契机，有利于提高保护管理的科学性。适应性管理和渐进式改变的实现途径主要为：在规划程序中增加监测、评估、反馈调整环节；完善监测指标体系和监测评估机制；在游客规模的影响不确定的情况下，建立监测系统以长期观察游客规模和活动对生态环境的影响等；在社区居住地调控中采用逐步搬迁政策；在社区风貌规划中，鼓励社区在风貌导则指导下，自下而上逐步改造住宅风貌。

最后，促进公众参与规划过程。我国自然保护地规划中公众参与的广度和深度都比较有限。国家公园体制建设强调全民公益性，并强调公众在国家公园事业中的广泛参与性，这为公众参与规划过程提供了极好的契机。

4.4　国家公园规划层次与内容①

国家公园在保护管理层面面临着错综复杂的局面，编制具有科学性、系统性、前瞻性的规划显得十分必要。规划也是实现自然资源空间管制的最直接途径和有效手段，在帮助管理者和利益相关者共同参与国家公园管理方面，具有举足轻重的意义。国家公园规划应分为系统规划、总体规划、专项规划和实施计划共四个层次。四个层次的规划应解决从宏观到微观的不同问题。各层次规划之间的位势关系应具有强制性，即下一层级的规划不能违背上一层级规划的基本原则和强制性规定。

一是系统规划。即"中国国家公园系统规划"，要解决的核心问题是我们国家的国家公园在整个国土和海域空间上是如何分布的。这应是一个"自上而下"的规划，规划编制和组织实施都应是自上而下的，改变目前各类自然保护地普遍采用的"地方申报"制的模式。应在国家层面综合各类资源属性进行科学分析，按照国家公园的定义要求，形成具有系统性、科学性和国家代表性的国家公园规划布局。

二是总体规划。其性质应理解为总体保护管理规划，是解决一处国家公园在未来较长时间内的发展方向和保护管理重要问题的综合性规划。这是国家公园规划体系中最为重要的一类规划，每一处国家公园都应编制总体规划。总体规划应包括国家公园的分布、范围、分区、设施建设等空间内容，同时也应包括国家公园的性质、价值、目标、管理政策以及机制保障等非空间的政策性内容。总体规划至少包括总则、目标体系、分区规划、专题规划、机制保障五个方面。

其中，总则部分除了应包括常规性的依据、范围、期限等内容外，应着重阐述国家公园的价值，即国家公园的代表性是什么，需要保护的价值特征是什么。价值的形成和阐述是一个凝结共识的过程，确立下来的国家公园价值应该得到各方的认同并形成自觉保护意识，规划的目标体系和各项规划措施也都应以对价值的保护为基本出发点并围绕价值展开。价值阐述也应是基于充分的本底调查、科学研究和比较分析的结论；价值确立后应长期坚持，不轻易改变，不以个别利益相关方的意志为转移。在我们考察的各国国家公园规划中，尽管价值阐述相关文件的名称不同，但对这一环节都十分重视，有些国家甚至将其作为一个单独的法定文件，具有严格的审批程序，其重视程度可见一斑。目标体系的确立有两方面的意义，一方面，为现状问题确立解决问题的目标，另一

---

① 赵智聪. 编制好国家公园四个层次的规划 [N]. 青海日报，2018.1（011）.

方面，为未来发展确立理想状态的目标。因此，目标体系应分为分类目标和分期目标两个维度，两者相结合构成目标矩阵。近期目标应更多地设置定量的、可考核的目标，远期目标则应更倾向于定性的、方向性的描述。分区规划是在总体规划层面实现国土空间用途管制的直接的、更为具体的手段。从世界范围来看，国家公园分区规划出现的一些新的趋势可以总结为以下几个方面：其一，出现了动态的分区规划，即分区的划定在规划期内并不是一成不变的，考虑到生态修复的进程和效果、人类活动干扰的时间性差异等因素，可以考虑分区类型之间的变动，但这种对变动的规划是经过系统监测、科学分析、影响判断等综合决策的结果，并不是随意的、经验的武断决定；其二，多方案比较，这种方法随着环境影响评价的推广而在分区规划中体现出来，因为规划的最终决策者或实施者其实并不是规划方，多方案比较的思路有益于在分区阶段作出更为系统的分析，为决策者提供清晰的分析框架，提高决策的科学性和客观性；其三，分区政策逐渐细化，基于国家公园价值、目标体系和现状问题，分区政策的细化程度显著增加，这有效避免了"一刀切"的粗放政策，但对管理能力提出了更高要求。以上三个方面应在我国国家公园的总体规划中予以关注。总体规划中的专题规划，至少包括保护、体验、社区管理和监测四项内容，这四项内容是由国家公园的功能决定的，是支撑国家公园保护管理的基础性内容。在机制保障部分，应强调国家公园保护管理的公众参与。

三是专项规划。是针对具体专项问题提出解决方案的规划。这类规划应针对较为具体的问题，以充分调研为基础，提出较为详细的规划措施。应强调专项规划的"按需编制"原则。每一处国家公园拥有的资源条件各不相同，面临的现状问题也千差万别，尽管在国家层面的体制机制设计中应解决部分关键性和共性问题，但从技术层面对国家公园管理的具体内容进行深入调查、分析和专题规划是十分必要的。专项规划的类型可以是多样的，包括专题研究、本底调查、特定领域的规划，乃至详细规划。

四是管理计划。这个层面主要由国家公园管理单位来自行编制。根据总体规划和各类专项规划的要求，落实每一年度的目标和措施，具有工作计划的功能，同时也应作为年度考核和监测的本底文件。

4.5 国家公园规划程序与方法

4.5.1 规划程序和方法 [①]

借鉴 Carl Steinitz 景观规划的 6 个步骤，国家公园规划过程可分 8 个阶段

---

① 杨锐，庄优波，党安荣. 梅里雪山风景名胜区总体规划过程和技术研究 [J]. 中国园林，2007（04）：1-6.

进行。第 1 个阶段为调查阶段，主要目的是回答两个问题：国家公园是由哪些要素构成的？这些要素目前是怎样的状况？这一阶段的调研内容包括区域、资源、人类活动、人工设施、土地利用、社区和管理体制 7 个方面，采用的技术方法包括现场踏勘、收集资料、遥感判读、问卷法和访谈法等。第 2 个阶段为分析阶段，主要目的是搞清楚国家公园的内在规律。具体来说，就是要搞清楚要素之间是如何相互作用的，以及它们之间是什么样的关系。第 3 个阶段是资源评价阶段，主要目的是回答国家公园各要素及它们之间的关系是否合理，现状和目标之间的差距有多大。评价包括 6 个方面，即 SWOT 评价、价值评价、资源评价（重要性、敏感性）、差距分析（Gap Analysis）以及旅游机会评价。第 4 个阶段是规划阶段，主要目的是研究采取哪些规划行动能使规划地区从现实状态向目标状态演变。内容包括目标和战略规划、结构规划、分区规划和专项规划。第 5 个阶段为影响评价阶段，主要解决的问题是规划可能造成的影响是什么，这种影响是否能够被接受以及有什么样的措施可以减弱规划的不利影响。影响分析涉及环境影响分析、社会影响分析和经济影响分析 3 个方面。第 6 个阶段是决策阶段，这一阶段将根据影响分析的结果判定规划方案是否可行。如果可行，就进入实施阶段；如果不可行，则返回到第 4 个阶段重新进行规划。第 7 个阶段是实施阶段。第 8 个阶段是监测阶段。在这一阶段中要强调动态监测问题，监测指标在规划分区中确定，以及规划实施保障措施。

4.5.2　生态保护理论方法[①]

国家公园强调生态保护第一。因此在生态系统和生物多样性保护方面应进行强调。自然保护区在生态保护理论和规划方法方面有一定的积累，可以作为国家公园生态保护的借鉴。

1）岛屿生物地理理论。该理论物种 - 面积关系的经典形式可表示为某一区域的物种数量随面积的幂函数增加而增加，岛屿物种的迁入速率随隔离距离增加而降低，绝灭速率随面积减小而增加，岛屿物种数量是物种迁移速率与绝灭速率动态平衡的结果。20 世纪 70 年代中期依据岛屿生物地理方法的"平衡理论"提出了一套自然保护区设计原则，称为生物多样性保护的群落生态学途径，据此形成的自然保护区圈层结构（核心区、缓冲区、过渡区或实验区）的功能区划模式成为现代自然保护区设计的基础。

2）种群生存力理论。种群生存力分析（PVA）和碎裂种群（metapopulation）理论于 20 世纪 80 年代发展起来，称为生物多样性保护的种群生态途径。由于 PVA 技术研究小种群的随机绝灭过程，得出的主要结论是最小可成活种群（MVP），从而使其成为自然保护区设计的重要理论基础之一。自然保护区强

① 唐小平. 我国自然保护区总体规划研究综述 [J]. 林业资源管理，2015（06）：1-9.

调对目标物种、群落和生态系统的保护效率，可用关键种的生存力确定群落或生态系统的生存力。

3）景观生态规划论。强调景观的资源价值和生态环境特性，其目的是协调景观内部结构和生态过程及人与自然的关系，进而改善景观生态系统的功能，提高生态系统的生产力、稳定性和抗干扰能力。景观规划在自然保护区设计中的优势体现在：规划思想既注重岛屿生物地理理论的格局，又重视种群生存力及碎裂种群的过程研究，致力于两种设计思想的结合。景观规划不仅考虑斑块本身，还注重斑块周围环境（不同类型基质）的作用；景观规划还强调从单个保护区到区域自然保护区网络等不同尺度的规划单元。

4）生态区域规划论。提出了一个新的自然保护计划框架，包括：关注所有物种和群落，不仅仅是稀有种；取决于生态因子的大尺度规划单元而非行政边界；生境选择考虑大的植被斑块重要性、生态系统间的相互作用、碎裂种群动态及生境斑块连接性等。这种广尺度景观生态规划框架在青海三江源自然保护区规划中得到了运用，极大地提高了自然保护的效率和有效性。

4.5.3 公众参与规划编制

1）我国保护地规划公众参与现状

我国的各类保护地规划规范中并没有涉及公众参与的内容，尚未有统一的信息公开法与听证程序法，公众参与处于政府自由裁量的阶段。与发达欧美国家存在较大差距。例如在加拿大，管理规划征求公众意见是法定义务。

2）IUCN《遗产地管理规划指南》相关建议

公众参与和咨询应建立一个明确的流程，解释遗产地负责机构或缔约国如何采纳最终方案，以便咨询者有机会对其内容做出正式回应。应考虑的重要事项有：确定对规划被批准、采纳的程序无异议；对所有意见进行归档并予以慎重考虑；把握时间分寸，不能太仓促，给公众足够的回应时间，也不能太久，以防公众失去兴趣；告知公众，他们的意见将如何被考虑并纳入到规划当中。

3）公众参与国家公园规划的程序建议

在规划编制工作开始阶段，组织编制机关应制定公众咨询专项工作计划，确定应咨询公众的议题、内容，公众介入的时间以及咨询对象的范围。

在资料收集与现状分析时，组织编制机关应征集、听取专家及公众对规划意见和建议。对于涉及主要保护管理问题的意见与建议，应以附录形式纳入到规划文本的说明书中。组织编制机关对征集的期间、内容应予以公告。

在确定规划的价值、发展目标和战略阶段，组织编制机关应听取国家公园及周边民众以及社会民众的意见。

在规划环评阶段，组织编制机关应将环评草案公示，公示的内容、程序应符合相关规定。

规划报送审批前，组织编制机关应当将规划草案予以公告，公告结束后，可采取论证会、听证会或者其他方式征求专家和公众的意见。公告的时间不得少于20日。组织编制机关应当充分考虑专家和公众的意见，并在报送审批的材料中附具意见采纳情况及理由。

在规划修订前，组织修订机关应当将修订规划草案予以公告，并以书面、口头形式听取专家和公众的意见，公告的时间不得少于20日。编制机关向审批机关提交草案时，附以意见采纳情况。

4）公众参与国家公园规划的范围建议

参与规划的公众应包括所有直接或间接受规划影响的单位和个人，包括：受规划直接影响的单位和个人；受规划间接影响的单位和个人；有关专家；关注规划的单位和个人。公众可涉及机构和个人，包括：专业委员会、合作企业、受影响的商人、特许经营者、当地农民、城市居民；外来务工人员、土地/林地所有人、保护团体、游憩团体、其他团体、大学/教育机构/户外教育、科学团体、研究机构、技术/职业专家、保护志愿者、当地社区团体等。

4.6　国家公园规划与多规合一

4.6.1　多规合一制度背景 [①]

"多规合一"，是指将国民经济和社会发展规划、城乡规划、土地利用规划、生态环境保护规划等多个规划融合到一个区域上，实现一个市县一本规划、一张蓝图，解决现有各类规划自成体系、内容冲突、缺乏衔接等问题。"多规合一"并非只搞一个规划，而是以理顺各类规划空间管理职能为主旨，以在有坐标的一张图上叠加融合各类、各专业、各行业规划的空间信息为路径，实现各类规划衔接一致。2014年8月26日，国家发展改革委、国土资源部、环境保护部、住房和城乡建设部等部委确定了28个"多规合一"试点市县。

生态管制是政府通过监管、控制以及制定相应政策来保护生态环境和自然资源，以维持生态平衡、提升环境质量、实现生态—经济—社会协调发展的措施和手段，是理性政府促进永续发展的主要作为。生态管制主要包括两个方面内容：一是生态保育，指对具有重要生态服务功能和维护价值的生态系统进行划定和保护，对受人为活动干扰和破坏的生态系统进行恢复和重建；二是环境治理，指为保障水、大气、土壤等环境质量而进行的污染物减排、资源综合利用等活动。

生态管制具有四个明显特征：一是手段多样，包括编制和实施生态空间保

---

① 陈雯，孙伟，李平星."多规合一"中生态管制作用与任务 [J]. 环境保护，2015，43（Z1）：20-22.

护规划、制定和落实区域保护政策法规等；二是有明确的空间属性，核心是识别具有重要生态服务功能的地域，划定需要管制的生态空间边界，且管制措施和手段因地域范围、空间单元的差异而不同；三是兼具强制性和指导性，生态管制的要求是强制性的，管制手段是指导性的；四是以协调生态环境与经济社会发展关系为目标，兼顾保护和发展双重需求。

应提升生态管制的规划地位。进一步深入探讨生态管制在"多规合一"中的地位及改革创新路径，强化生态管制在"多规"空间衔接和各类管控边界划定的基础性地位。确立生态管制规划（如生态红线区域保护规划）在"多规合一"框架中的基础性、约束性地位，编制时序先于其他各类规划，其他规划必须遵循。

4.6.2 多规合一已有探索

开化作为多规合一试点市县之一，开展试点以来，把整个县域作为一个大的国家公园来规划、建设、管理，在全县范围内以规划体系、空间布局、基础数据、技术标准、信息平台和管理机制"六个统一"为核心内容，结合"一本规划"，联动开展国家公园体制、国家主体功能区建设等5项国家级试点。

在规划体系上，开化县统筹构建"1+X"规划体系，以《开化县发展总体规划》作为起统领管控作用的"1"，"X"是有效缩减专项规划数量，只编制部分落实性的详细规划或实施方案等，从根源上破解多头规划难题。

为了能让这套体系有效运转，开化县改革规划管理机制，成立了县规划委员会进行统筹协调，不仅统一了包括人口、城镇化水平、环境容量、经济规模等基础数据，还统一了各类规划期限、功能分区和土地分类等技术指标，更以"提升已有、创建未有、链接所有"的要求构建了统一的规划信息管理平台，进行信息共享，促进全流程联合办公 ① 。

4.6.3 多规合一制度和国家公园规划

基于《建立国家公园体制总体方案》（简称《总体方案》）关于多规合一的论述，总结3个方面内容。

1）遵循国家主体功能区规划定位。《总体方案》提出，"国家公园是我国自然保护地最重要类型之一，属于全国主体功能区规划中的禁止开发区域，纳入全国生态保护红线区域管控范围，实行最严格的保护。"相应的规划内容分析：国家公园规划应当以全国主体功能区规划（优化开发区域、重点开发区域、限制开发区域、禁止开发区域）为基础编制保护管理规划。应符合禁止开发区域、生态保护红线的有关要求。

---

① 洪治 . 浙江开化："多规合一"绘就国家公园 [J]. 小康，2016（13）：30–32.

2）衔接原有保护地规划。《总体方案》提出，"统筹考虑自然生态系统的完整性和周边经济社会发展的需要，合理划定单个国家公园范围。国家公园建立后，在相关区域内一律不再保留或设立其他自然保护地类型"。相应的规划内容分析：在公园分区调整过程中，应首先确认原保护地在空间和管理层面是否存在交叉重叠问题，分析该区域内保护级别与利用强度的差异性，梳理土地的所有权和使用权，并以资源保护优先为原则对公园全域进行分区。其中，自然保护区的核心区不能纳入国家公园的开发利用范围，如涉及局部调整，应上报国家公园行政主管部门评估和批准。

3）先于区内经济社会相关规划。《总体方案》提出，"国家公园所在地方政府行使辖区（包括国家公园）经济社会发展综合协调、公共服务、社会管理、市场监管等职责"。相应的规划内容分析：在统一的空间信息平台上协调区域内城乡规划、土地利用规划以及环境保护、文物保护、综合交通、社会事业等专项规划内容，通过"多规合一"的方式控制保护边界和开发边界的一致性。应强调生态管制政策的优先性，即国家公园总体规划应优先于国家公园区域内的城乡规划、社会事业规划等。

思考题

1. 从美国国家公园规划体系中可借鉴哪些方面？
2. 在国家公园体制改革背景下，国家公园规划如何引领我国自然保护地规划优化展？

主要参考文献

[1] Retti，Dwight F. Our National Park System[M]. University of Illinois Press. 1995：105.
[2] National Park Service. Director's Order on Park Planning[N]. 1998：3.
[3] 杨锐. 美国国家公园规划体系评述 [J]. 中国园林，2003（01）：45-48.
[4] 贾建中. 我国风景名胜区发展和规划特性 [J]. 中国园林. 2012.12.
[5] 庄优波，杨锐. 风景名胜区专题报告. 2009-2010 风景园林学科发展报告. 中国科学技术出版社. 2010.
[6] 唐小平. 我国自然保护区总体规划研究综述 [J]. 林业资源管理，2015（06）：1-9.
[7] 庄优波. 我国世界自然遗产地保护管理规划实践概述 [J]. 中国园林，2013，29（09）：6-10.
[8] 赵智聪. 编制好国家公园四个层次的规划 [N]. 青海日报，2018-01-08（011）.
[9] 杨锐，庄优波，党安荣. 梅里雪山风景名胜区总体规划过程和技术研究 [J]. 中国园林，2007（04）：1-6.
[10] 陈雯，孙伟，李平星. "多规合一"中生态管制作用与任务 [J]. 环境保护，2015，43（Z1）：20-22.

第 5 章　资源评价

教学要点

1. 自然文化遗产价值体系构成与特征。
2. 国家公园资源价值评价目的、内容与方法框架。
3. 资源本底价值评价和保护管理评价的具体方法。
4. 国家公园范围划定原则。

5.1 资源概念与遗产价值背景

5.1.1 资源概念

资源。资源是一切可被人类开发和利用的物质、能量和信息的总称。资源是指自然界和人类社会中可以用以创造物质财富和精神财富的客观存在形态。资源的来源及组成，不仅是自然资源，而且还包括人类劳动的社会、经济、技术等因素，还包括人力、人才、智力（信息、知识）等资源。

自然资源。《辞海》的定义为：指天然存在的自然物（不包括人类加工制造的原材料）并有利用价值的自然物，如土地、矿藏、水利、生物、气候、海洋等资源，是生产的原料来源和布局场所。联合国环境规划署的定义为：在一定的时间和技术条件下，能够产生经济价值。提高人类当前和未来福利的自然环境因素的总称。自然资源根据不同原则可以有多种分类形式，例如分为有形自然资源（如土地、水体、动植物、矿产等）和无形的自然资源（如光资源、热资源等），或分类生物资源，农业资源，森林资源，国土资源，矿产资源，海洋资源，气候资源，水资源等。自然资源具有可用性、整体性、变化性、空间分布不均匀性和区域性等特点，是人类生存和发展的物质基础和社会物质财富的源泉，是可持续发展的重要依据之一。

风景资源。风景资源又称景源、风景名胜资源、景观资源。风景资源是指能够引起人们进行审美与游览活动，可以作为开发利用的自然资源的总称，是构成风景环境的基本要素，是风景区产生环境效益、社会效益、经济效益的物质基础。（风景名胜区规划规范）风景资源是一种特殊的自然资源，是人们在资源基础上赋予其美的意念、文化的内涵，使其成为渗透着人类文明的、凝聚着人类精神与思想的自然资源。谢凝高认为，具有国家级或世界级突出普遍价值的风景遗产，不同于普通的实用性质的物质资源，而是一种物质形态的精神文化资源，是一种高价值、保护性、公益性、展示性、传世性和不可再生性的遗产。它属国家所有，是壮丽河山的缩影、国家文明的见证[①]。

5.1.2 自然文化遗产价值体系[②]

价值。《辞海》给出了两个方面定义：一是指事物的用途或积极作用，如有价值的作品；二是指凝结在商品中的一般的、无差别的人类劳动。它是商品

---

① 谢凝高. 风景名胜遗产学要义 [J]. 中国园林，2010，26（10）：26–28.

② 5.1.2、5.1.3 主要引用：陈耀华. 中国自然文化遗产的价值体系及其特性 [A]. 中国城市规划学会（Urban Planning Society of China）. 2004 城市规划年会论文集（上）[C]. 中国城市规划学会（Urban Planning Society of China），2004：18.

的基本属性之一，是商品生产者之间交换产品的社会联系的反映，不是物的自然属性，未经劳动加工的东西（如空气）和用以满足自己需要，不当作商品出卖的产品都不具有价值。价值通过商品交换的量的比例即交换价值表现出来。

遗产价值。包括两方面的含义：一方面是遗产对自然、社会经济发展的积极作用。这时候的"价值"基本等同于"功能"（《辞海》释为"功效、作用"）。另一方面是遗产作为一种经济资源的实物产出（如林果）和特殊资源而开发的旅游产品的交换价值。因此这些价值具有自然、社会、经济的多重属性。而遗产的特殊性质决定了第一种价值的绝对主导地位。

遗产价值体系。遗产价值类型众多，这里引入价值体系的概念。"体系"是指"若干有关事物互相联系互相制约而构成的整体"。它有很重要的三要素：即一系列相关事物、彼此关联、是一个整体系统。因此，自然文化遗产价值体系，是指一系列层次分工明确、彼此有机关联的自然、社会、经济多重功效构成的自然文化遗产价值系统。按照遗产本身特点和系统论的观点，可以分为三大类：本底价值、直接应用价值和间接衍生价值。

"本底价值"是指自然文化遗产不以人的主观意志决定或不需现代人类加工就已经客观存在的价值，是一种"存在价值"，也是其他一切价值存在的基础。具体可以包括科学价值（科学信息的载体、自然环境协调、生物多样性保存）、历史文化价值（历史的见证、文化的传承）、美学价值（自然山水的"交响曲"、人文艺术的"博物馆"）等。在地域空间上，这种价值主要存在于遗产地范围以内。

"直接应用价值"是自然文化遗产作为一种特殊资源在被人类直接利用时产生的社会和经济效用。比如作为旅游资源产生旅游经济效益，作为科研资源促进科学事业发展等等。"直接应用价值"必须依赖"本底价值"而存在，又是自然文化遗产间接衍生价值的基础。主要包括科学研究、教育启迪、山水审美、旅游休闲、实物产出等。在地域空间上，这种价值主要存在于遗产地范围以内以及部分存在于遗产地所在区域（如旅游）。

"间接衍生价值"则是由于遗产的存在和遗产资源的直接利用而对遗产地所在区域带来知名度提高、就业机会增加、产业结构优化、城镇建设加快、社会文明进步等关联作用，从而对区域社会经济整体产生"催化"和"促进"作用。它也是自然文化遗产社会、经济价值的综合反映，而且必须以"本底价值"和"直接应用价值"的存在为基础。具体可以包括产业催化、社会促进、区域推动三大方面。在地域空间上，这种价值主要存在于遗产地范围以外的遗产地所在区域。

5.1.3 自然文化遗产价值特性

1）类型的多样性——全面认识

价值的性质取决于具体客体的性质。具体客体的多样性决定遗产地价值类型的多样性。自然文化遗产地是由天文、地理、自然、文化诸多要素构成的复杂综合体，因而也造就了其科学、历史文化和美学等多种价值以及本底、直接应用、间接衍伸等多重价值。类型的多样性决定了对遗产价值的认识必须是全面的，综合的。

2）要素的有机性——整体保护

每一个系统都是内部各要素按照一定秩序、一定方式和一定比例组合成的有机整体，不是各要素的简单相加。例如，每一个自然系统都是自然要素的有机组合，每一个经济系统是经济要素的有机组合。而作为自然文化遗产的价值体系，其构成要素如气候、地形、水文、生态等自然要素和建筑、历史遗迹等人文要素也是相互关联的有机整体，它们共同构成遗产的各种价值。如果其中一个要素受到损害，与其对应的价值以及整个相关价值都会受到影响。要素的"有机性"一方面决定了遗产美学、历史文化和科学价值的并存性，另一方面也决定了价值整体保护的必要性。

3）系统的层次性——保护为先

系统是有层次的。遗产价值体系的层次表现在三重价值在整个遗产价值中的地位和作用的不同。其中本底价值是整个遗产价值体系的根本和基础，没有本底价值或者本底价值受到破坏，都将导致相应的直接和间接价值的损失。因此可以说本底价值是"皮"，其他两重价值是"毛"，皮之不存，毛将焉附。价值的层次性说明了对于遗产资源，保护是根本，而在利用中则是对衍生价值的追求最重要。

4）发展的阶段性——有序演替

遗产的所有价值中，除了本底价值与生俱有以外，其他价值都是人类直接或间接利用的结果，因此其价值的利用随着遗产地发展阶段的不同呈现出明显的阶段性。按其表现形式和作用大小，可以将遗产价值的利用分为三个发展阶段：①自然本底阶段。是遗产地开发利用的早期，对遗产的利用强度很小，遗产地受到人类干扰改造很少因而表现出较为原始、自然的景观面貌和生态环境。因而其价值多表现为科学、美学和历史文化的本底价值、以实物产出为主的直接应用价值以及少量的科学研究、山水审美、旅游休闲等其他直接应用价值。②直接利用阶段。是遗产地开发利用的中期。随着遗产地开发时间的增加，以及对遗产本底价值的全面了解，对遗产的利用集中到第二层次，也就是直接应用价值上，比如旅游休闲、科学研究、科普教育、山水审美、实物产出等等。③协调平衡阶段。是遗产地开发利用的后期。遗产利用的战略从遗产本身转移到利用遗产提高地区知名度、从追求直接应用价值转向主要间接衍生价值，因此开发重点也从遗产地内部转移到遗产地外部。遗产资源得到严格保护，而综合效益却得到最大体现。

5）主体的差异性——统筹兼顾

价值是与利用的人即利用主体联系在一起的。遗产价值体系中不同价值具有不同的利用主体，因而也有不同的表现形式。遗产的存在价值，即本底价值，是对于全人类或一个国家的全体国民利益而言的。遗产资源的间接衍生价值和科学研究、教育启智、山水审美等直接应用价值，主要对应着遗产所在地的居民和政府。遗产资源的直接经济价值，旅游休闲价值和实物产出价值，对应着一部分更小的人群，主要是资源开发集团，如旅游公司、矿业公司、林业公司或农产品公司以及拥有耕地和林地的农民等。因此主体的差异性要求我们必须以世界和国家利益为重，统筹兼顾，严格保护本底价值，大力开发遗产资源的社会价值和间接经济价值，适度兼顾遗产资源的直接经济价值。

6）利用的公平性——永续利用

遗产的价值是为人类所利用的，而这种利用在不同的利用主体和不同的代际应该是公平的。遗产价值体系的利用公平性又可包括发展公平、受益公平和代际公平。

5.2 国家公园生态系统的三大特征

5.2.1 生态系统的国家代表性

国家代表性是指生态系统或生态过程是中国某个生态地理区的典型代表。包括 3 个方面的内容，其一，生态系统或生态过程是中国某个生态地理区的典型代表；其二，在物种多样性方面具有代表性；其三，在自然景观方面具有独特性，即具有中国罕见的自然美景，包括但不限于地质地貌景观、水景观、天象景观、声景等。

不同国家的国家公园对国家代表性定义各有侧重。美国设立国家公园的第一条标准就是国家代表性，它包含了四方面内容"特定类型资源的杰出代表，对于阐明或解说美国国家遗产的自然或文化主题具有独一无二的价值，可以提供公众'享受'这一资源或进行科学研究的最好机会，资源具有相当高的完整性"；南非在设立国家公园时，强调的国家代表性是"含有南非自然环境、自然和文化景观的代表性样本"；巴西加入并遵守的《西半球自然保护和野生动物保存公约》中所认定的国家公园是指"保护和保存非凡美景和具国家代表性的动植物而划定的区域"，这一公约是历史最悠久的区域保护条约，共有 22 个国家参与签署，并有 19 个国家批准，至今仍旧是西半球唯一的保护公约；加拿大在新设立国家公园时要求寻找具有代表性的自然区域，并将主要目标放在全国 39 个陆地自然区域中尚未建设国家公园的地方；新西兰设立国家公园时，所要求的国家代表性应是"风景、生态系统或自然特征的美丽、独特程度或在科学上的重要程度足以令其永久保存符合国家利益"。

国家代表性是指"杰出代表",是"非凡的""独一无二的""重要的",能够在某一特定方面上升到国家层面,作为国家代表和典范。对于我国国家公园的国家代表性而言,应包括两方面含义。首先,国家公园生态价值是全国最高的地区,是国家生态安全保障中最具战略地位的区域,;其次,国家公园是国家形象高贵、生动的代言者,成为激发国民国家认同感和民族自豪感的精神源泉。

5.2.2 生态系统的原真性和完整性

1)相关背景:从自然性到完整性的转变

(1)自然性

美国国家公园在"自然性"(naturalness)方面进行了较长时间的讨论。美国国家公园《组织机构法案》*Organic Act* 宣称,国家公园的根本目的是"保护风景、自然的和历史的对象以及其中的野生生物……为子孙后代享用而不受损害"(The Organic Act declared that the fundamental purpose of the parks is "to conserve the scenery and the natural and historic objects and the wild life therein...unimpaired for the enjoyment of future generations")。为了达到这一根本目的,国家公园制定了一系列政策。《国家公园管理政策 2006》提到,国家公园"保护其组成部分和过程处于自然状态"("components and processes in their natural condition"),并将"自然状态"定义为"在没有人类主导景观的情况下发生的资源状况"("the condition of resources that would occur in the absence of human dominance over the landscape")。20 世纪传统的关于自然性的认识有 4 个特征:生态系统未受人类影响(not affected);生态系统未受人类控制(not controlled);生态系统稳定、平衡和自我调节;生态系统与历史状态高度相似。

"荒野"一方面可以被认为是自然性的同义词,另一方面也可以认为是自然性的最高级。根据 1964 年美国的《荒野法》,荒野是指"相对于人类和人工物占据着的景观,是土地及其生物群落不受人类控制的区域,在那里人类是不做停留的访客",而根据美国内政部土地管理局 2012 年颁发的《指定荒野区域的管理》,荒野特征包含了 4 个维度:"不受控制的;自然的;未开发的;孤独或原始且无拘束的游憩"。在 2008 年由美国农业部、林务局和落基山研究所共同出版的《将荒野特征的概念应用于国家森林规划、监测和管理》一书中,还针对荒野这 4 个维度的特征提出了可评价的具体指标(表)。荒野强调不受"现代人类""现代文明"影响,这其中就包含了"人类干扰""有时间维度的历史状态"这两方面内容,比自然性更为具体和可操作(表 5-1)。

美国《将荒野特征的概念应用于国家森林规划、监测和管理》中提出的荒野测度指标体系　　　　　　　表 5-1

质量	指标	措施举例
不受控制的——荒野是本质上不受阻碍的，不受现代人类控制或操纵的	由联邦土地管理人授权操纵生物物理环境的行动	管理植物、动物、病原体、土壤、水或火的操作数
		受到抑制反应的自然火灾的百分比
		大量的湖泊和其他水域中储存着鱼
	未经联邦土地管理者授权的破坏生物物理环境的行为	由未经授权的其他联邦或州机构、公民团体或个人的操纵植物、动物、病原体、土壤、水或火的行为
自然的——荒野生态系统基本上不受现代文明的影响	动植物物种和群落	被列为受威胁和濒危、敏感或受关注的本地物种的数量、分布或数量
		被砍伐的本地物种的数量
		非土著物种的数量
		外来入侵物种的数量、分布或数量
		经批准的在野外活动的放牧面积和在野外实际使用的单位月（AUMs）的数量
		种群结构或组成的变化
	物理环境	基于平均分辨率和人为细硝酸盐和硫酸盐总和的可见性
		基于 N100 浓度和 W126 慢性臭氧暴露影响敏感植物的臭氧空气污染
		湿沉降中基于浓硫和氮的酸沉积
		水质变化的程度
		人为造成的河岸侵蚀的程度
		土壤或土壤结壳的干扰程度或损失程度
	生物物理过程	远离自然火灾的地区在荒野中的平均分布程度
		根据 MODIS 卫星图像绿点随时间的变化判断全球气候变化的大小和范围，冰川退缩从像点判断冰川退缩，从画面数据判断温度和降水模式的改变，从 SNOTEL 数据判断积雪深度的变化，从像点判断海岸侵蚀或堆积，或者从像点（例如树线）判断植物群落的分布的变化
未开发的——荒野保留了它的原始特征和影响，本质上未受到永久的改变或现代人类的占领	非娱乐设施，安置和开发	授权物理开发指数
		未授权（用户创建的）物理开发的指数
	私有土地	现有的和受潜在影响的私有土地面积
	使用机动车辆、机动设备或机械运输	机动车辆、机动设备或机械运输的种类和数量
		机动车辆、机动设备或机械运输的紧急使用方式和数量
		未经联邦土地管理人许可的机动车辆、机动设备或机械运输用途的种类和数量
	失去法定保护的文化资源	受干扰的文化资源的数量和严重程度
独处或原始和无拘束的游憩——荒野为独处或原始和无拘束的消遣提供了绝佳的机会	在荒野中远离人们的视线和喧嚣	大量的游客使用
		小道的数量
		营地的数量和条件
		受进入或旅行路线影响的荒野区域
	远离被占领和改造的荒野地区	受接近荒野的通路或旅行路线影响的荒野区域
		整个荒野的夜空平均能见度
		自然声景观的浸染程度
	减少自食其力的娱乐设施	机构提供的娱乐设施种类及数目
		用户创建的娱乐设施的类型和数量
	小道发展水平	已开发的小道英里数
	对访问者行为的管理限制	管理限制的类型和范围

国内自然保护区在自然性方面，也有一定的研究基础。《自然保护区总体规划技术规程》关于自然性的定义为"说明物种、群落、和生态系统受到人类影响的程度，包括天然生态系统、半天然生态系统或人工生态系统所占的比重，以及分布状况等"。《自然保护区自然生态质量评价技术规程》提出了不同类型生态系统自然性的评价指标，包括生境/栖息地状况（如核心区缓冲区人类居住和侵扰状况、原始状态、自然生境完好程度等）、自然度（如天然林占森林面积比例）等。

前述国家公园自然性4个特征的传统认识，随着国家公园价值认识的复杂化而受到挑战。在生态系统的稳定性和历史状态相似性方面，一些科学家认为，自然生态系统是高度动态的，如果允许自然过程自由发挥，包括进化变化，就不能期望未来的国家公园景观像过去一样，必须在美学、怀旧的公园价值和某些生态价值之间做出选择。尤其在全球气候变化、外来物种入侵加剧的背景下，生态系统保持历史状态的难度越来越大。在生态系统受人类影响和控制方面，人们开始注意到，北美许多所谓的自然公园和荒野生态系统在划定之前，实际上受到了当地土著的深刻影响，特别是燃烧和狩猎，这些影响不能被忽略。由此，很多科学家和管理者认为，自然性这一名词需要重新定义，例如在自然性基础上增加完整性、弹性等含义，或者选择一个新的词汇来代替。

1988年，加拿大国家公园法用"生态完整性"（ecological integrity）的概念取代了"自然"（natural）的概念，作为管理的终极目标，并在法律上将其定义为："能够体现所在自然区域的典型特征的状态，并可能长期保持，包括非生物要素、本地物种和生物群落的构成、数量、变化速率和支持它们的生态过程（condition that is determined to be characteristic of its natural region and likely to persist, including abiotic components and the composition and abundance of native species and biological communities, rates of change and supporting processes）"。用"生态完整性"（ecological integrity）的概念取代了"自然"（natural）的概念，最大的改变在于，需要经常对生态系统进行积极管理，以维持或恢复生态完整，并使生态系统保持在阈值条件下。在生态完整性理念的指导下，加拿大国家公园管理者并不试图消除人为干扰。例如，在一些生态系统与土著管理共同演进的区域，国家公园管理者努力模仿土著居民的一些影响。又例如，保护生物多样性是生态完整性的一个重要特征，在气候变化背景下，国家公园为了维持当地的生物多样性，可能去主动干预群落的结构和组成，使其不再是完全自然的。

（2）完整性

完整性（integrity）一词来源于拉丁语 integritas，其中拉丁词根 integer 表示完整无缺、齐全未损（intact and whole）。在牛津辞典中有三个释义：

①表示诚实正直的品质。

②表示完整未损、齐全统一的状态。

③表示构造上的坚固与稳固。①

就像中国传统哲学对于"完满"的深刻理解，integrity 在西方的哲学领域也有着丰富的内涵，在斯坦福哲学百科全书（Stanford Encyclopedia of Philosophy）中，完整性用于描述人的品德和特征被大量讨论，同时该书也提出，在用于描述物体时此词则意味着全体、完整无缺或者纯净（wholeness, intactness or purity）。②

在生态学领域，最早使用的是"生物完整性（biological integrity）"的概念。1972 年，美国的"清洁水行动"确定其目标为"恢复和维持国家淡水的化学的、物理的和生物的完整性"，第一次用"生物完整性"来描述淡水生物系统的状态，以替代水化学指标，测量污染排放和土地利用对水环境的影响。根据 Karr 的定义，生物完整性是"支撑或维持一个平衡的、完整地、适应的生物系统的能力，这个系统具有一个区域处于自然生境条件下所能期望的全部的成分（基因、物种和簇群）和过程"。生态系统完整性是在生物完整性概念的基础上发展起来的，且因"系统"的特性，其内涵更加丰富。

不同的学者对生态系统完整性的概念有不同的看法，并从不同的角度进行了讨论。一些学者认为③，生态系统完整性（ecological integrity）从狭义上讲，包含了生态系统健康、生物多样性、稳定性、可持续性、自然性和野生性以及美誉度；而从广义上来说，它是物理的、化学的和生物的完整性的总和。

一些学者认为④，人们主要从两个不同的角度来理解生态系统完整性的内涵。一个是从生态系统组成要素的完整性来阐释生态系统的完整性，认为生态系统完整性是生态系统在特定地理区域的最优化状态，在这种状态下，生态系统具备区域自然生境所应包含的全部本土生物多样性和生态学进程，其结构和功能没有受到人类活动胁迫的损害，本地物种处在能够持续繁衍的种群水平。另一个是从生态系统的系统特性来阐释生态系统完整性，认为生态系统完整性主要体现在以下三个方面：①生态系统健康，即在常规条件下维持最优化运作的能力；②抵抗力及恢复力，即在不断变化的条件下抵抗人类胁迫和维持最优化运作的能力；③自组织能力，即继续进化和发展的能力。

还有一些学者认为⑤，生态系统完整性存在多维的审视层次和视角，包括结构、功能、价值观、自组织等，由此产生了不同的定义。从结构的视角，生态系统完整性强调生态系统的"全部"，包括物种、景观元素和过程，或者表

① Oxforddictionary.[online]URL: http://webweevers.com/integrity.htm.
② StanfordEncyclopediaofPhilosophy.[online]URL: http://plato.stanford.edu/entries/integrity.
③ 张明阳，王克林，何萍.生态系统完整性评价研究进展[J].热带地理，2005（01）：10–13+18.
④ 黄宝荣，欧阳志云，郑华，王效科，苗鸿.生态系统完整性内涵及评价方法研究综述[J].应用生态学报，2006（11）：2196–2202.
⑤ 燕乃玲，虞孝感.生态系统完整性研究进展[J].地理科学进展，2007（01）：17–25.

述为成分、组成和过程。从功能的视角考察完整性,生态系统完整性指的是"一种就系统所处的地理位置来说,最佳的演化状态。这里的功能包括①生态系统自我持续存在下去的能力;②生态系统抵抗新物种的入侵的能力;③生态系统的净生产力;④生态系保持营养的能力;⑤生物区,和它们的相互作用。从人类价值观视角,生态系统完整性不仅是一个关于系统结构和功能的问题,也是一个有关伦理的问题。保持一个特定场地的群落结构和功能特征,且相信社会对此感到满意。最后,从自组织系统视角,一个具有完整性的系统必须:①是健康的(系统在常规环境中维持在一个稳态);②当受到压力时能维持其健康,系统的功能和其内部结构表现出弹性;或者跃变到另一个人类所期望的、能完全发挥机能的状态;③在生命期内能够不断进化。

生态系统完整性的测量指标体系,常常与如何定义生态系统完整性有关。指标包括系统组成方面的如生物多样性(包括生境多样性)、系统的结构方面的如连通性和破碎度、系统的功能方面的如系统提供的各种产品/服务,以及社会方面的指标如人类活动干扰方面的指标。

生态系统完整性测量标准方面,测量完整性要先设定标准状态下的基本值,然后测量系统偏离这个标准的程度。一般设定两种基本值:一种是原始状态(没有人文活动的状态,在美洲大陆常常指在欧洲移民到来之前的状态,允许某些美洲印第安人的利用);一种是自然状态(在一个区域生态系统中最接近自然生境的状态)。

由于研究时间较短,同时也由于生态系统本身的复杂性和生态系统完整性内涵的丰富性,使得生态完整性体系无论是在理论基础上还是在评价方法上,都存在一些问题,需要进行深入研究。

世界自然遗产完整性标准体现了生态系统完整性的特征。其相关要求如下。"完整性是对于自然遗产和(或)文化遗产及其特征的整体性(wholeness)和是否齐全未缺(intactness)的衡量标准,检验完整性状况需要考虑以下几个方面:①包含能够表达提名地突出普适价值的所有要素。②包括充足的范围确保传递提名地意义的特征和过程能够被完全的代表。③避免受到发展带来的不良损害。"①

不同的标准内容和完整性要求见表 5-2②。

2)中国国家公园生态系统原真性和完整性的内涵

我国国家公园生态系统的"原真性",英文对应词汇建议为 Unimpairedness,是指生态系统和生态过程处于相对原始的状态。原真性延续了传统"自然性"

① UNESCOWorldHeritageCentre.OperationalGuidelinesfortheImplementationoftheWorldHeritageConvention.2005.

② 王应临. 世界遗产完整性概念的产生及演变研究初探 [A]. 住房和城乡建设部、国际风景园林师联合会. 和谐共荣——传统的继承与可持续发展:中国风景园林学会 2010 年会论文集(上册)[C]. 住房和城乡建设部、国际风景园林师联合会:2010;4.

世界自然遗产标准内容和完整性要求   表 5-2

标准内容	完整性要求
代表地球演化历史主要阶段的杰出范例。这一类主要包括能够代表地质历史上主要纪元的区域，例如可以极大地证明星球自然多样性发展历程的"爬行动物时代"，以及证明早期人类及其周边环境发生重大改变的"冰川时代"	描述的地区应当包含其自然系统中所有或者大部分关键相关或者相依赖的要素。例如，"冰川时代"地区应当包含雪域，冰川以及典型断面、沉积物和外来要素（冰纹、冰碛以及植物演替的先锋物种等）
代表意义重大并且正在进行中的地质过程，生物进化过程和人与其自然环境相互作用过程的杰出范例。为了与地球发展时期相区别，这一条强调动植物、地形、海洋和其他水生群落正在进行中的发展过程。例如作为地质过程的冰河与火山作用，作为生物进化的热带雨林、沙漠和冻原地带生物群系，作为人与自然相互作用关系的梯田农业景观	描述的地区应当拥有足够的范围，包含能够证明相关过程的要素，以及使其得以永久自我维持的关键方面。例如热带雨林地区需要包含海平面以上不同高程、地形、土壤、河岸和牛轭湖（oxbow lake）的各种变异类型，用以证明该系统的多样性和复杂性
包括独特、稀少和卓越的自然现象、构造或特征，或者是拥有独特自然美景的区域。例如重要的生态系统，自然特征（河流、山川、瀑布等等），众多动物聚集形成的壮观场景，植被覆盖下包罗万象的辽阔景象，以及人与自然的绝妙结合	描述的区域应当包含维持物种连续性或珍稀对象保护的生态系统要素。针对不同的类型具体要求不同，例如，一个瀑布保护地区应当包含全部或者尽可能多的上游汇水流域，或者一个珊瑚礁地区应当控制能够提供其营养的溪流或洋流区域过量的沉积或污染
是稀有或者濒危物种的栖息地。这一类主要包含已发现具有普适价值或者意义的动植物生态系统	描述的区域应当有足够的范围并且有能够令物种生存的必要栖息地

的四个特征：生态系统未受人类影响（not affected）；生态系统未受人类控制（not controlled）；生态系统稳定、平衡和自我调节；生态系统与历史状态高度相似；以及就系统所处的地理位置来说最佳的演化状态。在原真性的程度上，我国国家公园应处于各保护地类型中的最高级。

我国国家公园生态系统的"完整性"，英文对应词汇建议为 Integrity，是指生态系统和生态过程及其特征的整体性、系统性和充分性。即：结构上包含了生态系统的"全部"，包括物种、景观要素和生态过程，如地质、地貌、土壤、水文、气象、微生物、动植物及其相互关系；充分性上，是指国家公园面积足够大，至少满足一个完整生态系统和生态过程，并满足伞护种或旗舰物种的生存繁衍需要。

3）中国国家公园生态系统原真性提出的背景

我国国家公园在生态系统方面采用原真性一词，而不是传统常用的自然性，从中文语境方面看，①用一个新词表达了国家公园在生态系统自然性特征的最高级，也避免与原来自然保护区相关词汇混淆；②原真性相比自然性，在字面上更加强调原始特征，从而更直观传达出国家公园在人类影响控制方面的严格程度上也是最高级的。

我国国家公园对生态系统自然性的最高级保护，即原真性保护，在我国当前经济高速发展和快速城镇化进程中有着特殊的时代必要性。不管是东部还是西部地区，生态系统和生态过程相对原始状态的区域均面临诸多挑战，包括城市和农业用地扩张、机动车道路与水库大坝等基础设施建设、管理不当的旅游活动、偷猎盗猎、采矿等。在此背景下，如果不对这些尚处于相对原始状态的生态系统尽快进行高标准保护，生物多样性与生态系统功能将受到严重损害。以国家公园为抓手，进行生态系统自然性的最高级保护，强调生态系统未受人类影响和未受人类控制，在解决面临问题方面具有针对性，在整个自然保护地保护方面也具有引领性。

4）中国国家公园生态系统原真性和完整性的关系

在国际国家公园背景下，生态系统"自然性"和"完整性"不是单纯的并列关系，而是有一定的重叠演进关系。即"自然性"侧重强调生态系统与历史状态的高度相似，而"完整性"侧重强调生态系统处于特定地理区域的最优化状态；在气候变化和区域生态环境演变的背景下，"自然性"有逐渐被"完整性"取代的趋势。而在我国国家公园语境下，生态系统"原真性"和"完整性"则是互补关系；"完整性"更多从公众容易接受的中文字面意义出发阐述，强调包含了生态系统的"全部"，以及面积足够大；而英文语境下 integrity 所强调的特定地理区域的最优化状态的这一部分特征则赋予了"原真性"。因此，表征"原真性"的指标，既包含了真实性侧重的与历史状态的高度相似，也包含了英文语境下"完整性"侧重的特定地理区域的最优化状态。生态系统历史状态和最优化状态两者如何进行协调，是我国国家公园需要通过进一步研究和实践回答的问题。

5.3 资源评价框架

5.3.1 资源评价目的和内容

总体而言，资源评价依据目的可分为三种类型，一种是对资源价值的专项评价，如资源本底价值评价涉及的生态价值评价、审美价值评价等，包括国家代表性、原真性、完整性的评价等；一种是对资源保护利用状况和潜力的专项评价，如敏感度评价、适宜性评价、游憩机会评价等；还有一种是综合评价，将价值、保护与利用各类评价结论进行有选择地加权综合，为资源保护和利用的战略、分区规划等综合决策提供依据。

目前各类保护地资源评价各有特点，可以为国家公园各类资源评价提供借鉴。风景名胜区资源评价以综合评价为主，综合评价层包括景源价值、环境水平、利用条件、规模范围四类指标，既有景源价值保护，也有利用条件等，结论融合四个方面后综合给出。自然保护区在考察报告中不仅要求保护价值评价，还包括威胁因素分析；文物保护单位的专项评估不仅包括价值评估（文物价值评估和社会文化价值评估），还包括现状评估、管理评估、利用评估，以及综合危害因素分析。世界遗产在价值评估中除了突出普遍价值的论证外，需要进行完整性评价。美国国家公园 VERP 规划，在资源评价阶段，除了资源重要性评价外，还进行敏感度分析以及资源的游憩机会分析。

5.3.2 资源评价方法

资源评价分为主观评价和客观评价两大类方法，有些方法主观性经验性强一些，有些方法客观性强一些。不同保护地资源评价方法国家公园均可以用来借鉴。例如，自然保护区关于生态价值评价的指标和方法；文物保护单位和文化遗产领域关于文物价值评价的指标和方法；美国国家公园关于游憩机会序列（ROS）的指标和方法；世界遗产基于科学价值的资源分类框架等。常用的方法为指标因子评价法。目前很多指标及其因子的级别评价是主观的，缺乏扎实的数据基础，也没有比较范围的要求，结论的科学性和专业性受到一定质疑。建议优化评价指标因子，在分级方面充分反映其科学特征；在此基础上，结合借鉴世界遗产地同类型横向比较法，能够较好弥补客观性不足的问题。

5.3.3 资源评价层次

资源评价总体上可分为三个空间层次，保护地全域层次、保护地各个区块层次，以及保护地内特殊点位层次。保护地全域层次的评价，将保护地看作一个整体，主要立足于与区域内其他保护地的比较和定位。保护地各个区块层次的评价，主要目的在于区分不同区域的差异性，例如地质背景、植被垂直带谱、物种核心生境和普通生境等，或者例如英国的景观分区以及审美价值中的景观单元等。保护地内特殊点位的评价，主要体现相对小范围内的资源特点，例如地质遗迹点，文物保护单位，以及风景资源点。三个空间层次之间紧密联系，往往自上而下或自下而上互相支持。例如，点状评价和分区评价的特征结论为全域层次评价提供丰富的论据，而全域层次评价结论往往为区块和点状层次评价提供特征方面的逻辑指导。

5.4 资源本底价值评价

5.4.1 自然科学价值评价

自然科学价值，是指构成国家公园自然属性的自然要素本体及其相互间关系的价值的总和。国家公园保护大尺度生态系统，而且我国国家公园提出"生态保护第一"的原则，因此自然科学价值是国家公园本底价值中最基础也是最重要的部分。

1）价值框架

国家公园自然资源的价值类型尚无成熟框架，可借鉴世界自然遗产价值识别的 4 条标准，分别对应涉及自然美（自然现象）、地质地貌、生态系统及生态过程、生物多样性及栖息地。

标准 vii：绝妙的自然现象或杰出的自然美和美学重要性的区域；

标准 viii：地球演化史中重要阶段的突出例证，包括生命记载、地貌演变中重要的持续进行的地质过程或显著的地质或地貌特征；

标准 ix：代表着在陆地、淡水、沿海及海洋生态系统和动植物群落演变和发展中的重要的持续的生态和生物过程的杰出例子；

标准 x：包含对于生物多样性保护最重要和最有意义的自然栖息地，包括在科学或保护的意义方面具有突出普遍价值的濒危物种。

2）价值载体

参考《自然保护区分类》，国家公园自然科学价值载体可以分为三大类（自然生态系统、野生生物、自然遗迹）、十个中类以及 52 种资源类型（表 5-3）。

基于自然生态科学价值的载体分类　　　　　　　　　表 5-3

大类类别		中类类型		小类类型	
编号	名称	编号	名称	编号	名称
A	自然生态系统（植被型分类系统）	A1	森林生态系统类型	A1-1	针叶林
				A1-2	阔叶林
				A1-3	针阔混交林
				A1-4	雨林与季雨林
				A1-5	红树林
				A1-6	珊瑚岛常绿林
				A1-7	竹林
				A1-8	灌丛和灌草丛
		A2	草原与草甸生态系统类型	A2-1	草原和稀树草原
				A2-2	草甸
		A3	荒漠生态系统类型	A3-1	小乔木荒漠
				A3-2	灌木荒漠
				A3-3	半灌木与小半灌木荒漠
				A3-4	垫状小半灌木（高寒）荒漠
		A4	内陆湿地和水域生态系统类型	A4-1	森林沼泽
				A4-2	灌丛沼泽
				A4-3	草丛沼泽
				A4-4	藓类沼泽
				A4-5	浅水湿地
				A4-6	红树林
				A4-7	灌丛盐沼
				A4-8	海草湿地

大类类别		中类类型		小类类型	
编号	名称	编号	名称	编号	名称
A	自然生态系统（植被型分类系统）	A5	海洋和海岸生态系统类型	A5-1	河口
				A5-2	潮间带
				A5-3	盐沼（咸水、半咸水）
				A5-4	红树林
				A5-5	海湾
				A5-6	海草床
				A5-7	珊瑚礁
				A5-8	上升流
				A5-9	大陆架
				A5-10	岛屿
		A6	冻原与高山植被生态系统	A6-1	高山冻原
				A6-2	高山垫状植被
				A6-3	高山流石滩植被
				A6-4	高山垫状植被
B	野生生物类	B1	野生动物类型	B1-1	陆地野生动物物种
				B1-2	海洋野生动物物种
		B2	野生植物类型	B2-1	陆地野生植物物种
				B2-2	海洋野生植物物种
C	自然遗迹类	C1	地质遗迹类型	C1-1	岩石地貌景观
				C1-2	冰川
				C1-3	火山
				C1-4	流水地貌景观
				C1-5	海蚀海积景观
				C1-6	构造地貌景观
				C1-7	地震遗迹
				C1-8	陨石冲击遗迹景观
				C1-9	地质灾害遗迹
		C2	古生物遗迹类型	C2-1	古人类遗迹
				C2-2	古动物遗迹
				C2-3	古植物遗迹

3）评价方法

（1）宏观区域落位

在全球／全国地理区位、生物气候带、生物地理界、生物地理省划分区位落位，用以确定其自然本底的属性与结构性分布。M. D. Udvardy（1975）在大斯曼生物地理分级系统的理论基础上，将全球陆地和淡水生物地理区划分成了 8 个生物地理界，227 个生物地理省，14 个生物群落类型。8 个生物地理界按顺序编号分别为：①新北极区、②古北区、③非洲地带区、④印度马来西亚区、⑤大洋洲区、⑥澳大利亚区、⑦南极区、⑧新热带区[①]。解焱，李典谟等在此基础上，综合自然（包括海拔、地形、气候、植被、水系、农业区等）因素，结合哺乳类动物和植物分布信息，对中国的生物地理区划进行了细分。分为4个区域（东北部、东南部、西北部、西南部）；8个亚区域（内蒙古高原级东北平原、小兴安岭和长白山、华北及黄土高原、华中、长江以南丘陵和高原、中国南部沿海和岛屿、青藏高原东南部和南部、青藏高原中北部）；27个生物地理区和124个生物地理单元。

（2）同类比较法

与同类型的区域作比较，通过自然生态系统、野生生物、自然遗迹的典型性、代表性和独特性等方面特征的分析，总结国家公园在自然科学价值方面的国家代表性。

（3）评价结论

可参考下面2个案例。

案例1：三江源

三江源地处青藏高原腹地，被誉为"中华水塔"，三江源国家公园是三江源的核心区域，是展现三江源自然之美和悠久民族文化的窗口。园区集草地、湿地、森林、河流、湖泊、雪山、冰川、江河源头和野生动物、世界自然遗产为一体，展现了地球上年轻的地貌，造就了独特的高原高寒山地气候，保存了大面积原真的原始风貌，是中国乃至东南亚的重要水源涵养、气候格局的稳定器，是国家重要的生态安全屏障。与世界众多国家公园相比较，功能更多样、类型更齐全、结构更复杂、景观更丰富，更具自然生态的代表性、典型性、系统性和全局性。（参考："三江源国家公园总体规划"）。

案例2：武夷山

A地质地貌价值。武夷山地质构造复杂，地貌特质典型。它是我国丹霞地貌分布最广的东南集中分布区的重要组成部分，拥有最为典型的"晒布岩"等国内罕见的丹霞地貌。"华东屋脊"黄冈山海拔2158m，雄居华东南大陆之巅，是我国华东南大陆（除台湾地区）最高峰。是闽、赣两省和闽江、长江水系的分水岭武夷山脉的部分，是福建闽江水系、江西信江水系的发源地之一。动植物化石丰富，是研究我国东部侏罗—白垩系地层及时代划分的典型剖面。

B生态系统价值。武夷山拥有我国同纬度地区现存面积最大、保存最完整的中亚热带森林生态系统，具有中亚热带地区植被类型的典型性、多样性和系统性（包含全部11种植被类型）。根据中华人民共和国环境保护部所公布的《国家级自然保护区名录》（截至2012年底），对主要保护对象包含"中亚热带森林生态系

---

① 解焱，李典谟，John MacKinnon. 中国生物地理区划研究 [J]. 生态学报，2002（10）：1599–1615.

统"和"中亚热带常绿阔叶林"的国家级自然保护区进行整理统计，可以得到以下结论：福建武夷山国家级自然保护区面积位列第一，拥有我国中亚热带地区所有植被型。具体包括：常绿阔叶林、温带针叶林、暖性针叶林、温性针叶阔叶林、常绿落叶阔叶混交林、竹林、常绿灌木林、落叶阔叶林、落叶阔叶灌丛、灌草丛、草甸等 11 个植被型，以及 15 个植被亚型、25 个群系组、56 个群系、170 个群丛组。植被呈现出明显的垂直分布带谱，具有中亚热带地区植被类型的典型性、多样性和系统性，这在我国乃至全球同纬度带内都是罕见的。

C 生物多样性价值。武夷山的自然条件优越，植物种类丰富，为珍稀野生动物提供了理想的栖息场所，是我国中亚热带森林生态系统中昆虫种类最多的地区，被誉为"蛇的王国""昆虫世界""鸟的天堂""研究亚洲两栖爬行动物的钥匙"。（参考：清华大学"武夷山国家公园与保护地群规划研究"）。

5.4.2 美学价值评价

1）价值框架

新华字典对于"美学"的解释为：研究人与现实的审美关系的科学。研究对象包括：审美对象，如美的起源和本质，美的各种表现形态，美的基本范畴等；审美感受，如审美活动，美感体验等；艺术，如艺术的本质、功能，艺术创造、艺术欣赏的规律等。因为人与现实的审美关系主要表现在艺术中，所以也有人把美学叫做"艺术哲学"，即研究艺术中的哲学问题。美学价值则可以归纳为：指资源（物象本体）在人（审美客体）的审美活动中，给人带来的感官体验及精神体验。

谢凝高先生将山水审美层次分为悦形、逸情、畅神三个层次[①]，可参考山水审美层次对审美价值进行分类（图 5-1）。

图 5-1 审美价值分类

2）价值载体

这里借鉴了《风景名胜区规划规范》关于风景资源的分类，分为自然景源和人文景源两大类、八个中类和若干小类（表 5-4）。

3）评价方法

风景美学质量评价较为公认的有四大学派：专家学派（Expert Paradigm）、心理物理学派（Psychophysical Paradigm）、认知学派（Cognitive Paradigm）

---

① 谢凝高. 山水审美层次初探 [J]. 中国园林，1993（03）：16–19+63.

风景资源分类表　　　　　　　　　　表5-4

大类	中类	小类
一、自然景源	1. 天景	(1) 日月星光 (2) 虹霞蜃景 (3) 风雨阴晴 (4) 气候景象 (5) 自然声象 (6) 云雾景观 (7) 冰雪霜露 (8) 其他天景
	2. 地景	(1) 大尺度山地 (2) 山景 (3) 奇峰 (4) 峡谷 (5) 洞府 (6) 石林石景 (7) 沙景沙漠 (8) 火山熔岩 (9) 蚀余景观 (10) 洲岛屿礁 (11) 海岸景观 (12) 海底地形 (13) 地质珍迹 (14) 其他地景
	3. 水景	(1) 泉井 (2) 溪流 (3) 江河 (4) 湖泊 (5) 潭池 (6) 瀑布跌水 (7) 沼泽滩涂 (8) 海湾海域 (9) 冰雪冰川 (10) 其他水景
	4. 生景	(1) 森林 (2) 草地草原 (3) 古树古木 (4) 珍稀生物 (5) 植物生态类群 (6) 动物群栖息地 (7) 物候季相景观 (8) 田园风光 (9) 其他生物景观
二、人文景源	1. 园景	(1) 历史名园 (2) 现代公园 (3) 植物园 (4) 动物园 (5) 庭宅花园 (6) 专类游园 (7) 陵坛墓冢 (8) 游娱文体景区 (9) 其他园景
	2. 建筑	(1) 风景建筑 (2) 民居宗祠 (3) 文娱建筑 (4) 商业建筑 (5) 宫殿衙署 (6) 宗教建筑 (7) 纪念建筑 (8) 工交建筑 (9) 工程构筑物 (10) 特色建筑群 (11) 特色村寨 (12) 特色街区 (13) 古镇名城 (14) 其他建筑
	3. 胜迹	(1) 遗址遗迹 (2) 摩崖题刻 (3) 石窟 (4) 雕塑 (5) 纪念地 (6) 科技工程 (7) 古墓葬 (8) 其他胜迹
	4. 风物	(1) 节假庆典 (2) 民族民俗 (3) 宗教礼仪 (4) 神话传说 (5) 民间文艺 (6) 地方人物 (7) 地方物产 (8) 其他风物

和经验学派（Experiential Paradigm）。专家学派认为风景的美学质量应以形式美的原则来衡量。心理物理学派把风景和风景审美的关系理解为刺激－反应的关系，测量公众对风景的普遍审美态度从而形成"美学度量表"是关键。认知学派又称心理学派或行为学派，力图从整体上而不是具体的元素（如形、线、色、质）或具体的风景构成要素上分析风景。经验学派认为风景审美是人的个性、文化、历史背景及志向与情趣的表现，主要从文学艺术作品中得到风景评价[①]。

综合上述学派，在具体操作层面，可依次采用指标打分法和同类比较法进行评价。

（1）指标打分法

细分指标并打分赋值，制定表格，主要从物象本体、感官体验以及精神体验三方面（制定权重40%、40%、20%）进行考虑。景源评价无需用到以下所有指标，在物象本体、感官体验和精神体验的评价因子中，选择该景源最突出、最核心的特征并进行打分即可；项目描述层的因子为提炼特征提供参考（表5-5）。

---

① 俞孔坚. 论风景美学质量评价的认知学派 [J]. 中国园林，1988（01）：16-19.

审美价值评价指标层次表 表5-5

综合评价层	项目评价层	项目描述层
1.物象本体	(1) 尺度	①小尺度②大尺度③巨大尺度……
	(2) 色彩	①类型丰富②组合多样③纹理、形式变化多端……
	(3) 纹理	①细腻的②粗糙的……
	(4) 形式	①垂直的②水平的③起伏的④柔缓的……
	(5) 线条	①直线②曲线③平滑④尖利……
	(6) 图案	①随机的②有规律的③有形式感的……
	(7) 围合度	①封闭的②半开敞的③完全开敞的……
	(8) 多样性	①元素单一②元素多样③元素复杂……
2.感官体验	(1) 心理感官	①精致②粗犷③活力④静谧⑤幽深……
	(2) 视觉感官	①丰富度②和谐度③对比性④奇特性⑤趣味性⑥开阔度⑦层次性⑧戏剧性……
	(3) 其他感官	①清脆、悦耳、幽静……（听觉）②芳香、清新……（嗅觉）③柔软、舒适、粗糙……（触觉）
3.精神体验	(1) 空间感受	①场所感②舒适感③奇幻感④历史感……
	(2) 氛围感受	①平静感②神秘感③孤寂感④庄严感⑤神圣感……
	(3) 精神感受	①敬畏感②激励感③爱国之情……

（2）同类比较法

在总结主要资源特征与美学价值基础上，与风景资源类似的代表性风景资源进行比较，得出国家公园的美学价值的地位、影响力、认可度等，见表5-6。

同类比较法分类 表5-6

景源分类		具有国家代表性的风景资源
大类	中类	
一、自然景源	1.天景	黄山（云海）、泰山（日出、佛光）等
	2.地景	五岳华山、武陵源（张家界）、三清山等
	3.水景	九寨沟、壶口瀑布、黄果树瀑布等
	4.生景	武夷山、黄山等
二、人文景源	1.园景	杭州西湖等
	2.建筑	鼓浪屿、凤凰、钟山（中山陵）、剑门蜀道、武当山等
	3.胜迹	龙门石窟、莫高窟、泰山（摩崖石刻）等
	4.风物	武当山、峨眉山、普陀山、九华山、五台山等

5.4.3 历史文化价值评价

1）价值框架

历史文化价值，即国家公园作为人类和民族的历史进程见证、人类艺术创作、审美趣味、科学技术、生活方式、理念与知识传播见证的价值。

历史文化价值从历史要素、地域要素、年代要素三个方面进行阐述及评价。[1] 主要目的在于挖掘国家公园范围内的历史文化价值、确认历史文化价值载体，陈述国家公园所承载的历史文化价值本身，评价国家公园在其拥有的历史文化系统中在时间和空间上的角色、地位、影响力、社会认可度，总结国家公园的文化特征。

历史要素类别即资源所承载与表现的价值类型（如，宗教、政治等），要素内容及该资源在这一价值类型中的角色、地位、影响力等（如，诞生地、发源地、变异点、重要诗文记载处等）。要素类别由世界遗产《公约》、中国所有世界文化遗产的描述、台湾文化资产保护法、《中国大百科全书（中国历史）》[2]、《中国文化地理》[3] 取并集而得。分为标准规定大类、中类两类，中类之下可再分小类，标准中仅举例示意（表5-7）。

历史文化要素类别表 表5-7

大类	中类				
宗教与信仰（宗教史）	儒学	佛教	道教	原始宗教	地方宗教
哲学与理念（思想史）	宋明理学	隐逸文化	天人合一	诸子百家	
神话与传说	三山	昆仑	炎黄		
科学与技术（科学技术史）	天文学	地理学	水利工程	交通工程	基础工程
艺术与审美（文学史/绘画史/……）	建筑史	造园史	绘画史	文学史	书法艺术史
人居、地域与民族	城镇发展史	燕赵文化等，详见地域要素表格内的地区一栏			
政治活动	帝王封禅	对外交流	科举制度		
生产与经济活动	农耕文化	手工业（丝绸业、瓷器）	晋商、徽商文化	草原文化	茶文化
军事活动	古代	近代			
社会活动（包括民俗等）	宗族文化	节庆			
其他文化类别	武侠文化				

地域要素考察该资源代表性及影响力的空间尺度。在地区文化级别提供分类。表格参考《中国文化地理》[4] 的目录（表5-8）。

年代要素应描述历史文化要素的年代（时间点）及年代跨度（时长）。朝代表参考人教版全日制高中教材大事记表、年代表而定（表5-9）。

---

[1] 原句为"文物古迹具有历史、地点、年代的要素"，中国文物古迹保护准则，2015.

[2] 中国大百科全书总编辑委员会中国历史编辑委员会，and 中国大百科全书出版社编辑部. 中国大百科全书中国历史.1997年修订本 .ed. 北京：中国大百科全书出版社，1998.

[3] 王恩涌.中国文化地理.中国人文地理丛书 Zhong Guo Ren Wen Di Li Cong Shu.北京：科学出版社，2008.

[4] 同③。

地域要素类别表 表5—8

世界	国家	地域	地区	城市、村落、部落
世界范围受到认可的文化类型。文化资源影响到其他国家的在这一历史文化要素中的诞生、发展、演变	全国范围受到认可的文化类型、形象等。文化资源影响力到全国尺度。	华北文化区	北京文化区	小范围独特的某种历史、文化
			燕赵文化区	
			三晋文化区	
			齐鲁文化区	
		东北和内蒙古文化区	关东文化区	
			内蒙古草原文化区	
		华东文化区	吴越文化区	
			上海海派文化区	
			八闽文化区	
			台湾文化区	
		华中文化区	中原文化区	
			安徽文化区	
			两湖文化区	
			江西文化区	
		华南文化区	岭南文化区	
			港澳文化区	
			八桂文化区	
		西北文化区	三秦文化区	
			甘陇文化区	
			宁夏回族文化区	
			新疆文化区	
		西南文化区	巴蜀文化区	
			黔贵文化区	
			滇云文化区	
			藏文化区	

2）价值载体

历史文化价值载体类型分为物质和非物质两大类。物质资源类别参照文物保护单位申报的类别。在筛选资源时应参考本地的各级文物保护单位名录、不可移动文物登记内容、历史建筑名录，整理不可移动文物。结合文献资料与实地勘探结果，补充对文化景观的资源筛查。

3）评价方法

资源的历史文化价值体现在表达历史、文化与艺术的能力上，评价因子有资源在同类中的典型性、代表性、独特性，和其自身的真实性、完整性。

典型性、代表性、独特性从案头研究和专家打分得到，主要针对文物普查不覆盖的文化景观类资源，真实性和完整性由专家实地调研综合得出，面向所有资源。

因历史文化价值评价的特殊性，对已在文物保护、非物质文化遗产系统进行评价的资源不进行二次评价，直接使用级别代表相应的价值。在调研与评价中，应特别注重对文化景观类别资源的发现、梳理与评价。

年代要素表   表5-9

	远古时代
先秦 远古-公元前221年	夏 公元前2070-约前1600
	商 公元前1600-前1046
	西周 公元前1046-前771
	春秋 公元前770-前476
	战国 公元前475-前221
秦汉 公元前221-公元220年	秦 公元前221-前207
	西汉 公元前202-公元9年
	东汉 公元25-220年
魏晋南北朝 220-589年	三国 220-280
	西晋 266-316
	东晋 317-420
	南朝 420-589
	北朝 439-581
隋唐 581-907年	隋 581-618
	唐 618-907
五代十国、辽宋金元（示所在地而定）907-1368年	五代 907-960
	北宋 960-1127
	南宋 1127-1276
	辽
	金
	元 1271-1368
明清 1368-1840年鸦片战争前	明 1368-1644
	清 1636-1840（鸦片战争前）
清后期至中华民国时期 1840-1949年	清末（鸦片战争前）
	民国 1911-1949
中华人民共和国 1949-	当代 1949-

5.5 资源保护管理评价

5.5.1 敏感度评价

敏感度概念。与脆弱性接近。敏感度是指当一个系统受到来自系统之外的人类活动干扰或者其存在的环境发生改变时，对其干扰和改变的敏感程度。敏感度通常用来表征一个系统受到干扰或影响时失去系统稳定性的概率、反映一个系统出现退化、破坏等问题的概率及可能恢复的快慢，敏感性越高的区域，若受到来自系统之外的人类活动干扰，出现问题的可能性就越高。

敏感度评价类型。常见类型大致分为3类：生态系统相关的敏感性评价；与视觉相关的敏感性评价；以及与社会文化景观相关的敏感性评价。

敏感度评价方法。常用方法为专家咨询法和层次分析法。选择的敏感度指标和因子根据评价对象各有不同。

与生态系统相关的敏感性评价，包括：生态系统敏感性评价，生物多样性敏感性评价，土地、水、大气等生态因子的敏感性分析与评价。常用指标包括：地质灾害相关指标；水土流失相关指标（如地貌、坡度、土层厚度、腐殖质厚度、土壤侵蚀强度、植被覆盖率等）；生态系统相关指标（如景观类型、年龄结构、郁闭度等级、群落结构等）。生态敏感性分析往往适用于整个保护地范围。

与视觉景观相关敏感度评价。美国林务局的《景观美学：风景管理手册》（1995）对早期的视觉管理系统进行了改进，并提出了风景管理系统（Scenery Management System，SMS）来代替视觉管理系统（Visual Management System，VMS）。其中，设计的视觉敏感度评价指标包括相对坡度、视距、视觉概率和景观醒目程度。视觉敏感性分析往往分布与拟开放或设施建设影响区域。

与社会景观相关的敏感度评价。社会景观敏感度被认为是"某旅游社区在受到开发干扰时，如土地利用方式改变，新的旅游开发活动或管理政策的实施，在公众中引发关注，引起争议，甚至导致人群冲突等响应行为的可能性"。社会景观敏感度复合二维模型，用社区空间承载的景观价值（反映不同土地利用类型的意愿）多样性表示人群对地方的竞争程度，用景观价值的富集程度代表人群对地方的关注程度：多种利用意愿重叠，竞争明显，且社会关注度高的地点，景观敏感度高；利用意愿单一和社会关注度不高的地点，景观敏感度低。社会景观敏感性分析往往以社区点状分布。

5.5.2 游憩机会分析

游憩机会光谱理念（Recreation Opportunity Spectrum，ROS）由美国林务局（USDA Forest Service）邀请科学家（Clark and Stankey1979；Driver and Brown 1978）共同合作提出。不同的游憩环境能够提供不同的游憩机会。游憩环境有 3 个基本的属性：①物质环境；②社会环境；③管理环境。根据指标的不同表现，将游憩环境分成不同的级别，从而提供不同的游憩机会。美国林务局确定了 6 项游憩机会从而形成游憩机会光谱（序列），从原始区域到城市分别为：原始（P）、半原始无机动车辆（SPNM）、半原始有机动车辆（SPM）、通路的自然区域（RN）、乡村（R）及城市（M）（图 5-2）。

图 5-2 游憩机会光谱示意图
（图纸来源：翻译自美国农业部林务局《游憩机会光谱指南》（*ROS Primer and Field Guide*））

提出背景。20 世纪 60 年代，随着第二次世界大战后美国人民户外游憩、娱乐需求的急剧增长，许多公共游憩地都出现了容量超载、环境污染、游客不满等问题，因此，研究者们开始对户外游憩进行系统地研究，对需求多样化的认识带来了很多对游憩地进行分类和分区的方法，最终导致游憩机会谱理论的产生。ROS 在不同类型游憩地中以及不同国家都得到应用①。

游憩机会谱系中的 3 个环境属性即物质环境、社会环境和管理环境具体指标构成如下。物质环境包括生物资源、文化—历史资源以及一些永久人工构筑物（道路、大坝等）；社会环境包括其他人的出现数目，他们的行为以及他们参加的游憩活动；管理环境涉及区域开发水平、现场管理力度、服务以及规章制度等。游憩机会谱的确定主要取决于这 3 种环境序列及其相关指标的组合。

游憩机会谱系的实施步骤，一般分为以下 6 个步骤：①对影响游客体验的三方面特征（物理、社会和管理特征）进行清查、绘图；②综合分析：包括确定环境中存在的矛盾、定义游憩机会类别、与森林管理活动相结合、确定冲突事件并提出解决建议；③定日程：为项目和财政预算定日程；④设计：设计能够综合各种资源和价值需求的项目；⑤执行：完成设计的项目；⑥监测：评价执行情况并判断规划的目标是否达成。

游憩机会光谱的意义在于：有利于解决资源保护与游客体验之间的矛盾，游憩机会谱通过划分不同的机会类别，在不同的区域提供不同类型的活动，以及相应的基础设施水平和管理水平，使资源得到分级利用和保护，使保护更有针对性，从而有利于解决资源保护与旅游开发之间的矛盾；如在荒野区只提供人数受到严格限制的徒步旅行活动，拆除所有的建筑等永久性设施，只允许搭帐篷露营，从而提供"孤独的、与自然亲近"的游憩体验；另外，游憩机会光谱有利于满足不同游憩者对不同类型活动的需求，同时，游憩机会多样性在某种程度上可以缓解对热点游憩区域的压力，降低对游憩资源的干扰②。

5.6　国家公园范围划定

5.6.1　自然保护地范围划定原则

根据《自然保护区条例》确定自然保护区的范围和界线，应当兼顾保护对象的完整性和适度性，以及当地经济建设和居民生产、生活的需要。

根据《风景名胜区规划规范》，确定风景区规划范围及其外围保护地带，应依据以下原则：景源特征及其生态环境的完整性；历史文化与社会的连续

---

① 吴必虎. 区域旅游规划原理 [M]. 北京：中国旅游出版社，2001.

② 蔡君. 略论游憩机会谱（Recreation Opportunity Spectrum，ROS）框架体系 [J]. 中国园林，2006（07）：73-77.

性；地域单元的相对独立性；保护、利用、管理的必要性与可行性。

根据《世界遗产操作指南》，世界遗产保护状况，应包括完整性分析。完整性用来衡量自然和／或文化遗产及其特征的整体性和无缺憾性。因而，审查遗产完整性就要评估遗产满足以下 3 方面特征的程度：①包括所有表现其突出的普遍价值的必要因素；②面积足够大，确保能完整地代表体现遗产价值的特色和过程；③受到的负面影响小到可以被忽视。

5.6.2　国家公园试点区范围案例

1）武夷山国家公园试点区范围

根据《武夷山国家公园体制试点区实施方案》，武夷山试点区位于福建省北部，周边分别与福建省武夷山市西北部、建阳市和邵武市北部、光泽县东南部、江西省铅山县南部接壤。包括武夷山国家级自然保护区、武夷山国家级风景名胜区和九曲溪上游保护地带，总面积为 982.59km²。其中武夷山国家级自然保护区 565.27km²，国家级风景名胜区 64km²，九曲溪上游保护地带 353.32km²（含九曲溪光倒刺鲃国家级水产种质资源保护区 12km² 和武夷山国家森林公园 74.18km²）。范围划定依据包括：

首先，从历史沿革来看，试点区自古以来就隶属同一行政区域，自然与文化资源高度融合，1999 年被列入世界自然与文化遗产地。

其次，从生态系统的完整性和连通性看，把武夷山国家级自然保护区、武夷山国家级风景名胜区以及九曲溪光倒刺鲃国家级水产种质资源保护区、武夷山国家森林公园等九曲溪上游保护地带连接起来，覆盖武夷山九曲溪流域，有利于整个九曲溪流域水生态系统的完整性保护和管理；有利于中亚热带原生性森林生态系统五个植被垂直带谱的完整性保护。

第三，选择的试点区域位置相连、相对集中、边界较清晰，区域内国有土地、林地占有一定比例，能够确保试点的可操作性（图 5-3）。

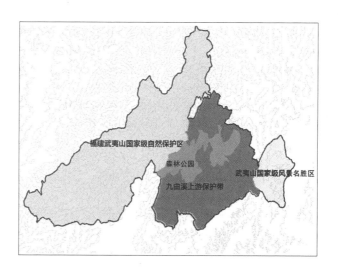

图 5-3　武夷山国家公园体制试点区范围示意图（图纸来源：武夷山国家公园体制试点区实施方案）

2）钱江源国家公园试点区范围

根据《钱江源国家公园体制试点区实施方案》，试点区面积 252km²，涉及开化县苏庄、长虹、何田、齐溪共 4 个乡镇，包括 19 个行政村、72 个自然村，人口 9744 人。试点区范围的具体界线为：西部：以浙江省开化县与安徽、江西的省界为界线；南部：保持原有古田山国家级自然保护地范围不变，以古田山国家级自然保护区的实验区外围河流为界；东部：以桃源、真子坑、高升、田畈等行政村的西侧山脊线为界；北部：以钱江源省级风景名胜区的北部界限为界。为整体保护钱江源区的生态安全和白际山脉的森林生态系统，试点区未来可以整合毗邻的安徽省休宁县岭南省级自然保护区和江西省婺源国家级森林鸟类自然保护区的部分区域，探索与安徽、江西跨行政区管理的有效途径，形成具有更加完整源区和生态系统的钱江源国家公园。范围划定依据包括：

（1）保护钱江源区生态安全。保护浙江省母亲河钱塘江源区的生态安全，维系源区生态系统、生物物种及其遗传多样性，承担源区生态系统的服务功能，对浙江及长三角地区的生态安全及国民经济发展发挥重要作用。

（2）保护生态系统完整性和资源独特性。拥有较为完整的低海拔中亚热带常绿阔叶林，是联系华南－华北植物的典型过渡带，保存有大片原始状态的天然次生林，林相结构复杂、生物资源丰富，是中国特有的世界珍稀濒危物种、国家一级重点保护野生动物白颈长尾雉、黑麂的主要栖息地。

（3）解决自然保护地多头管理问题。试点区有 3 处保护地、4 个乡镇 19 个行政村，土地资源保护与开发矛盾在我国东部地区较为突出。试点区建设将有利于解决自然保护地多头管理、人为分割的碎片化问题，具有较强的示范作用和推广意义。

（4）实施具有可操作性。试点区山地、河流边界清晰，易于识别。土地所有权属关系相对清晰，面积适宜。当地社区居民具有保护生态环境的传统意识，对国家公园体制试点区建设非常支持，操作性较强（图 5-4）。

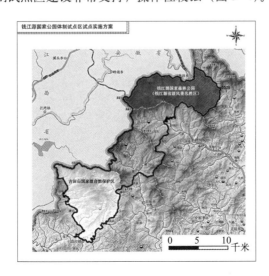

图 5-4 钱江源国家公园
试点区范围示意图
（图纸来源：钱江源国家公园体制试点区实施方案）

5.6.3 国家公园范围划定原则

由各自然保护地范围划定原则，以及国家公园试点区范围划定实践，可总结出国家公园范围划定的三条原则：①以价值及其完整性保护为基础，参考世界遗产完整性的要求，包括所有表现其国家代表性价值的必要因素，面积足够大，且尽可能控制对本底价值产生影响的各种人为干扰的分布范围和影响程度；例如人口规模和建设规模较大的城镇不建议纳入国家公园范围；②在保护地保护管理的延续性方面，尽可能继承原有自然保护地保护成果。在保护效率和合理性评估基础上，尽可能包括原有自然保护地范围。③在保护管理的可行性方面，综合考虑行政区划、管理机制、土地权属等方面的可行性。

思考题

1. 国家公园资源价值具有哪些特点？
2. 如何提高资源评价的科学性？
3. 资源价值在国家公园范围划定中具有什么样的作用？

主要参考文献

[1] 陈耀华. 中国自然文化遗产的价值体系及其特性 [A]. 中国城市规划学会（Urban Planning Society of China）.2004 城市规划年会论文集（上）[C]. 中国城市规划学会（Urban Planning Society of China），2004：18.

[2] 谢凝高. 国家风景名胜区功能的发展及其保护利用 [J]. 中国园林，2005（07）：1-8.

[3] 解焱，李典谟，John MacKinnon. 中国生物地理区划研究 [J]. 生态学报，2002（10）：1599-1615.

[4] 谢凝高. 山水审美层次初探 [J]. 中国园林，1993（03）：16-19+63.

[5] 俞孔坚. 论风景美学质量评价的认知学派 [J]. 中国园林，1988（01）：16-19.

[6] 许晓青，杨锐，庄优波. 中国名山风景区审美价值识别框架研究 [J]. 中国园林，2016，32（09）：63-70.

[7] 吴必虎. 区域旅游规划原理 [M]. 北京：中国旅游出版社，2001.

[8] 蔡君. 略论游憩机会谱（Recreation Opportunity Spectrum，ROS）框架体系 [J]. 中国园林，2006（07）：73-77.

第6章
目标与战略的确定

教学要点

1. 国家公园目标与战略的基本概念和特征。

2. 确定目标与战略的规划方法。

6.1　什么是目标

国外的保护地规划中，表示目标的词汇通常有愿景（vision），使命（mission），长期目标（goal，aim）、具体目标（object）等等。这些词汇从不同的侧面表达了目标的含义，又相互联系，共同构成了目标体系。

6.1.1　愿景（vision）

1）愿景概念

愿景，通常是指一个组织所期望达到的最理想的未来（best future）。愿景的陈述是对未来的一种简明的描述，是未来成功的图景。有人将愿景形容为一个组织的"跳动的心脏"。人们愿意为一个保护地付出努力，是因为他们相信这个愿景。在许多保护地的规划中，愿景通常表现为几段话，来描述人们所期望的未来，是一种愿望的表达。

英国湖区国家公园（The Lake District National Park）管理规划中阐述的愿景[1]：

湖区国家公园会成为一个鼓舞人心的可持续发展的实践案例。

繁荣的经济、世界一流的游客体验和充满活力的社区共同维持的壮观的风景、野生动物和文化遗产。

在国家公园工作或做出贡献的当地居民、游客和许多组织，必须团结起来实现这一目的。

（译自英国 Lake Distrcit National Park 管理规划，2004，vision statement）

澳大利亚鲨鱼湾（Shark Bay）世界遗产地愿景[2]：

鲨鱼湾是一处被所有当地居民和游客所尊重的世界遗产地，在这里，人们享受他们的经历，欣赏遗产的自然、文化和科学价值，他们能够理解应当为当

---

[1]　The Lake District National Park will be an inspirational example of sustainable development in action.

A place where its prosperous economy, world class visitor experiences and vibrant communities come together to sustain the spectacular landscape, its wildlife and cultural heritage.

Local people, visitors, and the many organisations working in the National Park or have a contribution to make to it, must be united in achieving this. http://www.lakedistrict.gov.uk/caringfor/nationalparkvision

[2]　Shark Bay World Heritages, vision

Shark Bay is a place where World Heritage values are respected by all members of the local community and visitors, where people enjoy their experience, retain an appreciation of the natural and cultural heritage and scientific significance of the Property, and they understand the need to protect the natural and cultural values of the place for present and future generations through cooperative management and community involvement whilst allowing for ecologically sustainable activities.

代和后代保护自然和文化价值，这种保护基于合作管理、社区参与，以及允许生态上可持续的活动。

2）愿景特征

一个有效的愿景陈述通常具有以下特征：

（1）愿景关注的是长期的未来。很多规划中描述的愿景是不设定期限的，可以理解为无限期的，也有一些规划会根据需要为愿景设定诸如 5 年、10 年或 20 年的期限。

（2）愿景应该既充满雄心壮志又切实可行。描绘一副清晰的、鼓舞人心的，并且很现实的未来理想图景。

（3）愿景描述的是一个稳定的状态。愿景是对未来状态的阐述，并不包含如何实现这个愿望的措施，即不包含那些可能为达到愿景而做出的改变。

（4）愿景的陈述应十分简短。简短的陈述有利于在人们脑海中留下深刻的影响，具有很好的感召力，愿景才可以被广泛的人群所理解。通常，愿景所阐述的美好未来是经过了广泛的公众参与所形成的受到公众认可的状态，同时，愿景的阐述也成为号召更多的人参与到保护中的基础。因此，简单明了、易于理解是愿景阐述的基本要求。

IUCN 为世界遗产地的愿景提供了一个可以借鉴的范本，认为遗产地的愿景总体上可以被描述为：

拥有无与伦比的自然奇观。是一个具有突出普遍重要性的区域，在这里生态系统、栖息地和物种罕见的融合，具有全球重要性，并且这种重要性能被那些利用和欣赏的人尊重和保护。

每个人都有机会把它变成更好的珍贵之地。

一个可以被最广泛人群访问的地方，以一种不破坏周边环境的方式进行。

一个人与自然和谐共存的地方，人们将为此感到自豪——他们确保了其传统遗产和土地利用加强了这个地区的地域特征。

3）国家公园愿景

鉴于国家公园具有的特殊功能和重要意义，国家公园规划中对愿景的阐述通常应该考虑到以下几个方面的问题。

对国家公园的保护应该成为国家公园愿景的首要内容。尽管各个国家和地区对保护地愿景的阐述有所不同，但是我们可以看到，对资源的保护，对价值的认识都成为其愿景的重要组成部分，有些国家公园的愿景中选择了国家公园中最具代表性的或最重要的资源，有些国家公园的愿景中采用了分类描述的方式。

考虑地区、国家和国际层面的保护原则和标准。国家公园承载着重要的自然与文化资源，具有多重功能和价值，作为人类共同的遗产，需要满足从当地、区域，到国家，甚至是国际社会的保护要求和准则。

国家公园给人们带来怎样的福祉是愿景阐述中的另一重要因素。这方面的内容源于国家公园的综合性，为人们提供户外游赏的机会、得到环境教育并激发情感的机会，是国家公园的重要功能之一。阐述这方面的愿景也有利于人们对国家公园保护产生广泛的共鸣。同时，我们应该注意到，各个国家的国家公园或保护地的愿景阐述中，几乎都将"可持续发展"的理念运用到愿景阐述中，强调当代人对自然资源的享用不能对资源产生破坏。

6.1.2 使命（Mission）

1）使命概念

使命，简单来说就是一个保护地存在的意义或原因，它是比愿景更为具体、更为具有实践性的陈述。使命就好像是保护地的一张名片，用以表明保护地的身份。现代保护制度的出现使得保护地的保护管理机构成为保护地的直接负责者，因此，使命往往是针对这一保护机构而言的。

使命陈述在美国国家公园的战略规划中十分常见。根据美国 1993 年颁布的《政府政绩与成效法》的要求，不仅美国国家公园局，包括各个国家公园、项目以及中央办公室也要制定各自的战略规划，并应用于总体执行管理的过程中来进行更有效的资源保护和提供给游客更佳的欣赏体验。在总体执行管理的过程中，各个国家公园应确定其长期目标，制定年度执行目标、掌握实施进展并报告针对国家公园管理局和公园本身两个长期目标的完成情况。美国国家公园管理局从 1997 年开始制定其战略规划，明确了国家公园管理局的使命。虽然美国国家公园管理局的战略规划每 5 年更新一次，但是其确定的国家公园管理局的使命长期以来并没有改变。其使命陈述如下：

国家公园管理局保护那些保存完好的自然和文化资源，重视国家公园系统所能提供的为现在和后代所享用、教育和启发灵感的功能。国家公园管理局与其他外部组织合作以拓展自然和文化资源保护所产生的公共利益，同时为国家和全世界提供户外游憩机会。[①]

使命反映了一个组织的承诺，从美国国家公园管理局的使命陈述中，我们可以看出两个方面的承诺，一是保护丰富的资源，二是提供享用这些资源的机会，这种享用资源的机会要以不破坏资源并将其传承于后代为前提。

在这一使命框架下，美国各个国家公园在制定其战略规划时，都陈述了其使命。总体上而言，单个国家公园的使命陈述，遵循两个方面的原则，一是遵循国家公园整体的战略规划，二是从该国家公园的目的（purpose）和重要性

---

① The National Park Service preserves unimpaired the natural and cultural resources and values of the national park system for the enjoyment, education, and inspiration of this and future generations. The Park Service cooperates with partners to extend the benefits of natural and cultural resource conservation and outdoor recreation throughout this country and the world.

（significance）出发制定其使命。

下面列举几处美国国家公园的使命陈述。

美国大烟山国家公园的使命：（选自其战略规划）

大烟山国家公园的使命是保护大烟山十分丰富的资源，并以资源不受损害并可传承于后代的方式提供享用这些资源的机会[1]。

黄石国家公园使命陈述：

保护包括老忠实泉在内的大部分间歇泉和温泉，保护这处杰出的拥有干净的水和空气的山野荒地，保护这个灰熊、狼、野牛和麋鹿等自由活动的家园。同时，这处美国的第一个国家公园，以及几个世纪以来的遗址和历史建筑，都作为美国的独特遗产而受到保护。黄石国家公园是全球国家公园的典范和灵感之源。国家公园管理局负责保护这些未受损害的自然和文化资源，以确保具有被当代和后代人所享有、受到教育，并激发灵感的价值[2]。

在美国国家公园系统中，愿景的阐述用以唤起公众对国家公园保护的共鸣，所描述的国家公园的未来景象是被公众所认可并愿意为之共同努力的，这里的公众既包括游客、当地人，也包括作为管理机构的国家公园管理局，甚至还包括那些对国家公园感兴趣的人。相比较而言，使命的提出则是对作为国家公园的保护管理机构的国家公园管理局（包括一个单独国家公园的管理局）的要求，即国家公园管理局为保护和管理国家公园而存在，其主要任务在其战略规划的"使命"部分进行阐述。

2）风景区使命借鉴

在我国的风景名胜区总体规划中，经常通过陈述风景区的性质来表达其使命，性质通常包括了风景区的主要资源特征、风景区的功能和级别定位等方面。

中国城市规划设计研究院2010年编制的《崂山风景名胜区总体规划》中，阐述了崂山风景区的性质：

以山海奇观和历史名山为风景特征，可供欣赏风景、游览观光、休闲度假及开展科学文化活动的国家级风景名胜区。

西安建筑科技大学城市规划设计研究院、建筑学院编制的《华山风景名胜

---

[1] Mission of National Park Service at Great Smoky Mountains National Park:

The mission of the National Park Service is to preserve the exceptionally diverse resources of Great Smoky Mountains National Park and "to provide for the enjoyment of these resources in such manner as will leave them unimpaired for the enjoyment of future generations."

[2] Preserved within Yellowstone National Park are Old Faithful and the majority of the world's geysers and hot springs. An outstanding mountain wildland with clean water and air, Yellowstone is home to the grizzly bear, wolf, and free-ranging herds of bison and elk. Centuries-old sites and historic buildings that reflect the unique heritage of America's first national park are also protected. Yellowstone National Park serves as a model and inspiration for national parks throughout the world. The National Park Service preserves unimpaired these and other natural and cultural resources and values for the enjoyment, education, and inspiration of this and future generations.

区总体规划》中，阐述了华山风景区的性质：

华山风景名胜区是以西岳华山为中心的、以雄奇险秀的自然景观与体现华夏文化渊源特质的人文景观交融合晖为特征的山岳型国家重点风景名胜区，具有申报世界自然和文化双重遗产的潜质。

在景观方面，华山"横空出世""枕关带河""岳渎相望"的独特地理环境极其罕见的空间结构，造就了其"尽精灵之至极，穷山岳之壮丽"的恢弘气势和雄奇险秀之美。

在地质地貌方面，华山属于侵入太古代太华群古老变质岩系及花岗岩体的一部分。地貌形态特殊多样，以雄、险著称于世。主峰孤峰突起，削成四方，峰上有峰，群峰环峙拱卫，峰林奔趋跌宕。

在生态方面，华山是一个典型的生态屿。起源古老，生物多样，新种和特有种较为丰富，也是研究植物石质原生演替的理想之地。其所形成的"华山植被县"自然景观，具有特殊科学价值。

在文化方面，华山具有华夏文化渊源特质，与中华民族的成长与繁衍密切联系在一起，自古就是中华民族的自然图腾、祭祀名山、道教圣地和丰富的文化遗产宝库。

在功能方面，华山融自然、人文与科学于一体，兼具生态养育、观赏游憩、文化发展和科学研究等多种功能，可以促进和带动地区社会经济的发展。

北京大学编制的《大理风景名胜区总体规划（2007-2025）》中阐述的大理风景区的性质：

大理国家级风景名胜区是以地理区位独特的高原高山—湖泊自然生态和景观为基础，以突出的南诏大理历史文化、鲜明的白族文化和悠久的宗教文化相融合，具有科研科普、山水审美、游览休闲、教育启智等功能，在世界范围内具有突出科学、美学、历史文化价值的多功能、大容量国家重点风景名胜区。

6.1.3 目标（Goals，Objectives）

1）分类目标与分期目标

在确定了国家公园的愿景和使命之后，通常会将其逐步分解为目标。愿景和使命的阐述通常以定性分析为主，描述国家公园所要达到的状态，以激发人们的情感。相比较而言，目标的制定就更具有针对性，是对愿景和使命的全面具体化和深化。

通常有两种思路制定目标，一种思路是将愿景分类，制定出分类目标，如资源保护目标、游客体验目标、社区发展目标等；另一种思路是将愿景和使命分期，根据时间需要制定分期目标，如长期目标、中期目标、近期目标等。也经常会将两种思路相结合，对每一分类目标进行分期。其基本的关系如图6-1所示。

| | 愿景 | | |

| | 使命 | | |

	长期目标	中期目标	近期目标
分类目标 1	目标 1.1	目标 1.2	目标 1.3
分类目标 2	目标 2.1	目标 2.2	目标 2.3
分类目标 3	目标 3.1	目标 3.2	目标 3.3
分类目标 4	目标 4.1	目标 4.2	目标 4.3

图 6-1　分类目标关系图

制定分类目标是将愿景具体化的过程，根据国家公园的特征和保护管理的需要，目标的分类通常会包括以下几个方面：

资源保护和管理。在很多保护地的规划中，资源保护和管理的目标往往被排在首位，这是保护地存在的首要任务。在目标中应明确阐述资源保护应达到的状态，通常又会根据保护地所具有的资源的不同类型，进一步细分资源保护的不同方面，如文化资源的保护、地质地貌资源的保护等。

游客利用和管理。对应于前文对于愿景和使命的分析，为游客提供游赏机会、学习机会，并保证资源不受破坏，是保护地的使命之一，因此，国家公园规划中也通常对应这一使命提出更为具体的目标。同样的，由于游客利用和管理也涉及诸多方面，例如游客的安全、游客的解说教育、游客的影响等，从而提出各位细致的分类目标。

组织管理。国家公园保护管理机构如何运作、是否有足够的人员、资金用于国家公园的保护管理等，都将影响资源管理和游客利用的质量。因此，在规划中，通常也对保护管理机构的组织效率提出目标要求。在这一类型下，也会对公众参与的程度提出要求。

专栏：美国国家公园管理局的分类目标与分期目标（表 6-1）

美国国家公园系统确立了 4 个方面的分类目标，称为 NPS 目标分类，每一分类下制定了使命目标（mission goals），每一使命目标下又细化为长期目标（long-term goals）。其中，目标分类和使命目标都是相对稳定的，自 1997 年国家公园管理局开始制定全系统的战略规划开始就基本保持现有状态，这也反映了使命与目标的长期性和稳定性原则。而全系统范围内的长期目标是以 5 年为期限，确定了 5 年内达到的目标状态。各个国家公园的战略规划中所确定的目标，其基本依据是国家公园管理局制定的目标分类和使命目标，在其中选取与单个国家公园相关的类型，并进一步制定自己的 5 年目标。

制定分期目标的过程是将所期望的国家公园状态与时间节点关联在一起的过程。实际上，从愿景到分类目标和分期目标的过程，已经开始使用时间节点

美国国家公园目标分类、战略目标简表　　　　　　表 6-1

NPS 目标分类	NPS 使命目标
1. 保护公园资源	1a. 自然和文化资源及其相关价值得到保护、恢复和保持，以使其达到好的状态，并且，在其广泛的生态系统和文化背景下进行管理
	1b. 国家公园系统对自然和文化资源及其价值的知识积累做出贡献；对于资源和游客的管理决策要基于充分的学术研究和科学信息
2. 提供公众享用和游客体验	2a. 游客安全的享用国家公园，对提供的享用机会、可进入性、多样性，以及公园设施和服务质量感到满意，并能合理的选择游憩机会
	2b. 公园游客和公众理解并愿意为当代和后代人保护国家公园及其资源
3. 通过合作来加强和保护自然与文化资源，并提升游憩机会	3a. 通过正式的合作项目保护自然和文化资源
	3b. 通过与其他联邦、州和当地组织或非政府组织、全国性的公园、开放空间、河流和铁路系统等合作，共同为美国民众提供教育、游憩机会，并使其获得保护带来的利益
	3c. 通过联邦基金和项目，通过正式的机制，确保休闲机会得到保护
4. 确保组织有效性	4a. 国家公园管理局应用现在的管理实践、系统和技术来完成使命
	4b. 国家公园管理局通过主动提议、其他机构、组织和个人的支持提高管理能力

来控制目标体系，也就是说，愿景往往是 20 年或更长时间以后希望达到的状态，甚至可以认为愿景是一个没有时间限制的目标，是人们希望国家公园一直保持的状态。而到了分类目标和分期目标的阐述时，已经根据规划期限和实际情况的需要，限制了 20 年或 10 年的时间。在国家公园规划中，往往还需要制定更为详细的分期目标，例如，美国国家公园的战略规划中，制定了 5 年内需要达到的目标，再接下来的年度实施计划中，制定了年度目标。一般而言，越是远期的目标越需要定性的描述，越是近期的目标越需要定量的要求。

2) 状态导向与解决问题导向

针对国家公园保护与管理的具体情况，目标的表述可以分为两种形式：其一是以状态为导向的目标陈述，即希望在什么时间达到什么状态，通常是指资源或环境自身的状况。例如，"到 2025 年，全部区域达到或维持环境空气质量国家一级标准。"其二，是以解决问题为导向的目标陈述，即希望在什么时间解决现有的什么问题，通常是对那些影响、干扰、破坏了资源完好状态的外来因素的识别和改变。例如，"到 2025 年，绝大部分被人为干扰的地质地貌资源得到恢复。"这两种目标陈述的形式，反映了目标制订的两个来源，陈述状态的目标主要来源于愿景和使命的细化；而问题导向的目标，则多来源于对国家公园现状问题的分析。但有的时候，两种形式不一定有十分清晰的界限，因为如果国家公园现状问题得到解决，国家公园就可能达到了人们期望的某个状态。

相比较而言，如果在分析阶段清楚的识别和总结了国家公园存在的现状问题，在制定目标时比较容易确定以解决问题为导向的目标。然而，在这种情况下，以状态为导向的目标仍然十分重要。国家公园的自然和文化遗产往往是独一无二、不可复制、不能再生的，而国家公园资源与生态系统的构成及他们的相互作用是复杂的，出于国家公园特殊的保护要求，国家公园保护的"预防性原则"应该在目标制定时予以体现。也就是说，即便国家公园保护与管理的现状在某些方面并不存在明显的问题，我们仍然应该清晰的描绘未来几十年里这些方面应该达到或保持的状态，以预防那些在规划中并未提及的情况的出现，或目前尚未出现而未来可能存在的威胁。也就是要用确定目标的过程来从整体上控制不可预见后果的出现。

3）目标与监测

制定目标的另一个重要作用是为国家公园的监测服务。我们可以将目标看做一系列指标，每个指标既是对隐含着对现有状态的识别、描述或分析、总结，也同时规定了未来的状态。

例如，在《黄山风景区总体规划》中，游客管理方面的目标之一是"到2025年，满意的使用设施、享受服务、游览景点和感受体验的黄山风景名胜区游客不少于总数的95%。"这一指标的提出，首先基于对游客满意度的调研，调研得出的结论是"现状对使用设施、享受服务、游览景点和感受体验感到满意的黄山风景名胜区游客占总数的70%。"同时，目标阐述中已经十分清楚的告诉人们，在未来发展中，要将满意度从70%提高到95%。

那么，如何考察多年之后国家公园的保护与管理是否达到了目标呢？一方面，考察针对这一目标提出的战略、行动、专项规划措施等是否实施，另一方面，考察是否达到了目标所提出的状态。在上面的例子中，应该逐一考察规划措施是否得到实施，另一方面，考察游客的满意度是否达到了95%。

因此，目标的确定给监测提供了一个基本的框架，目标中确定的内容应该得到监测，监测的结果在一定程度上反映目标是否达到。在一些国家公园的规划中，在制定目标或战略之后，会列出"目标是否达到的指标"（indicators of success），或者"如何评价进展"（measuring progress）等条目，来说明如何考察目标是否达到。需要注意的是，目标与监测指标并不是完整的对应关系，如何进行监测和如何通过监测来反映目标的实现，我们会在后面的章节中进行讨论。

6.2 什么是战略

6.2.1 战略：从兵家到商家，从竞争到发展

战略一词，最早是兵家术语，历史上国家之间的军事对抗中离不开战略。英文中，战略（strategy）一词来源于古希腊语"stratagia"，指的是"将军指挥军队的艺术"。

兵家运用合适的战略克敌制胜的例子,在我国古代就不胜枚举,著名的"远交近攻"战略就是其中一例。战国末期，七雄争霸。秦国经商鞅变法之后，势

力发展最快。秦昭王开始图谋吞并六国，独霸中原。公元前270年，秦昭王准备兴兵伐齐。范雎此时向秦昭王献上"远交近攻"之策，阻秦国攻齐。他说：齐国势力强大，离秦国又很远，攻打齐国，部队要经过韩、魏两国。军队派少了，难以取胜；多派军队，打胜了也无法占有齐国土地。不如先攻打邻国韩、魏，逐步推进。为了防止齐国与韩、魏结盟，秦昭王派使者主动与齐国结盟。其后四十余年，秦始皇继续坚持"远交近攻"之策，远交齐楚，首先攻下郭、魏，然后又从两翼进兵，攻破赵、燕，统一北方；攻破楚国，平定南方；最后把齐国也收拾了。秦始皇征战十年，终于实现了统一中国的愿望。

我国一些学者将成书于春秋末年的《孙子兵法》（英文翻译为"战争的艺术"）视为我国流传下来的最早、最完备、最著名的军事战略著作。虽然没有用到"战略"一词，但其提出的观点是对战略的系统研究和总结。西方一些战略规划研究者，将孙子称为"战略规划主管"。

公元597年东罗马（拜占庭）时代，莫里斯（Maurice）皇帝用拉丁文写了一本名为《strategikon》的著作，其意为将军之学，用以教育其将领，一般被认为是西方第一部战略著作。但该书内容主要是战术性的战例汇编，所以对其是否是第一部战略著作也有争论。另一种说法认为，西方真正的战略著作是法国人梅齐乐（Paul Gideon Joly deMaizerroy，1719–1780），他所写的《战争理论》（Theorie de guere）一书中首次正式使用战略（stratègie）这个名词，并将其界定为"作战指导"（the conduct of operations）。到了19世纪，若米尼（Antoine Henri Jomini）和克劳塞维茨（Carl von Clausewitz）两大师的著作问世后，战略才开始发展成一门学问。

在军事术语中，战略一般是指对战争全局的谋划和指挥，例如毛泽东在《中国革命战争的战略问题》一文中提出，战略是指那些重大的"研究战争全局的规律性的东西"。恰当的战略制定与执行因其能够使战争中的一方获得对抗或竞争优势，逐渐被视商场如战场的商家所熟悉并运用。现代意义的正式战略规划首次引入商业公司是在20世纪50年代中期。当时主要是一些大公司才制定正式战略规划体系①。

在军事中，目标是相对简单的，即打败对手，或在战争中取得胜利。而对于企业或商业组织而言，目标逐步被人们分化，如企业决定生产什么样的产品，希望产品占领哪些市场等等，逐步分化出了产品目标、市场目标等，以怎样的策略赢得市场竞争的优势，是每个企业都要面临的问题，也正是企业战略规划所要解决的问题。

总体而言，战略具有全局性、决定性、长期性的特征，无论兵家还是商家，都以在竞争中获得优势地位作为目标，为达成这一目标所制定的全局性的、长

---

① 乔治·斯坦纳.战略规划[M].李先柏译.北京：华夏出版社，2001.

期性的、具有决定意义的措施，就成为战略。随着战略研究的深入，战略规划也开始逐渐进入城市规划等领域，离开兵家制胜的目标和商家逐利的追求，战略规划在涉及如何持续发展的领域也开始发挥重要作用。

战略规划在 20 世纪 40 年代开始进入城市规划领域。作为英国规划的奠基者之一的 Abercrombi 爵士，在 1943 年主持完成的伦敦郡规划和 1944 年主持完成的大伦敦规划（Great London Plan），就被认为是具有开拓性的战略规划。随着 1964 年英国"大伦敦议会"的创立，开始出现了一个战略性的机构专门负责大伦敦的管理与发展问题。1968 年英国的规划法确立了发展规划的二级体系（two-tier system），分别是战略性的结构规划和实施性的地方规划。1971 年的规划法和以后颁布的一系列法规从各个方面补充和完善了这一规划体系。在这样的法律基础下，英国的发展规划由战略性的结构规划和实施性的地方规划构成二级体系的架构，已为许多国家所借鉴。

加拿大城市战略规划也被认为是比较有代表性的。加拿大渥太华大都市的战略规划被认为是控制变化和尽可能创造最佳未来的系统方法，它着眼优势与劣势、机会与威胁，是识别和完成最重要行动的一种创造性方法。战略规划意味着通过树立可达到的目标和目的，为市政当局建立一个长远的方向。

在城市战略规划中，战略尽管仍然担负着让城市在诸多竞争中占据优势地位的责任，但其竞争性已经减弱，而更为侧重面对那些无法通过单一的、局部的措施来解决的城市发展问题。

战略的这一功能或战略规划的这一趋势在联合国世界环境与发展委员制定的 21 世纪"可持续发展战略"中表现得尤为明显。随着全球社会经济的发展，人口爆炸、资源枯竭、环境恶化成为人类发展中面临的共同挑战。应对这样的挑战，人们逐渐意识到，局部的、单一的、短期的举措显得乏力，因此转而寻找全球的、全人类的共同的发展战略。1987 年，联合国世界环境与发展委员会发表了《我们共同的未来》，提出了可持续发展的理念，引起了世界各国政府和组织的共同关注。1992 年联合国"环境与发展大会"（UN conference on Environment and Development），又称地球高峰会（Earth Summit），在巴西里约热内卢（Rio de Janeiro）召开，通过了《21 世纪议程》（Agenda 21）之全部内容，而该《21 世纪议程》更将可持续发展的理念规划成为具体的行动方案（action plan），迄今已有 130 多个国成立国家级的可持续发展委员会，可持续发展从概念转化成为各国共同的战略。这是战略摆脱了单纯的军事概念之后，又摆脱了国家的界限，和争斗竞争的狭窄含义而走向合作。可持续发展战略的目标为生态可持续、经济可持续和社会可持续，反映了这一战略的综合性特点。

6.2.2 目标与战略的特征

目标与战略经常被统一考虑。战略应能支撑目标的实现，目标的制定和战略的制定是密切联系的。也有一些学者认为，制定战略就是一个制定目标的过程。

目标和战略具有以下特征。

宏观性：是对全局的一种设想，着眼点是整体而非局部。整体发展的总任务和总要求。目标和战略要解决国家公园发展的根本方向问题，是一种高度概括。

长期性：着眼点是未来和长远，长期的发展方向和长期的任务，无论在资源保护、社区管理、游憩体系等任何一个方面，目标和战略都应做出长期打算，而并非仅仅思考眼前的问题。通常，目标的设定会有分期的考虑，即设定长期目标和近期目标，但在考虑目标与战略的问题时，所指往往是无限期的目标及未来的理想状态，对于国家公园来说，这一理想状态应是未来很长时间内相对稳定的愿景。

稳定性：目标和战略的确定着眼于未来相当长的时间内国家公园的理想状态，因此具有稳定性的特征。作为自然保护地的一种类型，资源保护的理想状态不应以个别人或团体的意志为转移，尽管在未来随着科学研究的进展某些保护措施会因此发生一些改变，但理想状态应当是基本不变的。也基于这个原因，目标和战略需要在相当广泛的范围内达成共识，以获得稳定性的保证。

可分性：战略目标作为一种总目标、总任务和总要求，总是可以分解成某些具体目标、具体任务和具体要求的。这种分解可以在空间上把总目标分解成各个方面的具体目标和具体任务，又可以在时间上把长期目标分解成各个阶段的具体目标和具体任务。只有把战略目标分解，才能使其成为可操作的东西。

可接受性：不同的利益相关者有着不同的甚至是相互冲突的目标，在战略目标的制定时要注意协调。形成各利益相关者都可以接受的目标，这个目标才有可能被实现，达成多方共识也是目标与战略的确定要满足的要求。

挑战性：目标本身是一种激励力量，特别是当目标充分体现了各方的共同利益时，往往能够极大的激发相关成员的热情。

可检验性：目标应该是具体而可以检验的。目标应明确阐述将在何时达到何种结果。目标的定量化是让目标具有可检验性的最有效的方法。但不可否认，许多目标是难以量化的。一般而言，时间跨度越长、战略层次越高的目标越具有模糊性。此时应当用定性化的术语来表达其达到的程度。

6.2.3 战略与目标的关系

当我们为国家公园制定了清晰的目标体系后，确定战略和行动是达成目标的第一步。战略是指那些决定性、长期性、关键性的措施。制定战略的过程，是一个从整体上、宏观角度判断国家公园应该采取哪些行动的过程。而行动则是进一步支撑战略、分解战略以达成目标的措施。在国家公园规划中，行动也可能表现为之后的专项规划。

战略与目标的关系有几种表现形式。

其一，对每一分类目标制定战略。在制定目标的过程中，许多规划已经把国家公园所要面临和解决的问题进行了系统的分类，即制定了分类目标。为达到这些分类目标，可以制定针对这一目标的战略，如资源保护方面的战略，社区发展方面的战略等。这样的战略就可以认为是为解决某一方面的问题，而制定的具有决定性、关键性和长期性的措施。

例如，澳大利亚澳大利亚鲨鱼湾（Shark Bay）世界遗产地规划中，制定了遗产地价值展示方面的目标，目标陈述为"在地方、国家和世界层面，鲨鱼湾世界遗产地的价值得到展示"。针对这一目标，该规划制定的战略是：

为可以增进知识和理解的关于世界遗产地的信息，并鼓励那些支持世界遗产价值保护的行为；开发和推广那些能够准确的、一致的向游客提供关于世界遗产地信息的产品。[①]

为支持这一战略，该规划还提出了相应的行动计划（actions），例如，运营游客中心，并提供关于世界遗产价值的解说教育展示和资料；每年评估和更新解说教育资料和牌示，以保证信息的一致性和准确性，（这里指选取了行动计划的部分内容），针对每一行动计划，该规划都给出了哪些部门作为这一行动的实施主体，这一行动的优先度如何等规定。

其二，战略表现为针对部分目标的措施。这样的战略的得出，往往是经过了分析与整合的过程，在针对国家公园中存在的问题制定了相应措施或政策之后，对措施或政策进行了分析，梳理其关系，找到那些具有关键意义、能够对其他措施或政策产生重要影响、对达到目标具有决定性意义的措施或者政策，将其"升级"为战略。

其三，战略并不针对某一目标，同时又对多项目标的达成起作用。这样的战略能够充分体现战略的全局性、关键性、长期性特征，也最需要规划者的智慧。

加拿大 Banff 国家公园管理规划中提出了"连接—重新连接"（Connecting-Reconnecting)的战略,具体表述为:"让Banff国家公园成为连接—重新连接人、风景、野生动物和水的地方。认识并努力修复那些自然环境与人的关系断裂的风景；把国家公园作为更大区域生态系统的一部分进行管理；努力让具有不同视角的人形成共同体；管理交通廊道，使之也成为生态系统之间的联系、人与

---

① Provide information that increases community knowledge and understanding about the World Heritage Property and encourages support for the protection of World Heritage values.Develop，and promote the provision of，accurate and consistent information about the World Heritage Property to visitors across all tenures.

他们旅行目的地之间的联系。"

在其规划中，简要解释了这一战略形成的背景。规划认为，山岳是班夫国家公园的主要资源之一，但其本身具有重要的阻隔作用，如形成群落的孤岛，形成原始部落的岛状分布，从而形成文化上的孤岛，给植物迁徙和人类活动都带来一定困难。而其中的河流、峡谷则往往成为联系的通道而显得尤为重要。国家公园的建立及其早期的道路建设在一定程度上起到了连接的作用，如这一地区的原住民利用 Kicking Horse 和 Vermillion passes 作为贸易和交通线路达几个世纪之久，新的道路建设基本上遵循了历史上形成的线路。而同时，国家公园也带来了一些新的"断裂"。如"第一民族"[①] 的生活方式因此而发生了变化；19 世纪 80 年代及其后 20 世纪 60 年代相继修建的铁路，虽然连通了加拿大的东西部，却成为野生动物迁徙和活动的障碍，甚至成为野生动物经常死亡的地点，因此落基山脉的野生动物栖息地变得支离破碎。交通设施建设和之后的水利设施建设，进一步影响了水路的连通性，鱼儿无法回到它们的产卵地方，每年洪水的自然过程也不复存在。

在 20 世纪，班夫国家公园始终处于争议之中，争议围绕着旅游经济与保护的矛盾。20 世纪 80 年代，风景的破碎化似乎反映了人类社会的分裂。班夫 Bow Valley 研究过程和遗产旅游战略都颇有远见，提出了协调解决破碎化的问题——生态的和社会的。如果 20 世纪的班夫国家公园带有了破碎化的痕迹，加拿大的落基山脉的风景就已经开始退化了。那么在下个世纪，连接或重新连接人们和破碎化景观之间的联系，会成为未来的重要战略。

基于这样的背景，规划提出的"连接—重新连接"战略，具有多个方面的意义，从战略阐述中可以看出，这一战略涉及多个方面，如资源管理、生态系统修复、区域景观、利益相关者的参与和达成共识、交通与旅游发展等等。

战略是目标与专项规划之间的纽带和桥梁。在规划程序上，制定战略在确立目标之后，在编制专项规划之前，具有承前启后的意义。在对国家公园的发展目标进行了详细的分解之后，可以通过战略的制定让解决问题的思路回到宏观的、整体性的、聚焦于关键问题的层面上来。

战略可能具有"概念规划"的特征。如上文提到的班夫国家公园的管理规划，提出了"一切从这里开始""连接与重新连接""国家公园管理的典范"等战略，每一战略都能很好的承接起现状、又能很好的分解为相应的行为或措施。同时，这些战略简短精练又引人注目、引发思考，也是"概念规划"特征的体现。

① 加拿大的种族名称之一，指与印第安人（Indian）同义，指的是在现今加拿大境内的北美洲原住民及其子孙，但是不包括因努伊特人和梅提斯人。第一民族、因努伊特人和梅提斯人的总称，应该是原住民（Aboriginal peoples，First peoples，or Indigenous peoples）。在加拿大，原住民的国家级代议机构是第一民族议会（Assembly of First Nations）。

战略可以成为一系列行为准则，带有"原则"意味。例如，新西兰的汤家里罗公家公园规划中提出"培养公共保护土地上的休闲利用"（Fostering recreation use of public conservation land）战略，意思是要在国家公园内形成良好的游客行为及其相关的其他行为。那么这一战略的提出，在客观上形成了对保护管理部门的一些原则性要求，如应该为游客提供适当的游憩机会和设施，对旅游服务的特许经营的许可要有适当的限制，要提供恰当的、吸引人的解说教育等等。这些要求都反映在了对这一战略的具体阐述中。另外，战略作为行为准则，也体现在战略规划之后各项专项措施的制定、年度计划的制定方面。可以认为在国家公园规划中，战略的实施就是从专项规划的制定开始的，尽管战略并非针对每一专项展开，但战略提出的要求应该在后续的规划行为中得到尊重和贯彻。

战略应该具有针对性。因为战略会具有概念性、原则性等特征，则容易产生一些似乎会放之四海而皆准的战略，这就失去了制定战略的意义。

6.3 确定目标与战略的方法

6.3.1 概述

国家公园规划中目标与战略的确定并没有什么特定的方法，现在规划师经常使用的一些方法，都是从企业战略规划中借用过来的战略规划方法。这些方法提供了分析问题和解决问题的常规逻辑框架，有助于我们理清思路、认识问题。这些方法尚未针对国家公园规划所要面临的实际问题，给出更为具体而有针对性的改进，这给国家公园规划留下了很广阔的探索空间。

另外，如前文所述，战略是那些综合性的、全局性的、具有决定意义的措施，那么通过演绎的、分类的、逻辑的分析和推理，是否能得到这样的战略呢？"分析与综合"的辩证关系告诉我们，这个问题并不一定能得到肯定的答案。也就是说，在特定方法的指导下，我们对国家公园的特征、现状、机遇、威胁等等因素进行分析，即便我们的分析全面而深入，却并不一定能够产生出战略。因此，有些学者提出了战略的确定是需要"灵感"的。这种灵感的来源至少有两个方面，一是基于对国家公园现状、问题、本质的全面认识，二是基于实践的经验。因此，尽管在目标与战略的制定中，有很多方法、模型可供使用，但规划师的主体作用仍然十分重要。

下面介绍的是 3 个不同层面的方法。SWOT 方法从事物的内外部条件入手进行分析，这一逻辑框架有助于同时形成目标和战略；差距分析方法从现状距离目标有多远进行分析，适用于目标相对清晰时进行战略选择；而利益相关者分析则更侧重于在确定目标阶段达成共识。

6.3.2 SWOT 分析

"SWOT"是优势（Strength）、劣势（Weakness）、机会（Opportunity）和威胁（Threat）英文单词首字母的缩写词。

从 SWOT 分析的名称可知，优势、劣势、机会和威胁是其基本要素。优势和劣势通常反映的是事物本身的属性，被称为内部要素。优势分析的是规划对象自身的长处，既包括客观条件上的特色优势，也包括通过主观努力可以形成的类比优势，还包括外部人为因素所构成的注入因素。劣势则反映规划对象本身的不足、缺陷或客观条件上的限制，有时也包括需要客服的问题。机会和威胁则从规划对象所面临的外部条件和外界形势来分析。机会是外部条件提供的机遇，或通过发挥自身优势所能创造的机会；威胁，有时也称为挑战，是外部环境中可能存在的不利因素，或者潜在的风险。[①]

SWOT 分析方法源于企业战略研究，多用于确定企业的营销战略或发展战略。近年在很多领域得到了应用，从微观的企业层次的分析、到行业层面，在自然资源及环境保护层面，如对侧重水资源利用情况分析的环境影响评价领域也有应用，在区域与城市规划、旅游规划等方面逐渐兴起，乃至国家发展的战略层次方面也得到了拓展。

SWOT 分析提出了一种分析问题的逻辑和方法，在其框架下各行业或领域在应用时也进行了拓展，如引入定量计算的方法、层次分析法以及德尔菲法等。

6.3.3 差距分析

GAP 分析是保护生物多样性的地理学方法（A Geographic Approach to Protect Biological Diversity），最早是由 Scott 等人在 1987 年提出，并在美国夏威夷付诸实践，通过野外调查和资料整理，对夏威夷鸟类等物种的分布和土地权属情况进行制图，发现了当时的保护区体系不能满足岛上生物多样性的保护需求，该研究为区域生物多样性保护和自然保护地的建立提供了有效方法。[②]

受到 GAP 分析的启发，有的学者将 GAP 分析的逻辑过程类比地应用到其他领域，大到产业结构调整，小到个人职业发展。衍生出来的分析方法在英文中将表示缩写的"GAP"大写字母改为了小写（gap analysis），明确表达了"差距"的含义；中文里，也为了与原有的生物学方法相区别，借用了"gap"的英文含义，称作"差距分析"。

差距分析提供了与 SWOT 分析不同的思考路径。差距分析应首先确定目标，

---

① 袁牧，张晓光，杨明．SWOT 分析在城市战略规划中的应用和创新 [J]. 城市规划，2007（04）：53–58.

② 肖海燕，赵军，蒋峰，曾辉．GAP 分析与区域生物多样性保护 [J]. 北京大学学报（自然科学版），2006，（2）.

并提出可量化评价的标准；之后寻找现状和目标之间的"差距"，明确问题并提出改进措施，从而形成战略。在规划领域，差距分析的方法尚处于探索和研究之中，其提供的思考路径有助于规划师提出战略，并为形成成熟的研究方法。

6.3.4 利益相关者分析

在很多国家公园的保护管理中，愿景的形成是一个充分的讨论和凝结共识的过程。一般来说，保护地被认为是有价值的，是值得被保护的，是包括当地居民、游客、管理者等这一代人和后代人所共同拥有的财富，因此，在美国、澳大利亚、加拿大、英国等国家公园或保护地系统，愿景的制定是一个广泛的公众参与的过程，通过不断的讨论、交流、咨询来获得一个大家都认可的愿景，以此作为保护地的发展方向，在这样的愿景的指导下，无论商家出于经济利益的需求，还是科学家出于研究和监测的需求，都可以在承认这一愿景的前提下参与到国家公园的保护和发展中来。

总体而言，目标的形成来源于两个方面，一方面是对自身状态的认识，对国家公园而言，就是对现状的全面分析；另一方面就是出于愿望，对一个组织而言，这种愿望可能是组织内部的成员或与这个组织相关的成员的一个集体的愿望，而对于国家公园而言，这个愿望除了要满足利益相关者的需求外，还应考虑其资源本身存在的价值。而战略的制定是在目标体系设定的前提下，制定出的长期性的、全局性的、决定性的措施，又根据目标的分解制定相应措施。

思考题

1. 目标和战略的关系是什么？
2. 理性分析和经验灵感在目标和战略规划中各自发挥什么作用？
3. 目标和战略的确定在国家公园规划中应扮演怎样的角色？

主要参考文献

[1] 保罗·伊格尔斯，斯蒂芬·麦库尔. 保护区旅游规划与管理指南 [M]. 北京：中国旅游出版社 .2005.

[2] 郭日生.《21 世纪议程》：行动与展望 [J]. 中国人口·资源与环境，2012, 22（05）：5-8.

[3] Scott J M, Csuti B, Jacobi J D, Estes J E. Species richness：A geographic approach to protecting future biological diversity[J]. Bioscience. 1987（37）.

[4] 崔宝义. 黄山风景名胜区战略规划研究 [D]. 清华大学，2004.

[5] 罗震东，王兴平，张京祥. 1980 年代以来我国战略规划研究的总体进展 [J]. 城市规划汇刊，2002（03）：49-53+80.

[6] 袁牧，张晓光，杨明. SWOT 分析在城市战略规划中的应用和创新 [J]. 城市规划，2007（04）：53-58.

[7] 肖海燕，赵军，蒋峰，曾辉. GAP 分析与区域生物多样性保护 [J]. 北京大学学报（自然科学版），2006，（2）.

第7章　分区规划

教学要点

1. 自然保护地分区规划模式和发展脉络。

2. 国家公园分区规划内容构成和技术方法。

3. 国家公园分区规划中集体土地的管理。

7.1 分区规划概念

7.1.1 保护地分区规划发展脉络

区划（Zoning）技术是一个广泛应用于城市规划以及国家公园和保护地规划的技术。"分区的基本思想是将存在潜在矛盾的土地利用方式分隔开。通过这种分隔，财产拥有者的利益将得到保护，而土地的价值也将得以稳固"[①]。分区是实施规划管理目标的基本工具和手段。

在城市规划领域，Zoning 区划是地方规制的主要内容之一，就是将一个城、镇或村所辖土地分为不同的区块，并对每个区块土地的用途以地方法令的形式给予不同的强制性规定，一般以用地类型、建筑高度、占地面积等作为分区指标。

国家公园与保护地分区发展脉络大致可概括为三个阶段：第一阶段："核心区—缓冲区"模式（1930-1940s），主要基于保护生物学；第二阶段："核心区—缓冲区—过渡区（core/buffer zone/transition zone）"模式（1970-1980s），以联合国教科文组织生物圈保护区为代表；第三阶段："综合资源保护和开发利用"分区模式（1980s-），以美国为代表的各国国家公园。同时，发展了区域尺度网络节点 - 网络 - 模块 - 走廊模式。

第一阶段："核心区—缓冲区"模式（1930-1940s）

在 20 世纪 30 年代，Wright 等人从保护生物学的角度出发，对公园的大小、边界的外形以及来自边缘外的影响进行了深入研究。结果表明，公园应该足够大，以满足当地全部动物种类全年生活以及每个物种最小存活种群所需的栖息地面积，同时他们还建议建立外围缓冲地（Buffer Area）。这个称谓此后逐渐演化为缓冲区（Buffer Zone）的概念。1941 年，Shelford 正式提出"Buffer Zone（缓冲区）"这一术语，从而开始了对"核心区——缓冲区"模式的研究。1974 年，联合国教科文组织正式建议为生物圈保护地建立缓冲区，并提出核心/缓冲区（core/buffer zone）的保护地分区模式。此后，建立缓冲区的办法在保护地得到广泛应用。

第二阶段："核心区—缓冲区—过渡区（core/buffer zone/transition zone）"模式（1970-1980s）

20 世纪 70、80 年代，经济迅速发展成为全球趋势，为解决保护地内及周边居民生产生活及发展需求，联合国教科文组织于 20 世纪 80 年代提出了生物圈保护区的三分区模式，即"核心区/缓冲区/过渡区（core/buffer zone/

[①]（美）弗里德里克·斯坦纳著.周年兴，等译.生命的景观——景观规划的生态学途径[M].北京：中国建筑工业出版社，2004.

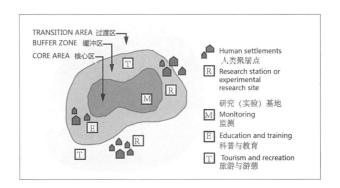

图7-1 "核心区—缓冲区—过渡区"模式示意图

transition zone)"模式。①核心区:严格保护,可以开展监测、研究、宣传和其他低影响的活动;②缓冲区:常常位于核心区周边和邻近地区,用于开展生态友好的活动,包括环境教育、娱乐、生态旅游和研究;③实验区:常常用于当地社区、管理机构、科学家、非政府组织、文化团体、经济利益群体和其他利益相关者的农业、居住和其他相关活动,他们共同可持续地管理和开发这个地区的资源。三分区模式至今仍被广泛应用于以物种资源保护为首要目的的自然保护地(图7-1)。

第三阶段:"综合资源保护和开发利用"分区模式(1980s-)

美国国家公园的分区制有一个不断发展的过程,二分法是美国国家公园最早的分区方式,把资源的保护和利用作为一对对立物,按照自然保护与游憩活动两大功能来划分区域,即核心地区保存原有的自然状态,而在周边地区设置游客接待中心和管理区。后来逐步完善分区方法,利用添加缓冲带的方法,使核心区的局部气候、地质、生态环境等自然条件得到了严格的保护,同时将自然保护与游憩严格分开,以减少旅游给资源带来的冲击。

随着国家公园范围的不断扩大,设施种类的不断增多,以及解说教育方式的不断改变,三分法的分区方式已无法满足国家公园的管理要求。于是,在1960年拟定了以资源特性为依据的分区模式,分别建议各区的位置、资源条件、适宜的活动和设施及经营管理政策。1982年,美国国家公园局规定,各国家公园应按照资源保护程度和可开发利用强度划分为:自然区、史迹区、公园发展区和特殊使用区四大区域,并在这4大分区下分别设置若干次区,以适应不同的资源特征。各国家公园的规划应视具体情况而定,并不要求设置所有分区和次区。每个区域皆有严格的管理政策,区内的资源利用、开发和管理都必须依照管理政策来实行,其管理政策包括多个方面,十分系统和完备,主要内容包括公园系统规划、土地保护、自然资源管理、文化资源管理、荒野地保留和管理、解说和教育、公园利用、公园设施以及特别使用等各个方面的各项管理政策,政策制定十分详细,使得管理有法可依。

这种分区方法具有很强的游憩强度控制能力,同时充分考虑当地社会居民的各种利益,以使资源保护与管理更能协调统一。这种分区是适合美国国家公

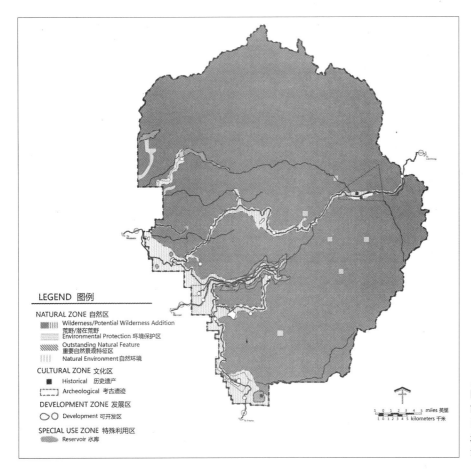

图 7-2　美国优山美地国家公园分区规划示意图（图纸来源：美国优山美地国家公园总体管理规划，1980）

园种类多样、资源丰富、土地广阔的特点的，也是到目前为止世界上较为完整的分区技术（图 7-2）。

加拿大国家公园分区系统与美国国家公园类似，秉承"综合资源保护和开发利用"分区模式，主要包含以下 5 个区，公园中的所有土地都被划定在各自的分区中。

（1）特别保护区（I 区）。特别保护区之所以受到特别保护，是因为它包含支持那些独特的、受到威胁的或濒危的自然或文化特征，或含有能代表本自然区域特征的最为典型的例证。对于特别保护区，首要考虑的是保护，这里不允许建设机动车通道或环线。由于此区的脆弱性，因此排除任何公众进入。同时努力提供适当的、与场所隔离的节目和展览使游客了解该区的特点。

（2）荒野区（II 区）。荒野区是能很好地表现该自然区域的特征，并将被维持于荒野状态的广阔地带。对于荒野区，最关键的是使其生态系统能够在最小限度的人类干扰下永续存在。通过在公园生态系统承载力范围内提供适当的户外游憩活动和少量的、最基本的服务设施。本区使游览者有机会对公园的自然或文化遗产价值获得第一手的体验。荒野区非常之大，足以使游客有机会体验远离人群的寂静和安宁。只有当户外游憩活动不与维护荒野相冲突时才能进行,因此在荒野区亦不允许建机动车通道或环线。不过在遥远偏僻的北方公园,严格控制的飞行通道是一例外。

（3）自然环境区（III 区）。此区作为自然环境来管理。通过向游人提供户外娱乐活动、必需的少量服务和简朴自然的设施,使其有机会体验公园的自然和文化遗产价值。这里允许存在加以控制的机动通道,并首选有助于遗产欣赏的公共交通。

（4）户外游憩区（IV 区）。户外游憩区的有限空间可以为游人提供广泛的机会来了解、欣赏和享受公园的遗产价值,以及相应的服务和设施。要尽量将对公园生态完整性的影响控制到最小的范围和程度。该区的特征是有直达的机动交通工具。

（5）公园服务区（V 区）。公园服务区是存在于国家公园中的社区,是游客服务和支持设施的集中分布区。在社区规划过程中要详细说明和制定此区特定的活动、服务及设施。公园主要的运行和管理功能也安排在此区中（Canadian Heritage，1994）（图 7-3）。

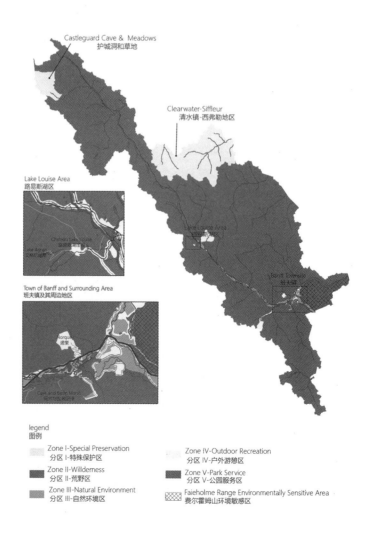

图 7-3 加拿大班夫国家公园分区规划示意图
（图纸来源：加拿大班夫国家公园总体管理规划）

分区的另一发展模式，是从区外缓冲区转向更大的区域尺度。随着景观生态学的发展，生物学家们认为，保护地应从整个区域的生态系统来考虑。因为单个保护地不能有效处理保护地内连续的生物生态过程，只重视单个保护区的内容而忽略了整个景观的背景，不可能进行真正的保护。因此，Noss 等在1986 年提出了在区域的自然保护地网络节点—网络—模块—走廊模式。这一模式强调中尺度景观的背景，对彼此相邻的多个保护地的管理和发展起到协调作用。

7.1.2 我国自然保护地分区概况

我国现状各类自然保护地均采用一定形式的分区进行保护管理，这里以自然保护区和风景名胜区为例进行说明。

根据《自然保护区条例》，自然保护区可以分为核心区、缓冲区和实验区。自然保护区内保存完好的天然状态的生态系统以及珍稀、濒危动植物的集中分布地，应当划为核心区，禁止任何单位和个人进入。核心区外围可以划定一定面积的缓冲区，只准进入从事科学研究观测活动。缓冲区外围划为实验区，可以进入从事科学试验、教学实习、参观考察、旅游以及驯化、繁殖珍稀、濒危野生动植物等活动。原批准建立自然保护区的人民政府认为必要时，可以在自然保护区的外围划定一定面积的外围保护地带。湿地保护区也可以划分季节性核心区（《自然保护区功能区划技术规程LY/1764-2008》）。

根据《风景名胜区规划规范》（GB 50298—1999），风景区的规划分区，是为了使众多的规划对象有适当的区划关系，以便针对规划对象的属性和特征，进行合理的规划和设计，实施恰当的建设强度和管理制度，既有利于展现和突出规划对象的分区特点，也有利于加强风景区的整体特征。风景区分区常以功能区划分、景区划分、保护区划分为主。"当需调节控制功能特征时，应进行功能区划分；当需组织景观和游赏特征时，应进行景区划分；当需确定保护培育特征时，应进行保护区划分；在大型或复杂的风景区中，可以几种方法协调并用"。功能区划包括生态保护区、自然景观保护区、史迹保护区、风景恢复区、风景游览区和发展控制区等。

现有两种分区模式在国家公园中的适用性如下。国家公园强调大尺度生态系统保护、强调公益性、强调对土地权属的尊重。自然保护区以保护为主导功能，在科普展示公益性，以及基于土地权属的社区传统利用方面的功能兼顾方面，没有从分区分类上进行凸显。风景名胜区以保护前提下的风景游赏为主导功能，以建设控制为主要管理手段，在生态系统保护方面以及基于土地权属的社区传统利用的功能兼顾方面，没有从分区分类上进行凸显。

7.2 分区规划内容框架

7.2.1 分区原则

分区规划目的在于明确规定国家公园内每一地块资源的保护措施和利用强度,统筹协调资源保护和资源利用的关系。分区应遵循以下原则。

1)以价值保护为基础,保护生态系统的完整性。保护自然资源核心地带,确保足够的空间规模和完整的生态系统结构,兼顾地理、人文单元界限的完整性。

2)科学处理保护与利用的关系。在资源保护前提下,满足多种科普教育、游憩活动的利用需求,并充分兼容社区传统生产生活的利用需求。

3)分区布局与管理政策应考虑土地权属特征,确保国家公园建设的可操作性,减轻后续管理负担。

7.2.2 分区分类

国家公园的分区类型应体现国家公园在保护、科研、展示、游憩利用以及社区协调等方面的功能定位。根据国家公园资源特征和保护利用程度的不同,国家公园的分区类型可以包括保护相关分区、游憩展示相关分区,以及传统利用相关分区。各国家公园应结合自身条件和功能定位,合理确定采用的分区数量;根据实际管理需要,还可以在分区大类下设置次级分区。例如,游憩展示区根据游憩体验类型可分为徒步探险区、步行观光区、机动车观光区、设施建设区等;传统利用区根据传统利用类型和强度可分为集体林利用区、传统放牧区、农田利用区、居民点建设区等。两种分区分类模式示意如下。

1)大类分区模式

分为 4 大类。各自的分区管理目标如下。

严格保护区(即荒野保护区):生态系统保存最完整、核心资源集中分布、自然环境脆弱的地域,保护动植物资源、生态系统和生态过程处于自然演替状态。保护级别对应自然保护区的核心区和风景名胜区的特级保护区。

生态保育区:是严格保护区的生态屏障,维持较大面积的原生生态系统,生态敏感度较高,具有重要科学研究价值或其他存在价值的区域。保护或恢复其自然状态及演替过程。保护级别对应自然保护区的缓冲区和风景名胜区的一级保护区。

游憩展示区:能够可持续地展示具有代表性的和重要的自然生态系统、物种资源、自然遗迹、风景资源等的区域,承担国家公园内教育、展示、游憩等功能。保护级别对应自然保护区的实验区、风景名胜区的二级保护区和三级保护区。

传统利用区：国家公园成立前原有社区居民生产、生活的集中区域，对国家公园资源保护产生的影响在可接受的范围内，可作为社区参与国家公园服务和管理的主要场所，例如展示本地特有文化及遗存物。

2）中类分区模式

分为4大类11中类。各自分区定义和管理目标如表7-1。

各分区定义和管理目标　　　　　　表7-1

大类	中类	分区定义	管理目标
严格保护区（荒野保护区）	严格保护区（同左）	资源本身重要且敏感的区域；由于已开发资源尚能满足需求，资源在规划期限内没有被开发利用的潜在需求的区域	自然环境基本不受干扰。无游客活动。无人工设施建设
生态保育区 / 低强度游憩展示区	生态恢复 / 培育区	资源本身较重要且较敏感的区域；保护或恢复其自然状态及演替过程；受一定程度游憩活动干扰	自然环境受一定强度干扰和管理。无游客活动。无人工设施建
	生态探险区	本区由原始山路（包括已有的步道）和原始山路两侧适当距离内（建议为50m）的区域构成	自然环境受到一定程度的管理，基本无改变。游客得到在自然的氛围中慢速、高强度的游览体验机会
	宿营点	本区由地势相对平坦、有水源地、围合较好的区域构成，一般位于探险区经过的适当位置	自然环境基本无改变。游客得到在原始的氛围中简单而又舒适的宿营机会
	步行观光区	本区由步行道路、沿途休息处、和步行道路两侧适当距离内（建议为50m）的区域构成	自然环境受到严格管理和一定程度的改变。游客得到在相对自然的氛围中较慢速、较高强度的游览体验机会
游憩展示区	机动车观光区	本区由机动车道路、停车场、沿途停车站点和休息处、和机动车道路两侧适当距离内（建议为15m）的区域构成	自然环境受到严格管理和一定程度的改变。游客得到在相对现代的环境中快速、低强度的游览体验机会
	服务区	本区由地势相对平坦、有水源地、视线较隐蔽的区域构成，一般位于入口或者旅游路线经过的适当位置	自然环境受到较大改变，但是改变与自然环境相对和谐。游客得到在相对自然或相对现代的氛围中简单而又舒适的住宿以及其他服务机会
传统利用区	集体林 / 草场培育区	本区由集体林 / 集体草场所在区域构成	在保护自然资源和生态资源的前提下，适度满足当地社区对资源的需求，包括：放牧、伐木、砍枝、采集药材、采集松茸等
	田园观光型社区	本区由具有一定典型意义的村落和村落周围的耕地、园地等区域构成	在保护当地社区自然和文化资源的前提下，带动当地社区社会和经济健康发展，同时适度满足旅游服务和村落观光游览的需求
	服务型社区	本区由自然和文化资源价值较一般、但在旅游路线结构中处于重要结点位置的村落和村落周围的耕地、园地等区域构成	在保护当地社区自然和文化资源的前提下，带动当地社区社会和经济健康发展，同时满足旅游服务的需求
	普通社区	本区由普通的村落和村落周围的耕地、园地等区域构成，在资源方面一般不具有典型意义	在保护当地社区自然和文化资源的前提下，给予适当的政策支持，带动当地社区的社会和经济健康发展

目前国家尚未出台统一的国家公园分区类型和层次。在分区类型确定方面，需要考虑以下特点。

(1) 功能主导性和兼容性。国家公园的三大功能为生态保护功能、传统利用功能、游憩展示功能。三大功能在空间上并不能完全隔绝，在很多情况下同一空间不同功能存在兼容性，并不矛盾（见表 7-2）。例如部分生态保育空间可以兼容低强度游憩展示活动和部分传统生产活动；部分传统生产空间也可以兼容高强度游憩展示活动等。因此在分区中需要根据生态系统特征、利用影响等对其主导功能、功能兼容性和分类管理目标进行综合判断和决策。

功能兼容度分析示意 表 7-2

功能分类	严格保护区	生态保育区	游憩展示区	传统利用区
保护功能序列	生态严格保护	生态保育/恢复	一般保护	一般保护
游憩展示功能序列	—	部分低强度游憩展示	部分高强度游憩展示	部分高强度游憩展示
传统利用功能序列	—	部分传统生产	传统生产	传统生活

(2) 功能的层次性。每一类功能根据保护管理目标差异又可以细分为若干小类。如生态保护功能可细分为生态严格保护、生态修复/保育；传统利用功能可细分为居民点建设区、传统生产区；游憩展示功能可细分为荒野探险、步行游憩、机动车游憩、服务设施建设、宿营地等。

(3) 空间尺度与功能细分的必要性。大尺度空间条件下，生态保护作为分区分类的主导因素，以小尺度点线空间为主的游憩展示功能难以在分区上进行凸显。分区分为核心保育区、生态保育修复区、传统利用区三个大类（三江源模式）。同时，核心保育区、生态保育修复区、传统利用区三大类分区均兼容一定程度的环境教育功能。而在相对小尺度空间条件下，生态保护、传统利用、游憩展示功能均可以作为分区主导因素凸显出来。

(4) 保护管理问题与功能细分的必要性。例如根据传统利用面临问题突出程度和普遍程度等，确定分区细分的必要性，将传统利用区细分为居民点建设区、传统生产区（如生态茶园），实现对居民建设用地、生产用地的严格控制。

(5) 发展阶段与功能细分的必要性。例如在游憩展示发展早期，游览规模小、利用强度较为均一化，笼统的划为游憩展示区即可满足管理需求。随着游憩展示逐步发展，游憩需求类型和服务设施建设类型多样化，就有必要对分区进行细化，将游憩展示区细分为荒野探险区、自然景观步行区、机动车观光区、服务设施区，实现对游憩展示空间和用地规模的管理等。

(6) 原有保护管理的衔接性。很多国家公园是在原有保护地基础上建立起来，存在着不同的分区模式，如自然保护区的核心区—缓冲区—实验区，以及风景名胜区的保育区、风景游赏区、服务区等。分区类型有必要对其进行一定衔接，将原有好的保护成果继承下来。

7.2.3　分区管理措施

分区管理政策与分区目标应密切联系，管理政策应有效促进分区目标的实现。分区管理措施包括对活动、设施、土地利用三个对象的管理。

分区管理的活动类型分为游客活动、社会经济活动、科研活动三类，每一类又可以细分为若干小类。各分区应明确是否允许该类人类活动。对于科研活动，基本持鼓励或允许的态度。对于游览活动，一般鼓励与价值展示相关的科普活动、传统的欣赏活动，一般禁止借助现代器械并对资源产生较大负面影响的活动、与保护地性质不相符的活动。

分区管理的设施类型包括资源监控设施、环境监控设施、访客监控设施、解说设施、道路交通设施、游览服务设施、行政管理设施、基础设施和其他设施。各分区应明确是否允许该类设施建设。

分区管理的土地类型包括游览设施用地、居民社会用地、交通工程用地、林地、园地、耕地、草地、水域、滞留用地等。各分区应明确是否允许设置该类土地利用活动。

对于活动的规定包括：鼓励、允许、禁止。对于设施和用地的规定包括：必须设置；允许设置；原则上禁止设置，如确有需要设置必须经过科学论证；禁止设置等几类。具体定量规定由相关专项规划完成。

7.2.4　分区监测

设置分区管理的指标和标准，并据此对各分区保护管理状况进行长期监测，为分区规划管理实施评估提供数据基础，评估结果有利于分区管理措施的反馈调整和分区管理目标的实现。分区指标的设定是关键。

分区指标是指能够反映整个分区状况的可测量的资源保护状况指标、游憩利用指标、社区传统利用指标等。美国国家公园管理局 1997 年 9 月制订的《游客体验与资源保护——规划者和管理者的手册》提出[①]，好的指标应该具有八个主要特征；如果有较多的指标均具有上述八个主要特征，就需要依据七个次要特征进行筛选。具体特征见下表 7-3。

参考 VERP 理论，以及国家公园现状，指标示例如下。资源保护指标为：空气中被选化学成分浓度；空气湿度；距离道路边缘 20m 内的土壤孔隙度；游憩指标为：拥挤度、满意度等；社区利用指标为：人口规模变化、建设用地变化、生态补偿变化等。各项指标及其标准确定，除国外一些国家公园的实践

---

① National Park Service（USA）: The Visitor Experience and Resource Protection（VERP）Handbook, 1997.

好的指标的特征　　　　　　　　　　　　　　表 7–3

八个主要特征	七个次要特征
1. 针对性，避免泛泛而指	1. 易于测量
2. 客观，可量化，避免主观的定性的	2. 对测量人员易于培训
3. 可重复，可再现	3. 经济，花费少
4. 与游客使用密切相关，包括使用类型、强度、时间长度、位置或者游客的行为等	4. 最小的变化
5. 敏感，随着环境变化有相应的变化	5. 能够对一个改变序列均产生反应，而不仅是对两个极端产生反应
6. 有弹性，可恢复	6. 取样窗较大，不会受到时间等限制
7. 在监测过程中和过程后无破坏性	7. 有充足的基础数据可进行比较
8. 重要，能够反映资源状况和游客体验	

外，缺乏国内实践的检验。因此可先设定若干指标和标准，借助相关学科研究人员的介入，经过充分的科学研究和监测实践积累数据经验，如后期发现确有必要修改指标或标准，则应按照相关修编程序进行。

7.3　分区规划方法

现状保护地分区规划决策的主观性较强，分区规划方法的客观性、科学性仍有很大的提升空间。如何将不同的分区类型落实到具体的空间上，是分区规划方法需要解决的重要内容之一。分区空间分布应由多方面因素综合决定：现状条件、资源重要性评价、资源敏感度评价、物种保护生境适宜性评价、聚类分析、游憩利用适宜性评价、空间发展战略等。

在流程步骤方面，首先是资源和现状调查，其次是现状分析评价，包括资源重要性评价、资源敏感度评价、物种保护生境评价、游憩利用适宜性评价等，然后结合空间发展战略，进行综合分区。目前在分析和综合方面有很多研究积累，各有侧重，这里选择了 4 种有代表性的方法供参考，包括侧重生物多样性保护、侧重综合资源重要性和敏感度的特征、侧重综合资源保护和现状利用压力，以及侧重综合资源保护和游憩利用需求等。在规划中应根据生态系统特征、保护利用需求、数据可获得情况等，选择最适宜方法。

案例 1：基于生物多样性保护的功能分区

在以物种保护为主的保护地中，往往采用生境适宜性评价方法进行功能分区。生物保护优先原则在景观结构设计时，如核心斑块、缓冲区和生境廊道，必须首先考虑目标物种的生态特性和种群最小生存能力，根据生物物种对自然环境的需求进行景观结构设计，不仅要求每一个景观要素必须有利于物种的保护，而且还要求从景观尺度上有利于目标种群的保护。例如卧龙自然保护区，

不同景观因子权重赋值　　　　表7-4

分级	高程（m）	地形坡度（°）	食物来源	权重赋值（ui）
I级	2000~3000	<20	冷箭竹、拐棍竹地区	1.000
II级	1150~2000 3000~4000	20~30	华西箭竹、大箭竹、油竹、白夹竹地区	0.667
III级	4000~5000	30~40	水竹地区	0.333
IV级	>5000	>40	无竹类地区	0.000

目标物种为大熊猫，主要选取食物来源、海拔高度和坡度进行景观适宜性评价[1]（表7-4）。

近年来，关于生物多样性保护的功能分区又有一些新的有益探索，如基于保护对象行为分析的功能分区[2]；基于生态系统服务、重要物种潜在生境、生态敏感性、生态压力综合指标体系的功能分区等[3]，均可以作为分区方法的参考。

案例2：基于资源重要性和敏感度的功能分区

资源保护等级光谱（Conservation Degree Spectrum）是梅里雪山规划（清华大学，2001）中建立的一种确定资源保护和利用程度的技术方法，指在资源的重要性和敏感度分析的基础上制定的资源保护等级。为了更加形象化，这一等级用光谱的形式表达（表7-5）。规划对梅里雪山的每一处资源都进行了资源的重要性和敏感度评价。然后根据资源的重要性和敏感度综合确定资源的保护等级。光谱中最冷的色调代表资源最重要、最敏感的地区，其保护力度最强，利用程度最弱。光谱中最暖的颜色代表资源重要性和敏感度都一般的地区，保护力度可以最弱、利用程度相对可以最强。其他则在上述两种情况之间。建立资源保护等级光谱的基础是对资源重要性和敏感度的评价。

以资源重要性和敏感度的评价结果为依据划分管理政策大类。将梅里雪山风景名胜区基本划分为3个政策大类：资源严格保护区、资源有限利用区和资源利用区。资源严格保护区是指资源特殊、价值高，同时对人类活动和设施建设极其敏感的区域。在这些区域执行最严格的资源保护措施，除允许一定程度的资源管理、特殊科学研究活动外，禁止其他任何形式的人类活动和设施建设。资源有限利用区是指资源价值较高，资源较敏感的地区。这类地区允许低强度人类活动（包括旅游活动以及当地社区社会经济活动）的存在，除保护性

① 陈利顶，傅伯杰，刘雪华.自然保护区景观结构设计与物种保护——以卧龙自然保护区为例[J].自然资源学报，2000（02）：164-169.

② 吴承照，杨浩楠，张颖倩.行为分析方法与国家公园功能分区模式——以云南大山包国家公园为例[J].环境保护，2017，45（14）：21-27.

③ 呼延佼奇，肖静，于博威，徐卫华.我国自然保护区功能分区研究进展[J].生态学报，2014，34（22）：6391-6396.

梅里雪山风景名胜区资源保护等级评价表　　　　　表 7-5

重要性 ＼ 敏感度	极度敏感①	很敏感②	敏感③	较敏感④	一般⑤
极重要（1）	雪山、冰川、珍稀植物、珍稀和濒危动物	裸岩、高山流石滩	峡谷		转经路线
很重要（2）			植被、村落	寺庙	茶马古道
重要（3）			河流、湖泊	神话传说、节假庆典、民族民俗、宗教礼俗	
较重要（4）			瀑布	温泉	垭口
一般（5）					自然天象

■ 一级保护资源　　■ 二级保护资源　　■ 三级保护资源　　□ 六级保护资源　　■ 七级保护资源　　■ 八级保护资源

基础设施外，一般不允许人工设施，尤其是旅游服务设施的建设。资源利用区是指资源重要性和敏感度都一般的地区。这类地区允许较高强度的旅游活动和社区经济社会活动的存在，也允许较大规模的人工设施的存在。

案例 3：基于指标综合评价的功能分区

三江源国家公园黄河源区功能分区尝试采用了这类方法[①]。首先建立功能分区评价指标体系，以自然环境因素为主，综合考虑人类活动因素，兼顾指标的重要性、系统性和可获得性，选取了 13 项指标对研究区的生态系统服务、重要物种潜在生境、生态敏感性和生态压力进行综合评价。对各评价指标分级赋值后进行加权叠加，并将评价结果分为 4 级，即一般重要区、较重要区、重要区和极重要区。依据不同区域主导生态系统服务功能及生态保护目标，统筹考虑未来社区发展、访客体验、环境教育的主要区域，将三江源国家公园黄河源园区划分为 4 个功能区，分别为核心保育区、生态保育修复区、传统利用区、居住和游憩服务区（表 7-6、图 7-4）。

案例 4：基于资源保护和游憩利用的功能分区（VERP）

VERP 方法（Visitor Experience and Resource Protection，游客体验与资源保护），是美国国家公园局根据 LAC（可接受的改变极限）理论和 ROS（游憩机会谱系）技术等，1992 年开发的一种适用于美国国家公园总体管理规划的方法，旨在解决环境容量与适当的游憩利用问题，主要目的是兼顾国家公园资源保护和游客体验的质量。它基本上包括 9 个步骤[②]。

---

① 付梦娣，田俊量，朱彦鹏，田瑜，赵志平，李俊生. 三江源国家公园功能分区与目标管理 [J]. 生物多样性，2017，25（01）：71-79.

② National Park Service（USA）: The Visitor Experience and Resource Protection（VERP）Handbook，1997.

三江源黄河源区国家公园功能分区评价指标分级　表7-6

指标类 Category	权重 Weight	指标项 Indicator	权重 Weight
生态系统服务 Ecosystem services	0.35	固碳 Carbon sequestration	0.18
		水源涵养 Water conservation	0.51
		土壤保持 Soil conservation	0.31
重要物种潜在生境 Potential habitat of important species	0.30	有蹄类潜在分布 Potential distribution of ungulates	0.47
		鸟类潜在分布 Potential distribution of birds	0.37
		鱼类潜在分布 Potential distribution of fish	0.16
生态敏感性 Ecological sensitivity	0.20	植被覆盖度 Vegetation coverage	0.36
		河流湖泊 Rivers and lakes	0.29
		地形地貌 Topography	0.14
		土壤侵蚀强度 Soil erosion intensity	0.12
		气候变化指数 Climatic change index	0.09
生态压力 Ecological pressure	0.15	人口密度 Population density	0.50
		牲畜密度 Livestock density	0.50

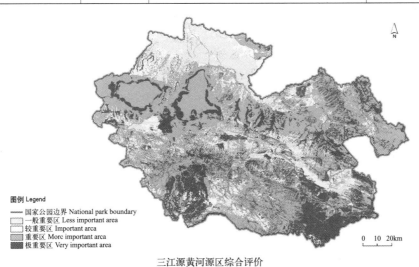

图例 Legend
— 国家公园边界 National park boundary
□ 一般重要区 Less important area
□ 较重要区 Important area
▨ 重要区 More important area
■ 极重要区 Very important area

0　10　20km

三江源黄河源区综合评价

图例 Legend
— 边界 Boundary
— 道路 Road
— 河流 River
■ 湖泊 Lake
■ 核心保育区 Core conservation area
▨ 生态保育修复区 Lcological restoration area
□ 传统利用区 Traditonal use area
▨ 居住和游憩服务区 Rcsidcntial and recreation area

0　10　20km

三江源黄河源区功能分区

图7-4 三江源黄河源区综合评价和功能分区示意图

（图纸来源：付梦娣等，三江源国家公园功能分区与目标管理）

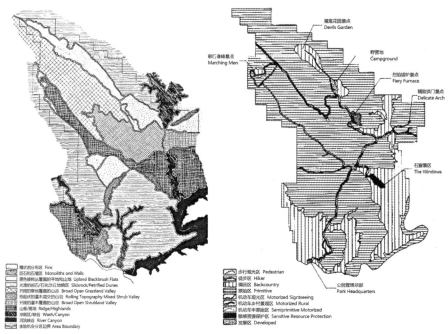

图 7-5 VERP 功能分区
示意图
（图纸来源：VERP Hand
book）

Arches 国家公园游憩机会分区示意图　　　　　Arches 国家公园功能分区示意图

（1）组织一个多层次，多学科小组；

（2）建立一个公共参与的机制；

（3）确定国家公园的目标、重要性，首要解说主题，规划主要课题等；

（4）资源评价和游憩利用现状分析；

（5）确定管理政策的不同类别（Zone Description）；

（6）将管理政策落实在空间上（Zoning）；

（7）为每一类分区（Zone）确定指标和标准，建立监测系统；

（8）监测指标的变化情况；

（9）根据指标变化情况，确定相应的管理行动。

其中步骤（4）、（5）、（6）是功能分区的关键。基本逻辑是在资源评价基础上，首先明确整个国家公园可以分为多少个景观单元和潜在游憩机会区（继承 ROS 理念），然后在此基础上将资源敏感区、现状游憩利用条件等进行综合考虑，最终得到规划功能分区（图 7-5）。

7.4　作为分区基础的空间结构与布局调控

7.4.1　系统要素构成

系统结构是构成系统的要素间相互联系、相互作用的方式和秩序，或者说是系统联系的全体集合。可以将国家公园看成一个由四个子系统构成的复杂系统，这四个子系统分别为：资源系统、游憩系统、居民社会系统和管理系统。其中，资源系统包括各类资源类型，即自然资源、历史文化资源和风景资源等；游憩系统包括访客活动、特许经营活动、游览和服务设施、基础设施等；居民社会系统包

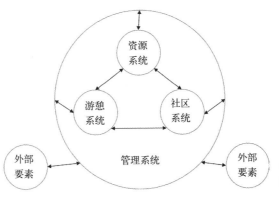

图7-6 国家公园系统与要素构成示意图

括居民生产活动、生活活动、生活用地、生产用地等；管理系统包括科研监测、管理活动、管理设施、管理制度等。

上述四个子系统之间密切联系，形成整体（图7-6）。资源系统为游憩系统和居民社会系统提供各类所需的资源，如为游憩系统提供游憩资源和空间，为居民社会系统提供生产生活资源；居民社会系统与游憩系统之间存在空间和资源的竞争关系、社会影响关系以及间接提供商业服务的供需关系（访客—经营者—当地社区）等；而管理系统不仅需要对资源系统、游憩系统和居民社会系统分别进行监测和管理，同时需要综合协调三者之间的关系。另外，这四个系统与保护地外部要素之间也存在密切关联。

国家公园的要素结构有2种基本类型：单一型结构，在内容简单、功能单一的保护地，其构成主要是由资源系统和管理系统，基本无游憩功能，也未涉及居民社会系统；复合型结构，在内容和功能均较丰富的保护地，不仅包括管理系统、资源系统和游憩系统，而且包括居民社会系统，其结构由多个系统复合组成（图7-6）。

7.4.2 空间结构特征

1）相关领域空间结构借鉴

（1）景观生态学领域

空间结构在景观生态学中表述为景观格局，一般指大小和形状不一的景观斑块在空间上的配置。景观格局都是由斑块、廊道和基质构成，即所谓斑块—廊道—基质模式。作为整体具有其组成部分所没有的特性，景观格局是景观异质性的具体表现，同时又是包括干扰在内的各种生态过程在不同尺度上作用的结果[①]。

景观格局可分为：镶嵌格局、带状格局、交替格局、交叉格局、散斑格局、散点格局、点阵格局、网状格局、水系格局等。上述格局类型是大自然和人为

---

① 邬建国.景观生态学：格局、过程、尺度与等级 [M].北京：高等教育出版社.2003.

影响形成的常见格局，相互之间无优劣之分，只有生态功能的不同 [①]。景观生态学空间结构论述对于认识保护地空间结构具有基础指导作用。

（2）城市规划领域

城市空间结构对城市的形成与发展至关重要，有关城市形态结构的研究历来受到城市与城市规划理论研究的重视。伯杰斯的同心圆理论、惠特的扇形理论以及哈里斯与乌尔曼的多核心理论，从城市土地利用形态研究入手归纳出的城市结构理论。赵炳时教授在分析国内外城市结构分类方法后，提出了采用总平面图解式的形态分类方法，并将城市的结构归纳为集中型、带型、放射型、星座型、组团型、散点型 [②]。

（3）名山风景区领域

分布在名山风景区范围内的众多寺观，由步行道路——香道加以联络，使得这些孤立的点之间出现有机的联系而形成一个比较完整的面的格局。这就是寺观建筑在名山上的总体布局。这些布局形成大都经历了千百年时间，是历史筛选和不断经营、改建、调整的结果。一般能够满足宗教和世俗的功能要求，适应于名山的自然条件和汉民族的审美心理。大致可以归纳为 4 种模式：寺观各自呈散点式均布在全山范围之内，由香道联系成网络；若干寺观相互毗邻组织为一个寺观群，构成中心区，围绕中心的外围分布大小寺观，如众星拱月；若干主要寺观明显形成全山的几个中心，其余小寺观穿插其间；自山麓直到主峰之顶，一条主要干道贯穿于全程，大部分寺观均建置于干道附近 [③]。

2）空间结构特征与影响因素

资源系统尤其是自然资源系统的空间结构是国家公园空间结构的基底，主要由所在区域的自然条件决定。我国多样的地理背景形成了国家公园资源系统多样的空间结构。山脉往往根据垂直带谱形成同心圆结构，河流和两侧区域往往形成带状结构，平原区往往形成组团状结构等。

社区系统紧密伴随着资源系统，很多在国家公园成立之前就已经存在，与资源系统之间建立了紧密的生产生活联系。主要由所在区域的资源条件决定，同时体现历史先民的经营和管理。社区居住系统往往呈散点状分布，而社区生产系统有些与资源系统大部分重叠，例如草原放牧区，有些则是小部分重叠，例如森林外围的茶园等。

游憩系统在国家公园中往往呈现小规模面状分布或者点状和线状分布特征，包括线状的道路，点状或面状的服务区。有些结合社区系统，有些则为后期新建。游憩系统尽管所占面积比例较小，但是在国家公园空间结构中是最为活跃的因素，产生的生态、社会、经济影响也最突出。

① 肖笃宁 . 景观生态学 [M]. 北京：科学出版社 . 2008，p52.
② 谭纵波 . 城市规划 [M]. 北京：清华大学出版社 . 2005，204-205.
③ 周维权 . 名山风景区 [M]. 北京：清华大学出版社 . 2005.

管理系统附加在资源、社区和游憩系统之上，是国家公园空间结构的综合体现，主要受保护地保护管理理念影响。例如在资源系统上附加保护地的同心圆保护层；在社区系统上附加居民点调控层；在游憩系统上附加服务点位等级层等等。

7.4.3 布局调控

布局调控的意义。布局调控是规划的综合集成体现。布局调控有助于更好的理解和把握保护地局部、整体、外围三层次的关系及其影响因素，也有助于用长远的观点对保护地及其存在环境作出影响深远的规划抉择。

布局调控的步骤。规划结构方案的形成可以概括为三个阶段：首先要界定规划内容组成及其相互关系，提出若干结构模式；然后利用相关信息资料对其分析比较，预测并选择规划结构；进而以发展趋势与结构变化，对其反复检验和调整，并确定规划结构方案。

布局调控的方法。在保护地规划结构的分析、比较、调整和确定过程中，要充分掌握结构系统、信息数据和调控变量等三项决策要素，有效控制点、线、面等三个结构要素，解决节点（枢纽或生长点）、轴线（走廊或通道）、片区（网眼）之间的本质联系和约束条件，以保证选出最佳方案或满意方案。

7.5 分区规划与集体土地

保护地分区规划中提出对人工设施、人类活动和土地利用进行管理。现状保护地土地权属往往比较复杂，除了国有土地（以国有林为主）之外，还有集体土地（以集体林为主），而且很多保护地的集体林面积很大（表7-7）。在集体所有土地上如何实施分区管理政策，现有保护地规划中往往用保障机制一笔带过，缺乏具体针对性策略，导致很多规划实施可操作性低。

随着生态文明体制改革以及国家公园体制建设的推进，在"自然资源资产产权""资源有偿使用和补偿"等方面越来越得到重视。《建立国家公园总体方案》对于集体土地权属明晰、集体土地流转、生态补偿等进行了明确要求。这

部分国家公园试点区集体土地面积比例 表7-7

试点区	集体土地 /km²	比例 /%
湖北神农架	166.2	14.20
云南普达措	132.10	21.90
北京长城	29.59	49.39
湖南南山	371.95	58.50
福建武夷山	700.23	71.26
浙江钱江源	200.72	79.60

些政策是对国家公园分区规划提出的新要求。

目前国家公园体制试点实施方案中，关于管理分区的集体土地产权流转和补偿，均有所涉及。在原有保护地规划基础上增加了新的规划内容，包括：对集体土地权属的处置；集体土地权属处置的分区安排；对分区管理政策的细化要求和可操作性的要求；相应的资金、制度保障和措施配套等。

专栏：《建立国家公园总体方案》集体土地权属

（九）分级行使所有权。划清全民所有和集体所有之间的边界，划清不同集体所有者的边界，实现归属清晰、权责明确。

（十五）实施差别化保护管理方式。重点保护区域内居民要逐步实施生态移民搬迁，集体土地在充分征求其所有权人、承包权人意见基础上，优先通过租赁、置换等方式规范流转，由国家公园管理机构统一管理。其他区域内居民根据实际情况，实施生态移民搬迁或实行相对集中居住，集体土地可通过合作协议等方式实现统一有效管理。探索协议保护等多元化保护模式。

（十八）健全生态保护补偿制度。建立健全森林、草原、湿地、荒漠、海洋、水流、耕地等领域生态保护补偿机制，加大重点生态功能区转移支付力度，健全国家公园生态保护补偿政策。

专栏：武夷山国家公园试点区分区与集体土地

（一）自然资源的产权流转方式

集体所有的土地及地上各类自然资源，通过以下三种方式实施产权流转：通过征收获得集体土地的所有权；通过租赁获得集体土地的经营权；与集体土地的所有者、承包者或经营者签订地役权合同。

（二）自然资源流转的分区安排

特别保护区中的集体土地，试点期全部通过地役权实施管理。

严格控制区中的集体土地，已经实行了较为严格的保护管理措施。试点期间，将进一步通过租赁，将位于原风景名胜区一级保护区的旅游用地经营权转移到国家；其他集体土地通过地役权，将管理权流转到试点区管理局。

生态修复区中的集体土地，长期已被政府管制，政府拥有土地经营权。试点期通过征收，将位于九曲溪上游保护地带的部分人工商品林的所有权转变为国有；通过租赁，将位于原风景名胜区二级、三级保护区的旅游用地经营权转移到国家；其他集体土地通过地役权实施管理。

传统利用区中的集体土地，保持现有的所有权、经营权等权属不变，通过地役权对传统利用区的土地及其自然资源进行管理。

试点期通过征收实现九曲溪一重山区域的 6.60km² 集体人工商品林转为国有；通过租赁实现 47.23km² 的集体土地经营权由集体或个人流转到国家；通

过地役权获取实现 646.39km² 的集体土地的管理权由集体或个人流转到国家，具体如表 7-8 所示。

集体土地产权流转方式与面积（单位：km²）　　　　表 7-8

功能区	征收	租赁	地役权获取	合计
特别保护区	0	0	207.14	207.14
严格控制区	0	11.79	136.85	148.64
生态修复区	6.60	35.44	269.71	311.76
传统利用区	0	0	32.69	32.69
合计	6.60	47.23	646.39	700.23

（参考：武夷山国家公园试点方案）

（三）集体土地分区细化要求

结合分区管理，苏杨等在武夷山集体土地地役权方面开展了进一步研究[①]。

环境（保护）地役权制度，是实现上述土地管理方式的一个制度化途径。其本质是地役权持有者对土地施加限制或积极义务的非占有性利益，目的是实现具体的保护需求。2002 年以来，武夷山风景名胜区借《物权法》和全国集体林林权制度改革，提出了山林"两权分离"的管理模式。土地所有权方面，林地、林木所有权归村委会所有；土地使用权由武夷山风景名胜区管委会统一管理；山林实行有偿使用，补偿标准考虑经济林出材量受益和景区门票收入等比例测定；山林确权和有偿使用协议书由各村村民代表签字同意、双方法人代表签字盖章并进行公证。

与地役权相比，这种较为"原始"的"两权分离"可能存在三个方面的不足：使用权的全部转让过于笼统，没有考量依赖自然资源的生产生活的合理需求；由于"一刀切"，在补偿测定方面只针对林木生产，没有考虑居民对保障其他生态系统服务（如水源地保护）的贡献；只有风景名胜区管理委员会一方出资，没有尽可能地扩大补偿资金来源。

因此，环境地役权在设计上可以把握三个方面：使用权或收益权的细分；保护行为和限制行为的权责明晰；资金补偿和非资金补偿并重。这样，才能够在"两权分离"的基础上更明确利益相关者的得失，将保护和发展目标细化，也留有扩大资金来源的余地。细化保护需求为分离所有权、细分收益权提供了科学依据，为设计和实践地役权制度、落实保护需求提供了可能，长远看来也是促进实现"保护为主，全民公益"的制度保障。

细化保护需求针对保护地具体情况形成具体保护和限制行为清单，整体上可以称为一个"保护一致性"（conservation compatibility）谱。作为某一空间管

① 何思源，苏杨，罗慧男，王蕾. 基于细化保护需求的保护地空间管制技术研究——以中国国家公园体制建设为目标 [J]. 环境保护，2017，45（Z1）：50-57.

控的指导，谱系一端的行为具有最高的保护一致性而另一端则最低，具体的保护行为和管控行为则需要针对一地的威胁因子进行梳理。保护行为随着干扰加强可以分为：监测性保护、干预性保护、工程性保护。监测性保护主要指设立并定期查看数据来掌握保护对象状况，干预性保护指为了促进或限制生态系统结构优化和功能实现而对生态系统进程进行干预，基本不利用大型机械或永久设施；工程性保护多指利用工程方式进行较大规模的保护。限制／禁止行为（保护不一致）随着干扰加强可以分为：生态系统产品和非物质产品利用；环境资源利用；建设开发利用。生态系统产品利用一般是指生态系统供给服务提供的产品，非物质产品利用则是指对生态系统通过认知和体验得到的收益；环境资源利用则是对非生物的自然资本的利用；建设开发利用主要指为满足经济和社会需求进行的基础设施建设等对自然环境干扰很大的活动。

思考题

1. 分区规划的作用和意义是什么？
2. 如何确定适宜的分区分类？
3. 如何选择适宜的分区方法？
4. 如何制定分区规划中的集体土地管理政策？

主要参考文献

[1] （美）弗里德里克·斯坦纳著.周年兴，等译.生命的景观——景观规划的生态学途径 [M].北京：中国建筑工业出版社，2004.
[2] 庄优波，杨锐.黄山风景名胜区分区规划研究 [J].中国园林，2006（12）：32-36.
[3] 呼延佼奇，肖静，于博威，徐卫华.我国自然保护区功能分区研究进展 [J].生态学报，2014，34（22）：6391-6396.
[4] 陈利顶，傅伯杰，刘雪华.自然保护区景观结构设计与物种保护——以卧龙自然保护区为例 [J].自然资源学报，2000（02）：164-169.
[5] 吴承照，杨浩楠，张颖倩.行为分析方法与国家公园功能分区模式——以云南大山包国家公园为例 [J].环境保护，2017，45（14）：21-27.
[6] 付梦娣，田俊量，朱彦鹏，田瑜，赵志平，李俊生.三江源国家公园功能分区与目标管理 [J].生物多样性，2017，25（01）：71-79.
[7] National Park Service (USA)：The Visitor Experience and Resource Protection (VERP) Handbook, 1997.
[8] 何思源，苏杨，罗慧男，王蕾.基于细化保护需求的保护地空间管制技术研究——以中国国家公园体制建设为目标 [J].环境保护，2017，45（Z1）：50-57.

第 8 章
保护规划

教学要点
1. 自然保护地保护观念及其演变趋势。
2. 国家公园保护专项规划的主要任务、内容、原则、方法等。
3. 国家公园科研和监测的概念和内容。

8.1 自然保护地保护观念的转变①

从 1872 年至今，伴随世界国家公园运动的发展，保护观念发生了诸多转变，可以概括为五个方面：①保护目标的转变，体现为由视觉景观保护走向生物多样性保护；②保护对象的转变，体现为由陆地保护走向陆地与海洋的综合保护；③保护方法的转变，体现为由消极保护走向积极保护；④保护力量的转变，体现为由一方参与走向多方参与；⑤保护的空间结构的转变，体现为由散点状的保护走向网络化的保护。

8.1.1 保护对象：由视觉景观保护走向生物多样性保护

自然保护源自于人们对"自然美"的认识和保护。尽管各个国家、各个民族所认识的"自然美"不尽相同，对于自然美的意识的出现，以及从艺术、文化等不同视角去描绘并阐释自然美在各个民族也都有不同的体现。但是，很多证据表明，对于自然的保护，都首先以人类情感对于自然美的需要出发，开始了保护的历程，最初的主要保护目标也自然锁定在了视觉景观上。

在西方社会，对自然美景的认识和保护，可以追溯到英国诗人 William Wordsworth 对英国湖区的描述。他于 1810 年撰写了《英格兰北部湖区指南》(A Guide Through the District of the Lakes in the North of England)，不仅描述了湖区的自然美景，同时也提出了新建房屋不应破坏湖区风景等观点。这一时期英国大量风景画出版物的出现，以及英国铁路的修建，让较大规模的公众旅游成为可能。19 世纪，随着人们对自然、户外的兴趣的增加，也受到了自然科学发展的影响，植物学、生物学和地理学等都和人们的户外活动相关。许多地质学家在户外采集岩石的时候，都被自然的美景所折服。19 世纪中叶，美国对"荒野"的自然美的认识和保护，是国家公园思想的源泉之一。英国对"如画的风景"的自然美的认识和保护，已经将历史上人对自然的作用纳入了审美和保护的范畴。中国、日本等亚洲国家对于"山水"的自然美的认识和保护，具有明显的文化背景。

之后，随着科学研究的不断进步（进化论和后来的生物学研究），随着人类生产力水平的不断提高，人类所需要利用的资源不断增多，利用资源的强度不断增大，从有学者关注某一物种的生存环境危机开始，出现了针对某一特定物种及其栖息地的保护。

当越来越多的科学家投入了保护工作，并在国家公园、保护地中展开实践之后，一些生态系统的相关概念、原理及其在保护中的重要作用，逐渐被人们

---

① 主要观点来自杨锐.试论世界国家公园运动的发展趋势 [J]. 中国园林，2003（07）：10-15.

认识。开始出现了以生态系统作为保护对象的研究和实践。

在这个过程中自然保护所涉及的内容至少包括了以下方面。对自然资源的保护、利用与管理，如水库、水坝的修建与自然保护的关系，矿产资源利用与自然保护的关系等等；人类的游赏利用与自然保护的关系。经常被用到的原理或理论包括：种群、集合种群、群落、生态系统、生态系统服务、生态系统管理等。

直到 20 世纪 60 年代，随着环境保护运动的蓬勃开展，国家公园的保护对象也发生了巨大的变化，包括生态系统在内的生物多样性保护成为重要的保护内容。以全世界达成《生物多样性保护公约》为标志，自然保护取得了全球范围内的共识。1969 年 IUCN 提出的国家公园定义是"大面积自然或近自然区域，用以保护大尺度生态过程以及这一区域的物种和生态系统特征，同时提供与其环境和文化相容的精神的、科学的、教育的、休闲的和游客的机会"，该定义将国家公园的管理目标确定为两个方面：保护生态系统和提供游憩机会。

保护对象的不断拓展，并不意味着对之前所确定的保护对象的摒弃，直到今天，如何保护景观特征，如何认识自然之美，仍然是保护领域的核心议题之一。

8.1.2 保护方式：由消极保护走向积极保护

20 世纪 30 年代，保护主义者认为应将保护区整个范围圈起来，完全保持自然的原始状态和自然过程，人类的介入只会起到负面作用。

这种消极的、绝对的保护方法，后来遭到了摒弃。因为这种方法是不现实的，尤其是在一些发展中国家或经济落后的国家：在国家公园相关社区的温饱问题还没有解决的情况下，资源保护的目标是不可能顺利实现的。另一方面，随着"可接受的改变极限（LAC）"理论、分区管理等技术和方法的出现与发展，国家公园和保护区是可以通过技术手段，在一定程度上实现"保护与利用统筹"这一目标的。

8.1.3 保护力量：由一方参与走向多方参与

目前，国家公园与保护区管理的国际趋势，是保护力量由一方参与走向多方参与。也就是说，在保证资源得到充分有效保护的前提条件下，除了发挥中央政府的核心作用外，可以发挥各层次、各方面政府机构、社区、非政府机构、私人企业的作用，协同努力，共同做好国家公园的保护、管理和利用工作。在多方参与的过程中，社区参与（Community Involvements）是十分重要的。因为没有稳定的周边环境，就没有稳定的管理成效。当地社区如果不能从保护中获益，资源保护也不可能持续。当然，多方参与的前提，是健全的法律框架和权责利平衡的管理体制。

8.1.4 空间结构：由散点状走向网络化

最初的几十年间，对国家公园和保护区的保护是属于"散点状"的，也就是将它们作为一个个"岛屿"，孤立起来进行保护。随着生态学的发展，科学家们发现，"岛屿式"的保护只适合于那些以美学价值为主的地质地貌保护区。如果要保护生物多样性和生态系统的话，"岛屿式"保护就显示出很多缺点。由此产生的一个趋势，就是在考虑国家公园和保护地的问题时，应充分重视它们与周围保护地之间的生态联系，将其作为保护地网络的一部分加以考虑，并尽可能实现管理信息的共享。

8.2 保护专项规划的主要任务

国家公园建设在我国尚属于新事物，需要关注并解决原有自然保护地普遍存在的问题，这些问题主要体现在以下方面。

问题一：保护与利用的矛盾突出。随着旅游市场快速发展，游客规模的急速扩张，以及保护地社区社会经济日益增长的发展需求，各自然保护地自然资源的保护与利用矛盾突出。例如，牧区人口成倍增长，北方干旱草原区人口密度达到 11.2 人 /km²，为国际公认的干旱草原区生态容量 5 人 /km² 的 2.2 倍。在自然保护地，野生中药材资源需求量大，一些物种由于被长期过度利用而濒临灭绝。

问题二：保护方式或手段落后。近几年的生态保护虽然取得了一定的成效，但是往往是建立在不成比例的大量人力物力投入的基础之上的。很多现代化的方法和手段没能够及时地运用到自然资源的保护中去。自然资源生态保护手段以及方法落后于自然资源破坏的步伐。这个问题主要因为我国经济社会发展仍然滞后于发达国家，但同时也反映出我国长期以来生态保护意识的薄弱和淡化。

问题三：保护经费投入不足。以自然保护区为例，从设立自然保护区起到 20 世纪末，我国自然保护区普遍处于入不敷出的境地。尽管进入新世纪后，国家重视了生态保护资金的投入力度，如 2010 年安排了 1.5 亿专项资金支持自然保护区的建设，但仍然远远低于世界平均水平。据有关统计表明，世界平均水平是每平方公里每年支出为 893 元（按照 1996 年美元计算），其中发达国家为 2058 美元，发展中国家为 157 美元，在最贫困的非洲也达到了 200 美元。显然，我国自然保护区资金投入不仅低于世界平均水平，也低于发展中国家平均水平。生态保护的资金不足，将直接导致自然保护区的基础设施不完善、管理机制不健全、管理人员积极性不高等问题。[①]

---

① 郭宇航，包庆德. 新西兰的国家公园制度及其借鉴价值研究 [J]. 鄱阳湖学刊，2013，04: 25–41.

问题四：科学研究相对滞后。由于长期以来投入不足，专业人才和技术储备欠缺，自然资源保护的实用技术和模式等相关领域研究十分薄弱，许多新问题、新技术有待深入探索。

问题五：自然保护的法律与管理体制不健全。自然保护的法律制度不完善是当前存在的重要问题。管理体制方面主要涉及两个大的方面：一是全民所有的自然资源所有权行使不到位，责权不清。实际的行使权都在省级及以下人民政府；二是自然资源监管权分部门行使造成的管理目标不一致和交叉问题，以及综合管理部门与自然资源监管部门职能交叉等问题。

国家公园的主要目的是保护具有国家代表性的大面积自然生态系统和大尺度生态过程，保护自然生态系统的原真性和完整性。因此保护专项规划在国家公园规划中占有重要地位。

保护专项规划的主要任务包括以下三个方面。①查清需要保护的资源并明确保护对象。该任务与资源调查与评价环节密切相关。在调查与评价过程中，往往已经基本明确了国家公园的重要资源、其特征与空间分布等信息，在保护专项规划阶段，应将其作为保护对象予以明确。保护对象应包括资源本身及其特征。②分析保护对象的状态、影响因素或威胁因素。该任务也与调查与评价环节相关。在调查与评价中，应对资源保护现状问题进行综合分析，梳理保护面临的主要问题、威胁或潜在风险。在保护专项阶段，应具体分析每一保护对象所面临的具体问题或威胁，明确其影响因素，并应明确问题、威胁、影响因素的具体时空分布，为进一步制定保护措施提供依据和基础。③划定保护范围和制定保护措施。该任务是保护专项规划的核心内容。划定保护范围也是保护措施的一种类型，但因其在规划中经常使用而具有重要意义。对于各种保护对象的保护措施，需要在规划阶段明确其空间分布，这就需要明确划定保护范围。保护措施的制定应根据保护对象的不同类型、不同状态，以及面临的不同问题或威胁而具体考虑。

8.3 保护原则

1）基于价值

基于价值的保护体现在以下两个方面：

其一，关注国家公园的内在价值（Intrinsic Value），基于内在价值提出保护措施。

国家公园价值总体上可以分为内在价值和使用价值，内在价值是自然与文化资源固有的、不因人类是否可利用而改变的价值，也可称为存在价值或本底价值。而使用价值，又可称为附属价值，它依附于内在价值而产生，如环境教育价值、游憩价值、资源的生产生活利用价值等。只有本底价值的存在，附属价值才有意义。因此，当使用价值的保护或利用与本底价值的保护相矛盾时，应当优先保护本底价值。在国家公园规划中，可以用生物多样性价值（包括生态系统价值和物种多样性价值等）、地质地貌价值、审美价值、历史文化价值等作为分析框架，系统分析国家公园的价值，以及价值载体及其特征，从而确定国家公园保护对象。在保护专项规划中，应基于国家公园内在价值提出保护对象和相应保护措施。

其二，需要考虑价值的真实性与完整性，并予以保护。

真实性（Authenticity），是世界自然与文化遗产保护领域提出的一个重要概念，源于文化遗产的保护，后来在自然遗产领域也有所涉及。对于文化遗产而言，如果遗产的下列特征真实可信，则被认为具有真实性：外形和设计，材料和实质，用途和功能，传统、技术和管理体系，位置和环境，语言和其他形式的非物质遗产，精神和感觉，其他内外因素。针对自然遗产而言，真实性主要是指生态系统、生态过程及其特征不受人类活动干扰影响的原初的真实状态。

在世界遗产领域，完整性（Integrity）用来衡量自然或文化遗产及其特征的整体性和未受损性。主要包括：①包括所有表现其突出普遍价值的必要因素；②面积足够大，确保能完整的代表体现遗产价值的特色和过程；③（未）受到发展的负面影响和／或缺乏维护，即对世界遗产构成破坏或威胁的要素是否得到管理和控制。《实施“世界遗产公约”操作指南》提出，对于自然遗产而言，其生物物理过程和地貌特征应该相对完整；对于“自然美景”的重要价值，其完整性应强调必须包含保持遗产美景所必需的关键地区，如某个遗产的价值在于瀑布，那么维持遗产美景完整关系密切的邻近流域和上游地区也应包括在保护范围内。

世界遗产对价值评价的真实性和完整性要求，为国家公园保护专项规划提供了重要原则，在制定保护措施时，应充分考虑各类保护对象的真实性和完整性，将影响真实性和完整性的各类因素纳入保护措施的考虑范畴。

2）整体保护

构成国家公园自然系统的各个组成部分之间具有密不可分的相互联系，尽管我们为了保护措施的制定，会将保护对象进行分类，如分为地质地貌的保护、珍稀濒危动植物的保护等，但每一类型并不是孤立存在的。例如，某一生态系统的形成，既有赖于地质地貌的演化过程、也有赖于生物的演化过程。因此，基于国家公园价值的保护也尤为强调对国家公园的整体保护，即在确定保护对象的时候，除了考虑哪些因素构成了国家公园的价值外，还应考虑保护对象之间的相互关系。

整体保护原则体现在三个方面：

其一，对保护对象分析和选取，不能厚此薄彼，对国家公园价值有贡献的要素和生态过程，都应以某种形式保护下来。

其二，在生态系统管理时，应考虑所采取的管理措施对其他生态系统的潜在影响，进而，某一措施的制定，即便其初衷是保护某种保护对象，也应考虑对其他保护对象，甚至是对整体价值的影响。《生物多样性保护公约》中也明确提出了这一原则，即生态系统管理者应考虑其活动对相邻的或其他生态系统的影响（实际的或潜在的）。

其三，由于生态系统各要素之间的关系错综复杂，在选取保护对象的时候，可以找出那些具有指示意义或具有代表意义的旗舰物种，作为保护对象和监测对象，从而能够保护和监测整个生态系统。

3）最小干扰

最小干扰的含义是指，只要自然资源和自然过程还处于相对原生的状态，就应该尽量减少人类对自然系统的干涉程度；对于灾害性自然过程，应该强调在进行人类干涉以前，首先考虑替代方案，如关闭某一游览地区或为旅游活动和基础设施重新选择位置。

8.4 保护方法

8.4.1 分类保护

分类保护即依据保护对象的属性和特征提出相应的保护对策，是比较常见的规划和管理方法，在保护对象的分类方面，各国国家公园的保护对象分类方式可以为我国提供一定借鉴。

美国《Management policies 2006》指出了国家公园将保护自然资源、过程和系统，以及国家公园各组成部分的价值，并提出其构成部分包括：①物理资源，如水、空气、土壤、地貌、地质特征、古生物资源，和自然音景和晴朗的天空，夜晚和白天；②物理过程，如天气、侵蚀、洞穴形成，和自然野火；③生物资源，如原生植物、动物，以及群落；④生物过程，如光合作用、演替和进化；⑤生态系统；⑥高价值的相关特征，如风景。

加拿大《Canada National Parks Act》提出与自然相关的保护对象有：植物、土壤、水域、化石、自然特征、空气质量和动物。《加拿大国家公园规划指南》（*Parks Canada Guide to Management Planning*）中提到：保护对象包括自然资源与自然过程、生态结构与功能等。

新西兰《国家公园总体政策》（*General policy for national parks*）中提出保护对象包括：本地物种（indigenous species）及其栖息地、生态系统与自然特征（natural features）。

不同类型的保护对象应制定针对性的保护措施。国家公园所拥有的自然资源和文化资源千差万别，加之对保护对象的分类方式也应因地制宜，因此很难穷举所有类别保护对象的保护方法。保护应始终遵循 8.3 节所阐述的基本原则，同时依据相关科研，因地制宜制定保护措施。以下仅举几类典型的保护对象予以介绍。

（1）地质地貌类资源保护

地质地貌类资源主要包括地球演化史、生命记载即化石类资源、地质过程、显著的地貌特征等方面。

地球演化史，即记录了地球演变的重要事件的地质地貌，如地壳运动和构造活动、陨石撞击、地质历史中的冰期等。此类资源需要通过岩石序列或组合来体现价值，在保护中也应特别注意岩石序列或组合的完整性和代表性。

生命记载，即化石类地质资源。化石很容易遭到非法采集，应仔细识别其影响因素，避免直接破坏。

地貌演变中重要的持续进行的地质过程，如干旱或半干旱沙漠过程，冰川作用，火山作用，滨海和海洋过程等。

显著的地质或地貌特征，如沙漠地貌，火山系统，河流地貌与河谷，洞穴和喀斯特地貌等。

IUCN 总结了最容易破坏或威胁地质地貌资源的因素，主要包括以下 10 个方面，在保护规划中应全面考虑这些因素给地质地貌类资源带来的影响，通过相应措施避免（表 8-1）。

（2）生物多样性保护

生物多样性保护既是对一类或几类保护对象的界定，也逐渐成为一种广义的保护方法。

生物多样性保护主要指保护和恢复原生动植物种群、群落和生态系统的自然丰度、多样性、动态、分布、栖息地和自然过程；恢复本地曾经被人为移除的植物和动物种群；减少对本地植物、动物种群、群落、生态系统的影响；将不可避免的影响最小化。

根据保护目标的状态不同，可以分为自然生态系统的保护和生态系统的恢复。自然生态系统的保护是指根据自然生态系统保护的完整性及其分布的代表性，划定保护范围，开展定期监测和评估，对相关人类活动和设施建设等采取有针对性控制措施。生态系统恢复是指根据国家公园内生态受损退化的状况，划分出生态恢复的区域，确定生态恢复类型，编制生态恢复实施方案，根据需要采取封禁方式进行自然恢复或进行人工辅助恢复。生态恢复实施方案须经有关专家论证。生态恢复工程实施后，定期开展生态恢复评价，根据评价结果，调整优化生态恢复方案。

在《生物多样性保护公约》中，提出了生态系统管理的 12 条基本原则，被保护领域大量应用。因为生态系统多样而复杂，每个生态系统都有其特征和不同地质类资源的影响因素   表 8—1

哪些因素容易破坏地质类资源	破坏哪些地质类资源（举例）
1. 到处随意分布的步行道	脆弱的地表 钙化植物遗存 喀斯特溶洞中的毛发状石膏
2. 人流集中的步行通道	滨海沙丘 地表水土流失 由于人的触摸导致的洞穴堆积物表面污损
3. 采集 故意破坏和偷窃	化石和采矿遗址 洞穴堆积物
4. 间接过程影响	汇水区收到干扰，导致水文、水质改变，进而导致地貌变化或土壤退化 附近地区爆破带来的震动和裂缝，如对钟乳石的影响极大 新裂缝导致地下渗水路线的改变，喀斯特地貌对此极为敏感
5. 高强度表层利用，尤其是线性利用， 如车行道建设，开挖沟渠或地坑	较多
6. 高强度浅层利用	森林砍伐或重新种植引起地表变化
7. 前行或全面的浅层挖掘 小规模建设、浅层取土挖坑等	较多
8. 大规模的岩土移除，大规模的挖掘 或建设（采石场、路天坑）	较多
9. 大规模的等高线改变 （采石场、修建大坝等）	较多
10. 特例	海平面上升，淹没；陨石撞击等突发性灾难事件带来的影响； 大规模人工蓄水，对较大面积的地质地貌资源保护影响较大

整理自 CONCEPTS AND PRINCIPLES OF GEOCONSERVATION. Compiled by C. Sharples. Published electronically on the Tasmanian Parks & Wildlife Service website September 2002（Version 3）. 14—15. http：// dpipwe.tas.gov.au/Documents/geoconservation.pdf [2014/5/26]

一定的保护管理方法，因此我们只强调一些通用的原则。对生态系统的保护和管理应基于科学研究和监测数据的积累。

专栏：生态系统管理的 12 条原则 [①]

原则一：土地、水和生物资源的管理目标，是一种社会选择。

原则二：管理应分散到最低的适当水平。

原则三：生态系统管理者应考虑其活动对相邻的或其他生态系统的影响（实际的或潜在的）。

原则四：识别因管理而获得的潜在收益，通常都需要在某一经济背景下理解和管理生态系统。而生态系统管理的项目应该：

减少那些给生物多样性带来负面影响的市场畸变。

调整激励机制以促进生物多样性保护和可持续利用。

---

① 根据 http：//www.cbd.int/ecosystem/principles.shtml 翻译。

某一生态系统的成本和效益的内部化在某种程度上可行。

原则五：在生态系统途径中，保护生态系统的结构和功能，以维持生态系统服务，应该成为首要目标。

原则六：生态系统必须在其功能限制下进行管理。

原则七：生态系统的方法应该进行在适当的空间和时间尺度。

原则八：认识到不同时间尺度和滞后效应，描述生态系统过程、生态系统管理的目标应该设置为长期。

原则九：管理必须认识到改变是不可避免的。

原则十：生态系统方法应该寻求在保护和利用生物多样性之间适当的平衡。

原则十一：生态系统方法应该考虑各种形式的相关信息，包括科学和土著和地方知识、创新和实践。

原则十二：生态系统方法应该包括所有相关部门社会和科学学科。

（3）文化资源保护

包括园景、建筑、胜迹和风物等类型，其中包括物质依存，也包括非物质遗存。这些文化资源往往与自然资源形成紧密的关系，相互融合。这方面的价值保护应参考和借鉴我国的风景名胜区和文物保护单位的保护管理。

8.4.2 分级保护

分级保护也是保护地比较常见的规划和管理方法，依据保护对象的价值等级或敏感等级，提出相应的分级保护对策。保护级别的差异，往往通过3种方式体现。第一种是对干扰活动和建设项目限制程度的差异：保护等级越高，往往对干扰活动和建设项目的限制越严格，风景名胜区的分级保护区是这一类的典型体现。第二种是对各类项目审批级别的差异：保护等级越高，往往需要更高级别的管理机构或更复杂的审批程序进行审批，例如三级保护区建设项目由国家公园单位管理机构直接审批，而一级保护区建设项目需要国家层级管理机构来审批。第三种是保护对策优先度和紧迫度的差异：保护等级越高，往往保护措施实施的优先级越高。在实际操作过程中，往往将这3种方式综合运用。

专栏《风景名胜区规划规范》中"保护培育规划"中的分级保护

4.1.3 风景保护的分级应包括特级保护区、一级保护区、二级保护区和三级保护区等四级内容，并应符合以下规定：

1.特级保护区的划分与保护规定：

（1）风景区内的自然保护核心区以及其他不应进入游人的区域应划为特级保护区。

（2）特级保护区应以自然地形地物为分界线，其外围应有较好的缓冲条件，在区内不得搞任何建筑设施。

2. 一级保护区的划分与保护规定：

（1）在一级景点和景物周围应划出一定范围与空间作为一级保护区，宜以一级景点的视域范围作为主要划分依据。

（2）一级保护区内可以安置必需的步行游赏道路和相关设施，严禁建设与风景无关的设施，不得安排旅宿床位，机动交通工具不得进入此区。

3. 二级保护区的划分与保护规定：

（1）在景区范围内，以及景区范围之外的非一级景点和景物周围应划为二级保护区。

（2）二级保护区内可以安排少量旅宿设施，但必须限制与风景游赏无关的建设，应限制机动交通工具进入本区。

4. 三级保护区的划分与保护规定：

（1）在风景区范围内，对以上各级保护区之外的地区应划为三级保护区。

（2）在三级保护区内，应有序控制各项建设与设施，并应与风景环境相协调。

8.5 科研与监测

8.5.1 科研规划

1）科研规划的目的体现在以下几个方面。

其一，评估国家公园的科研需求，识别出关键议题。国家公园的保护管理力量往往受到资金、人力、物力等的限制，而面临的保护需求和威胁总是多样而复杂的。因此，需要系统评估国家公园面临的关键问题和风险，有针对性的识别出重要的议题，集中力量开展科研。

其二，为保护管理提供科学支撑。国家公园的管理涉及从自然到人文社会等多方面的问题，在保护管理的科学性、系统性、公平性、有效性等方面都面临诸多挑战。科研规划的目的旨在为保护管理提供科学依据、为相关决策提供有力支撑，避免保护政策成为空中楼阁。同时，也为环境教育提供可靠素材。

其三，为科学知识提供数据积累。国家公园是大自然和人类文化留给我们的瑰宝，是研究自然科学、历史、人文、社会的巨大宝库，各国家公园应抓住自身特点，制定长期的科研计划，包括长期的监测计划，为人类科学知识的积累提供长期、稳定的数据支撑，这也是建立国家公园这一自然保护地重要目的之一。

2）编制科研规划的基本步骤和内容包括以下方面：

（1）评估科研需求优先度，识别关键议题。

（2）制定详细的科研行动计划，包括可科研项目运行机制、设施与设备规划、技术档案和信息库建设、资金保障、合作机制、人员培训等。

（3）评估并减少科研活动对自然和文化资源的影响。

3）科研规划涉及议题包括：

（1）建立国家公园自身的科研机构，作为国家公园直接管理和运行科学研究的机构。在编制有限的情况下，国家公园科研人员规模受到限制，但应负责科研工作的规划编制，以及与相关科研机构的合作。

（2）建立开放式科研运行机制，搭建对外合作科研平台，吸引社会科研力量，加强与国内外知名高校、科研院所、非政府组织的科研合作；鼓励与周边保护地，建立科研合作伙伴关系，制定以区域生态保护和发展为目标的科研课题。

（3）建立健全的科研管理制度，包括经费专项使用制度、仪器设备使用制度、安全与资料管理制度、鉴定评审验收制度等。

（4）制定系统的科研课题框架，形成"总课题—课题—子课题"体系，便于科研成果逐层展开、逐级汇总，为国家公园的保护、利用与管理提供多层级、多方面的科学理论与技术依据；课题内容应遵循平衡原则，平衡遗产地保护与利用类课题数量，包括价值、访客、社区等，有利于促进遗产地保护和利用之间的平衡；空间尺度上，子课题应当覆盖区域和遗产地两个层面；时间尺度上，子课题应当覆盖历史、现状、趋势预测等多个层面。

（5）形成科研档案，包括科研计划、规划、报告、总结，各种科研论文、专著；各种科研记录和原始材料，科研合同及协议，科研人员的个人工作总结材料等内容。

（6）加强科研信息服务和公开化，加强公园网站建设；通过公园解说系统、科普宣传周及环境志愿者等推广方式，发挥国民环境教育功能。

（7）丰富科研经费来源、优化科研经费结构；建立固定科研基金，作为科研基本保障；国家经费、社会基金和国际基金作为补充经费，共同构成稳定的科研经费结构，保障科研的长期进行。

8.5.2 监测规划

监测是收集某"系统（system）"的"变量（或特征指标）"信息的"过程（或行为）"。这里的系统可以是自然系统，也可以是人为系统，或者自然与人为共同作用下的系统。

监测的作用通常体现在三个方面。其一，更为客观、准确的评价保护对象及影响因素的状态和变化趋势，还可以作为预警系统，尽早发现潜在的问题，以提出可能的修复措施。其二，提供管理决策科学性。如前文所述，规划应以科学论据予以支撑，监测正是为了描述保护地在不同时刻的状态特征并评估其变化。其三，客观、准确的评价管理行为的有效性。从管理过程的角度考察，监测首先为管理决策提供支撑，了解管理行为之前保护地的客观状态；之后通过考察保护地状态的变化，评估管理行为产生了哪些效果或影响，通过监测反馈，修正管理决策，提高管理水平。

目前常用的监测概念模型是状态—压力—响应模型（pressure-state-response, PSR），最初是由加拿大统计学家 David J.Rapport 和 Tony Friend（1979）提出。其中，状态监测通常包括针对资源保护、游赏体验、社区等方面的状态及其变化的监测，以检视目标状态是否达成。例如，生态环境本底（气候、土壤、水文等）、社会环境（当地社区社会经济水平、游客体验满意度、环境教育覆盖率等）等指标。压力监测是针对直接和间接威胁因素的监测，例如，灾害事件监测如地质灾害与环境事件、火险、森林病虫害、外来物种等的监测；生物影响监测如偷猎事件、与保护动物之间的冲突事件等监测；游客影响监测如污水排放量、噪声污染等的监测。响应监测针对规划措施实施进度和程度的监测，例如，每年新增的巡护岗位数量等。

以生物多样性保护为例，PSR 模型要求明确需要保护的生物多样性要素，直接或间接的自然和人为威胁因素，以及为了减少威胁所采取的干预措施，并且假设生物多样性某要素状态的改变、威胁因素的减少和合理的干预措施的实施之间存在因果关联。试图通过监测来实证干预的理由以及干预措施的方式、位置是否合理，是否达到了预期的目标，进而对措施做出适应性的调整。尽管目标状态、威胁因素和干预措施三者之间的因果关系尽管很难确立，但是对于验证保护管理措施的有效性而言仍是必要的。[①]

为了证明因为措施实施减少了威胁，进而实现目标状态，上述三个层次的监测缺一不可。但在实际情况中，对于目标状态的监测通常需要长期积累才能显示出数据有效性，因为实际上影响目标状态的因素众多。以生态系统为例，即使没有人为的干扰也会存在自然的波动。而针对措施实施和影响因素控制的监测则周期较短，数据更易获得，但又无法告知我们措施是否真正成功。此外，规划中有很多的措施，我们很难将每一项措施、威胁和目标都进行监测。因此，考虑到财政和人力资源的有限，以及保护对象、威胁类型和目标的不同，管理者常常需要从监测措施优先顺序和监测层次深度两个方面进行取舍。

监测规划通常包括以下 5 个步骤和内容：

（1）监测现状调查和评估，对国家公园监测的人力、物力和财力进行初步评估；对监测现状进行调查和评估。

（2）确定监测目标，即确定国家公园监测的预期目标；

（3）确定关键监测指标。针对地质地貌类资源，应关注重要岩溶洞穴、古生物化石、标准地质剖面、地质地貌景观等的监测；针对生物生态过程，应重

---

① Madhu Rao, etc. Monitoring for Management of Protected Areas. Wildlife Conservation Society and the National University of Laos. 2009.01.

点进行生物多样性监测、关键物种监测。同时，还应根据国家公园的主要问题和威胁，以及制定的规划措施确定压力和响应指标。

（4）确定监测方法和实施途径。对各类监测指标采取何种方式收集、采用什么样的频率来收集，以及由谁收集数据等进行安排。

（5）制定监测结果的反馈机制，包括如何分析监测得到的数据，基于监测数据应开展哪些科研活动，监测结果如何反馈并修订规划决策等。

专栏：自然保护区监测项目和监测方法借鉴

（1）监测项目。包括生物多样性监测、自然资源监测、关键物种观测和生态环境监测等项目。其中：

生物多样性监测是对自然保护区的生境、物种和基因的种类、数量、质量、分布及动态变化情况进行的监测；

自然资源监测是对自然保护区的森林资源、动植物资源、旅游资源、水资源等各种自然资源的数量、生物量、质量、分布及动态变化情况进行的监测；

关键物种观测是对主要保护动植物种或某个特定种群生物学、生态学、行为学等特性进行的长期观察和监测；

生态环境监测是对自然保护区的气候、土壤、水文、污染源、饮用水、营养盐类（盐池、盐源）等非生物生态指标进行的监测。

（2）监测方法。可采用定位监测、固定样地（带）监测、追踪监测等方法。其中：

定位监测：生物多样性、生态环境和某些关键物种监测应采用定位监测方法，大型或典型生态系统类自然保护区应建立综合型的生态定位监测站，对生物生态因素和非生物生态因素进行长期的定位、定点监测；其他类型保护区可根据需要建立单一或多功能的气象站、土壤与地址监测点、水文监测点、水质监测点、污染源监测点、关键物种观测点等。

定点监测：自然资源和某些生物多样性监测指标应采用固定样地（带）的方法进行定期、定点监测。样地（带）的布设应能够客观反映自然资源和种群的总体时空分布及变化趋势和经营管理活动的影响，从核心区经缓冲区向实验区，设置放射状或集束式的监测断面，在断面尚按不同生境类型设置测点。样地（带）大小、数量和监测周期应根据监测目的确定。

追踪监测：野生动物关键物种的观测或种群监测可采用追踪监测的方法，配备必要的遥控、监控系统，包括追踪设备和控制站房，候鸟丰富的保护区应建立鸟类环志站点，进行长期动态追踪。

（引自《自然保护区总体规划技术规程》）

思考题

1. 自然保护地保护观念演变受到哪些因素影响？
2. 国家公园多方参与保护的具体表现形式有哪些？
3. 科研和监测在国家公园保护中发挥什么作用？

主要参考文献

[1] 杨锐.试论世界国家公园运动的发展趋势 [J]. 中国园林，2003，07：10-15.

[2] Mike Alexander，Management Planning for Nature Conservation：A Theoretical Basis & Practical Guide[M]，Springer Netherlands，2008.

[3] C. Sharples. Concepts and Principles of Geoconservation（Version 3）[R]. Tasmanian Parks & Wildlife Service. 2002.

[4] The Secretariat of the Convention on Biological Diversity，The Ecosystem Approach.[EB/OL]. http：//www.biodiv.org

[5] National Park Service（USA）.Management Policy 2006[EB/R]. https：//www.nps. gov/goga/learn/management/upload/2001-Management-Policies.pdf

[6] 马克平. 监测是评估生物多样性保护进展的有效途径 [J]. 生物多样性 2011，19（2）：125-126.

[7] Carolines Stem，Richard Margoluis，Nick Salafsky，Mrcia Brown. Monitoring and Evaluation in Conservation：a Review of Trends and Approaches[J]. Conservation Biology.2005（19）.2：295-3-09.

[8] 单霁翔. 20 世纪遗产保护的理念与实践（一）[J]. 建筑创作，2008，06：146-158.

[9] 单霁翔. 20 世纪遗产保护的理念与实践（二）[J]. 建筑创作，2008，07：158-167.

[10] 单霁翔. 我国文化遗产保护的发展趋势与世界文化遗产保护 [A]. 北京古都历史文化讲座 [C]. 2009：20.

第9章 环境教育规划

教学要点

1. 了解环境教育的概念、作用和发展状况。

2. 掌握国家公园环境教育规划框架，包括规划目标、规划原则、环境教育主题内容、方式、场所，以及相关制度保障。

9.1 环境教育基本概况

9.1.1 环境教育概念

"环境教育"这一名词的诞生，始于 1972 年在斯德哥尔摩召开的"人类环境会议"正式将"环境教育"（Environmental Education）名称确定下来。这次会议被认为是环境教育的里程碑，标志着环境教育在全球范围内得以兴起。20世纪 70 年代，英国学者卢卡斯（Locus）提出了著名的环境教育模式：环境教育是"关于环境的教育""在环境中或通过环境的教育""为了环境的教育"。1977 年第比利斯国际环境教育大会下的定义是：环境教育是各门学科和各种教育经验重定方向和互相结合的结果，它促使人们对环境问题有一个完整的认识，使之能采取更合理的行动，以满足社会的需要。

被誉为"解说之父"的费门·提尔顿（Freeman Tilden）在其 1957 年出版的《解说我们的遗产》（Interpreting Our Heritage）中提出了一种被广泛接受的"解说"定义："解说并非简单的信息传递，而是一项通过原真事物、亲身体验以及展示媒体来揭示事物内在意义与相互联系的教育活动"。他认为恰当的解说的确能直接保护遗产，而解说最重要的目的也许就是保护。[1]、[2] 在此之后，有多位学者和机构对于解说的定义和目的提出了自己的见解。解说在遗产保护中的功能包括：解说具有娱乐和教育作用、解说是一种有效的游客管理策略、解说能够提升旅游体验[3]。这里的环境教育包含解说的概念。

9.1.2 环境教育作用

提供教育是国家公园的基本功能之一，因而环境教育（Environmental Education）、解说（Interpretation）也是国家公园规划、管理中的一个重要内容。以美国为例，美国国家公园管理局提供解说教育项目（Interpretive and Educational Programs）的作用包括：帮助公众理解公园资源的意义和关联性、培养形成一种守护意识。解说教育项目能够在公园资源、访客、社区和国家公园体系之间建立起关联，这种关联是基于对于公园有形资源和无形价值之间的连接。

---

[1] Tilden F. Interpreting Our Heritage[M]. Chapel Hill: University of North Carolina Press，1957.

[2] 陶伟，洪艳，杜小芳. 解说：源起、概念、研究内容和方法 [J]. 人文地理，2009，05：101–106.

[3] 陶伟，杜小芳，洪艳. 解说：一种重要的遗产保护策略 [J]. 旅游学刊，2009，08：47–52.

9.1.3 环境教育发展状况

国外解说系统研究起步较早，早在 1920 年 Enos Mills 运用解说（Interprct）一词描述他在洛基山的导游讲解工作。1957 年，Freeman Tilden 出版了《解说我们的遗产》（*Interpreting Our Heritage*）一书，对解说的内涵及原则进行系统、全面地研究，提出了解说的 6 大原则。Larry Beck 等在 Tilden 的基础上，提出了解说自然与文化的 15 项指导原则。Veverka 则对解说规划的编制方法、组织实施等方面进行了系统研究。Ham 将解说研究进展分为形成期、媒介期、名正期、初熟期 4 个阶段[①]。

在解说系统建设实践方面，以美国国家公园解说教育系统最为系统和全面，并在科普教育、服务游客、促进资源保护等方面发挥了重要作用。美国国家公园解说教育系统建设的依据有管理政策 2006、讲解教育的局长 6 号令、讲解教育参考手册 6 号以及国家公园主管签署的综合解说规划等。美国内政部国家公园管理局（National Park Service）在西弗吉尼亚州的哈普斯渡口中心（Harper Ferry Center）负责全美国家公园系统解说教育系统的规划、设计、游客中心展示、解说媒介等工作。具体到每个国家公园均设立了解说服务部，负责解说规划的实施和游客解说服务。其中，《美国国家公园管理政策 2006》的第七章为"解说与教育"（Interpretation and Education），详细规定了解说教育项目、解说规划、个人服务与无人服务、解说的能力与技巧、对所有解说教育服务的要求。《6 号局长令》（Director's Order 6）、《6 号参考手册》的主题为"解说与教育"，对管理政策的相关内容进行了补充说明。除了法规政策之外，还有解说教育指南（Interpretation and Education Guideline）提供技术性指导。《管理政策》提出一个有效的解说教育项目应包括：①给访客提供便捷的信息项目，使其有安全的、便于享受的访客体验；②提供具有展示功能的解说项目，使访客能够将自身的知识和情感与公园资源关联起来；③提供基于课程的教育项目，并将教育工作者纳入公园的规划和发展；④提供公园相关信息并促进对公园主题和资源深度理解的解说媒介。在规划编制方面，美国国家公园的综合解说规划（Comprehensive Interpretive Plan，CIP）由长期解说规划（Long-Range Interpretive Plan）、年度实施计划(the Annual Implementation Plan)、解说数据库(the Interpretive Database) 这三个基本部分组成，其内容较为丰富、系统性较强。

自 1982 年风景名胜区体系设立以来，我国风景名胜区在标识标牌、风景游赏等服务设施的建设方面出台了一些规定，从一定程度上推动了风景名胜区解说系统的建设。早在 1984 年，国务院《风景名胜区管理暂行条例》就对包括解说设施在内的游览服务设施建设提出了要求。1999 年，建设部《风景名

---

① 李振鹏．我国风景名胜区解说系统构建研究 [J]．地域研究与开发，2013，02：86–91．

胜区规划规范》，明确提出了导游小品（标示、标志、公告牌、解说图片）、宣讲咨询（宣讲设施、模型、影视、游人中心）等服务设施的配置要求。2003 年，建设部《国家重点风景名胜区标志、标牌设立标准（试行）》，对风景名胜区标志标牌的规范化设置做出规定和要求。同年，建设部《国家重点风景名胜区总体规划编制报批管理规定》，要求在总体规划中提出景区游赏主题、游赏景点、游赏路线、游程、解说等内容的组织安排。2006 年，国务院《风景名胜区条例》，规定风景名胜区管理机构应当设置风景名胜区标志和路标、安全警示等标牌 [①]。2012 年 6 月住房城乡建设部开始施行《风景名胜区游览解说系统标准（CJJ/T 173—2012）》，进一步规范了游览解说系统的规划、设计、建设和管理。

国内有多位学者总结了我国自然保护地环境教育的研究和实践现状。国外的环境解说研究起步较早，拥有大量的著作与文献。但是，国内除台湾地区有部分研究之外，大陆的相关研究则较少，一般只在旅游规划研究的专著中有部分原理与方法的说明，深入研究不足（吴必虎，2003）。目前我国旅游解说研究虽然数量较少，但前景可观并正处于快速发展时期，受到越来越多学者的关注（张明珠，2008）。目前中国无论是遗产的管理者或是民众，甚至相当一部分的专家、学者对解说的价值都缺乏必要的认识，这严重制约了解说的发展。因此，现在亟须做的工作之一就是使社会各界认识解说、知道解说的重要性，从而为解说的发展而努力（孙燕，2012）。我国生态旅游环境解说系统普遍建立但专业化程度较低，有些内容缺乏科学性（钟林生；王婧，2011）。自然公园（即我国的保护地）环境解说与教育现状包括：①机构和公众对环境解说与教育缺乏认识和重视；②缺乏基于深入研究的环境解说规划，内容简单，缺乏系统性；③环境解说形式极其单调；④只有简单的解说，缺乏环境教育活动组织。影响环境解说、环境教育水平与质量的因素：①旅游价值观缺乏变迁、更新；②体制僵化粗放，缺乏实施环境解说与教育的动力（乌恩；成甲，2011）。

9.2 环境教育规划框架

9.2.1 环境教育目标

解说教育应帮助访客从整体上了解国家公园；帮助访客理解国家公园内的生态环境状况和资源保护措施，并扩展到对于相关重要议题（例如气候变化、生物多样性、文化多样性）的关注；为访客提供游憩体验的机会，提供有意义的、值得回忆的经历，鼓励对大自然的理解、尊重和爱；并进行爱国主义教育，形成统一的国家意识。

---

① 李振鹏. 我国风景名胜区解说系统构建研究 [J]. 地域研究与开发，2013，02：86-91.

9.2.2 环境教育原则

Freeman Tilden 在《解说我们的遗产》中给出了解说的 6 项原则，可作为参考。这些原则包括：①任何解说活动，若不能和游客的性格或经历有关，将会是枯燥的。②信息不是解说，解说基于信息。③解说是一种结合多种人文科学的艺术，无论论述的内容是科学的、历史的或建筑相关的，任何一种艺术，多多少少都是可传授的。④解说的主要目的不是说教，而是激发。⑤解说应该定位于整体，全面展示。⑥对 12 岁以下儿童的解说不应该是成人的简化版，而应换一种不同的方式。[①] 后人用提尔顿所引用的国家公园服务管理手册中的一段话"通过解说，以致了解；通过了解，以致欣赏；通过欣赏，以致保护"来概括提尔顿的解说思想，并公认这是第一个遗产解说理论。[②]

9.2.3 环境教育主题和内容

环境教育的内容应围绕国家公园保护价值进行设定，以资源保护为目标，强调价值、保护措施和访客行为管理的解说，素材丰富多样，融科学性与趣味性与一体。

确定环境教育主题和内容应以科学性、完整性、层次性为原则。科学性是指解说教育主题和内容的设定应以国家公园相关的科学结论为基本内容，如地质地貌价值、生物多样性价值、文化价值等；完整性是指通过环境教育主题和内容的确定，访客能够基本上获得关于遗产地的相对完整的信息，建立起较为全面的世界遗产地及其价值、访客的责任与义务等方面的相对完整的概念。层次性是指应针对不同类型和不同背景的访客制定分层次的环境教育主题和内容，以达成不同层次的解说教育目的。根据对象细分解说教育方式和环境教育内容的层次，遗产地的解说教育对象可以分为以下几类：普通游客、专题游客（具有某方面专业知识或对某方面具有特殊兴趣的游客，如观鸟爱好者、地质专家等）、当地社区居民、青少年和儿童等。应根据国家公园的实际情况，对环境教育对象进行细分，并综合分析各类解说教育对象的特征和需求，根据国家公园确定的环境教育主题和内容，确定不同的解说教育方式。环境教育内容可以根据不同游客的需求划分不同层次。例如，初级程度：面向少有或没有知识、经验的游客。中级程度：面向有更多经验或体力的游客。高级程度：面向游客较高知识水平、较强能力或丰富经验的游客。

9.2.4 环境教育方式

应采用多种方式进行环境教育，包括人员解说、自导式解说、展示陈列等。

---

① Tilden F. Interpreting Our Heritage[M]. Chapel Hill： University of North Carolina Press，1957.
② 孙燕. 美国国家公园解说的兴起及启示 [J]. 中国园林，2012，06：110–112.

应利用新技术提供多样的解说教育服务，加强交互式、便携式解说教育方式的应用，应利用新媒体丰富解说教育方式。其中解说人员的来源主要包括专业解说员、社区居民、志愿者。自导式解说包括网站、微信公众号、短片、宣传折页、解说手册、解说牌系统、出版物、手机 APP 导航系统、多功能数字导游仪等。而展示陈列需要提供全面的解说。

台湾地区"阳明山国家公园"的环境教育创新课程颇具特色，经过分析有以下几个特点：①环境教育课程的设计与国家公园的价值和资源紧密相关。②环境教育课程的设计专业水平高，内容丰富。相关的课程背景、课程目标、课程内容设置丰富，也有完善的教学流程、教具资源与之配套。③根据不同年龄段的受众，设计不同的环境教育课程，更好的满足访客的需求。例如：与阳明山做朋友（国小低年级）、大自然艺术家（国小低年级）、奇妙的森林与草原（国小中年级）、虫虫秘境探险（国小中年级）、溪游记（国小高年级）、种子的旅行（国小高年级）、七星山考察队（国中）、生态池观察笔记（国中）。④环境教育课程很好的将科学性与趣味性结合在一起，不仅传授知识，更强调态度与价值观的熏陶。例如《与阳明山做朋友（国小低年级）》课程中采取的方式包括游戏、绘本、自然体验、绘画、故事创作，十分丰富，容易引起小朋友的兴趣。

9.2.5　环境教育场所

环境教育场所是指开展环境教育活动的具体空间。只有将环境教育规划落实为现场的实际设施配置，才能真正发挥环境教育的功能。环境教育服务场所主要分为 2 类：访客中心、结合游步道等交通空间。访客中心是指向游客提供游览所需的信息、资料的场所，具有综合的服务职能。具体功能有：有专业人员向游客提供讲解、咨询服务；能够向访客提供多媒体展示服务；具有小型展示场所向游客提供图片、模型等展示、说明；具有基本的商品服务职能。游步道两侧的适当位置设立文字说明和图解式的解说牌，协助游客在自导式游览的过程中了解景观及资源内容，如登山步道的观景点、主要步道出入口。登山口设立相关的资讯解说牌与地图路线牌示及安全注意事项。

9.2.6　环境教育的制度保障

第一，应整合研究现有各类保护地关于环境教育的政策，在国家公园的法律法规、政策方面明确环境教育的地位并进行阐释说明，应使术语规范统一、内容详细丰富、有足够的深度，从而建立国家公园环境教育的制度保障。第二，出台相应的技术性指南，指导国家公园的日常管理工作。第三，在国家公园的管理机构中应设置专门部门或由专人负责国家公园的环境教育相关工作，明确规定部门职责和业务范围，加强财力、物力、人力的投入和保障。体现环境教育的公益性，由遗产管理机构配备解说人员、提供相应的解说项目和服务。第四，建立环境教育的多方参与机制，完善合作伙伴关系，相关的合作方包括各级政府机构、社区居民、大中小学校、科研机构、非政府组织、媒体等，应重点建立志愿者解说制度。第五，建立环境教育的效果评估和反馈调整机制。

思考题

1. 不同的环境教育方式各自的适用条件如何？
2. 一个好的环境教育项目应具有哪些特征？
3. 如何提高环境教育在公众中的普及度和受关注度？
4. 如何让访客在访问过程中形成整体的环境教育效果和印象？

主要参考文献

[1] Freeman Tilden. Interpreting Our Heritage（Third Edition）Chapel Hill： University of North Carolina Press. 1977.

[2] 吴必虎，高向平，邓冰. 国内外环境解说研究综述 [J]. 地理科学进展，2003，03：226-234.

[3] 陈晨，王民，蔚东英. 环境解说历史及其理论基础的研究 [J]. 环境教育，2005，07：15-17.

[4] 乌恩，成甲. 中国自然公园环境解说与环境教育现状刍议 [J]. 中国园林，2011，02：17-20.

[5] 李振鹏. 国内外自然遗产地解说系统研究与实践综述及启示 [J]. 地理与地理信息科学，2013，03：105-111.

[6] 李振鹏. 我国风景名胜区解说系统构建研究 [J]. 地域研究与开发，2013，02：86-91.

第10章
访客管理规划

教学要点

1. 了解国家公园与普通景区在游憩定位方面的差异。

2. 了解保护地游客影响及游客影响管理的概念和内容。

3. 掌握国家公园游憩管理主要构成，即游憩体验管理、访客容量与规模调控以及设施规划的基本内容和方法。

10.1 国家公园访客管理概念

10.1.1 国家公园访客游憩定位

国家公园承载生态文明、社会文明和精神文明三方面的重任，承担着国民生态教育、科学教育和非盈利休闲等功能，是自然保护地与国民的窗口和媒介。国家公园是国家认同感和民族自豪感的物质载体，是对全体国民尤其是青少年进行生动活泼的环境教育和科普教育的最佳场所，可以在提高国民科学、文化素养方面发挥重要作用。为全体中国人民提供作为国家福利而非旅游产业的高品质教育、审美和休闲机会。要防止国家公园变形为旅游度假区、城市园林、郊野公园或游乐园。

对于访客来说，国家公园是人们难得的亲密接触大自然、陶冶高尚情感、培育人性美的场所，是一片精神乐园，采摘花草、喂食野生动物、乱刻乱划、喧闹、插队、随处吸烟、随地便溺等现象与国家公园格格不入，应严格禁止和防范。取而代之，国家公园应提倡"带进的只有脚印，带出的只是照片"这样的游赏理念。

国家公园访客游憩应发挥环境教育功能。通过为访客提供各种机会去了解和欣赏公园及其内涵并使访客从中得到启发，理解公园和园内资源的重要意义，加强公众对保护园内资源的支持。

国家公园访客游憩应发挥爱国主义教育功能。通过游憩过程中的国家公园价值展示，得到有效的爱国主义教育，形成共同国家意识。具体手段包括：在国家公园自然本底的基础上进行国家历史文化的展示；弘扬国家精神，形成统一价值观，既包括为国家奉献的精神，也包括超越民族、国别界限，全人类都应坚持的正义、勇敢与助人为乐的统一价值观 [1]。

国家公园访客游憩应体现公益服务属性，让全体国民享受国家公园，体现国家公园公共产品的特性，通过门票价格控制等手段可以实现这一属性。

国家公园作为国家福利的游憩定位也可以从世界各国对于国家公园的定位中得到相关借鉴。世界各国国家公园的功能定位中，对于公众进入和访客，均有相关论述。

美国的国家公园政策(National Park Service Management policy, 2006)指出，国家公园作为自然、文化、和具有欣赏价值的资源，应当具有国家意义，符合的标准之一是"它为游览、公众使用、欣赏或科学研究可提供最多的机会（It offers superlative opportunities for public enjoyment or for scientific study.）"。[2]

---

[1] 陈耀华.论国家公园的国家意识培养.中国园林 2016，06：5-10.
[2] 根据美国 Management Policies 2006 相关内容翻译.

英国的国家公园和乡村法令（National Parks and Access to the Countryside Act, 1949）中指出国家公园应该"为公众理解和欣赏公园特殊品质提供机会（To promote opportunities for the public understanding and enjoyment of these special qualities.)"。①

新西兰国家公园法（National Park Act，1980）中的国家公园原则之一就是"公园保持为自然状态，公众有权进入（Parks to be maintained in natural state，and public to have right of entry）"。②

澳大利亚国家公园体系中，联邦政府定义国家公园为"为保护生态过程的多样性，以及物种和生态系统的完整性而划定的自然或近自然的区域。该区域还作为人类精神、科学、教育、游憩和参观的场所"。南威尔士地区定义国家公园为"为保护未受破坏的景观和本土动植物设置的地区，设置为了保护、公众娱乐，通常提供游客设施③"。

世界自然保护联盟（IUCN）将国家公园定义为"大面积自然或近自然区域，用以保护大尺度生态过程以及这一区域的物种和生态系统特征，同时提供与其环境和文化相容的精神的、科学的、教育的、休闲的和游憩的机会"。

10.1.2 国家公园访客管理理念

我国自然保护地的游客管理现状问题大致可归纳为：过分追逐旅游经济利益，游客体验组织和营造缺乏对国家认同感和民族自豪感的强调；访客管理的相关立法不足、执行力度不够；利益相关方未实现公平的话语权、参与权；访客管理的反馈机制欠缺；游客管理在实施中没有成熟的可依赖的科学体系；缺乏人性化的访客管理间接措施；管理队伍建设机制不健全等。

国家公园访客管理区别于现状保护地游客管理理念，侧重强调以下内容。

1）以价值为核心

国家公园开展以价值为核心的生态体验与环境教育，即在系统研究和评估国家公园价值的基础上，围绕如何展示国家公园价值，如何让访客更好的体验到国家公园价值，进行生态体验的项目策划和环境教育规划，并统筹考虑生态体验和环境教育活动。二者基于价值高度融合，实现寓教于游，将国家公园的价值和环境保护理念有效传达给每一位访客。

2）以体验最佳、影响最小为根本

针对访客类型、体验项目、体验方式、体验线路及环境教育内容、深度、方式、空间分布等，分别进行对位优化，为访客的生态体验和环境教育提供最

---

① 根据英国 National Parks and Access to the Countryside Act，1949 相关内容翻译.
② 根据新西兰 National Park Act，1980 相关内容翻译.
③ 原文为 These are areas protected for their unspoiled landscapes and native plants and animals. They are set aside for conservation and public enjoyment，and usually offer visitor facilities.

佳的效果。同时通过访客容量控制、访客影响管理制度、生态体验分类管理等,实现设施建设的最小化和对生态环境负面影响的最小化。

3)以 ROS 理论为指导

访客体验规划应以国际上较为先进的游憩机会谱系(ROS)理论为指导,即在充分认识公园价值并考察现状游憩利用条件的基础上,确定游憩机会谱系,据此评估并确定生态体验项目。

4)以 LAC 理论为依据

规划以可接受的改变极限(LAC)理论为依据,通过建立国家公园生态体验和环境教育的长效监测机制,包含生态体验环境影响监测、生态体验效果监测、环境教育效果监测等,将保护管理建立在长效监测反馈和科学研究之上,做出能够实现最佳管理决策的"决策—实施—监测—反馈—修改决策"的适应性管理。

5)以多方参与、社区发展为途径

吸纳包含特许经营方、周边保护地管理机构、NGO 与志愿者、大学与科研机构、中小学校、其他个人、媒体、当地寺庙等多方力量合作参与到国家公园的生态体验、环境教育、科学监测等活动中,尤其针对当地社区进行特殊考虑,协同社区居民与国家公园共发展。

10.1.3　国家公园访客管理内容

国家公园访客管理内容应包括确定访客类型定位、游憩机会规划、访客影响分析和管理、访客容量和规模调控、设施规划等。

10.1.4　国家公园访客类型

国家公园在保护自然资源的首要前提下,还应为公众提供环境教育和游憩体验机会,为专业科研团队提供研究机会。基于上述功能定位,国家公园的访客类型包括游客、志愿者、旅游从业者、非政府组织、教育机构、研究团体和社区居民等。

应对生态体验和环境教育活动所吸引的访客类型及特征进行预判分析,包括主要客源地、到访目的、预期的体验时长、体验偏好等方面。

尽管国家公园游憩与旅游产业有本质不同,但是在游客类型分析方面,可以有针对性地参考借鉴旅游产业中市场细分的技术方法。建立旅游市场细分的目标,是使研究人员有针对性地进行分析,迅速找到重点经营市场。旅游市场细分中比较常见的目标有:识别重度用户,了解重度用户的特征;改进现有产品或服务的设计;寻找新产品或服务的机会等。市场细分的指标可以分为四类:特征(包括年龄、性别、收入、教育、游伴等)、地域、消费心态(旅游目的、旅游动机、生活方式等)和消费行为(观光、消费、购物行为等)。

国家公园访客类型分析与普通景区游客市场分析的差别在于,国家公园不应一味迎合市场需求，而是应采取各类措施引导访客的游憩目的、游憩动机以及游憩行为，使其与国家公园价值导向和管理目标相一致。

案例：三江源国家公园访客类型分析 [①]

1. 访客类型

通过对三江源国家公园资源的本底价值进行判断，总结出三江源国家公园生态体验活动与环境教育所主要吸引的访客的特征。同时借鉴其他生态体验、游憩机会管理等相关理论和案例，得出以下访客类型（表10-1）：

访客类型规划

表10-1

编号	访客类型	访客特征
V1	观光访客	以风景观光体验为主，需要基本舒适、人性化的环境
V2	自然爱好者	热衷于体验了解认识野生动植物、河湖地貌等
V3	文化寻旅者	热衷于体验当地的文化，寻求真实的文化体验经历
V4	绿色公益旅者	热衷于环保旅行、支教、参加志愿活动的旅行方式
V5	艺术追求者	绘画、摄影、电影拍摄等艺术爱好者或艺术家
V6	孩童	14岁以下的儿童，主要以当地高原儿童为主
V7	高原健体访客	强调健康养生、体验户外运动、食用有机食品等
V8	高原牧民	前来追溯格萨尔王历史，并且体验三江源地区传统文化的牧民
V9	科考工作者	前来进行野生动物、地质、社区等方面的科研
V10	极限爱好者	热衷于挑战自我，体验生命的极限
V11	个性体验追求者	追求有品质、独特并且定制化的体验
V12	本地牧民访客	三江源国家公园内热衷于参与环保事业的本地牧民

2. 访问时间

6~9月及节假日：观光访客、孩童、高原健体访客、个性体验追求者。

夏秋冬季：自然爱好者。

藏历节日：文化寻旅者。

全年：绿色公益旅者、艺术追求者、极限爱好者、科考工作者。

3. 访客来源地

总体是主要面向全国的，也接纳国际访客。

节假日等访客来自全国各地，需要保证氧气设施和解说教育。

周末访客主要来自周边各省（甘肃、陕西、四川），甘肃海拔超过1000m，高原旅游知识方面可较少介绍；其余着重介绍。

绿色公益旅者、极限爱好者和个性体验追求者主要来自于国内外大都市，需要特别注意提供语言服务。

---

① 参考清华大学《三江源国家公园生态体验与环境教育规划》。

10.1.5　国家公园访客游憩机会

国家公园游憩机会分类，在遵循上述访客管理理念前提下，可以选择性借鉴目前已有的 4 种保护地游憩分类方法。

1）基于环境的游憩机会分类（表 10-2）

基于环境的游憩机会分类　表 10-2

游憩机会	描述
原始区域	未经人工改造的自然环境； 人类使用的迹象最少； 建设好的道路数量最少，管理行动最少； 与其他使用者的接触水平非常低； 禁止机动车辆的使用。 面积大于 500 英亩（约 $10km^2$） 对游客的限制和控制最少
半原始且无机动车辆使用区域	绝大部分都是自然的环境，只有不明显的人工改造。 面积由中到大（大于 1500 英亩）， 其他使用者的迹象普遍， 游客相互接触水平低； 对游客的控制和限制最小； 禁止机动车辆进入，但可能有道路
半原始且允许机动车辆使用的区域	绝大部分都是自然的环境。 面积由中到大（大于 1500 英亩）， 其他使用者的迹象经常出现， 对游客的控制和限制最小 低标准的，自然式铺装的道路和小径； 一些游憩者使用的路径允许机动车辆通过
通道路的自然区域	绝大部分都是自然的环境，经过中度的人工改造； 没有最小面积的限制； 游客间相互接触水平由中等到高等； 其他使用者的迹象普遍； 设计和建造设施，允许机动车辆使用
乡村区域	由于人类的发展或者植物耕作环境已经在很大程度上被改变； 人类的声音和影响普遍， 没有最小面积限制； 游客相互接触水平由中等到高等； 为数量众多的人群和特定活动设计设施； 机动车辆的使用密度高，并提供停车场
城市区域	环境中人类建造物占主导地位； 植被通常是外来物种并经过人工修剪； 没有最小面积限制； 到处充斥人类的声音和影响； 使用者数量众多； 建造设施以供高密度的机动车辆使用，并为大众运输提供设施

资料来源：U.S. Forest Service. ROS Users Guide. 1982.

2）基于活动特征的游憩机会分类（表10-3）

游赏项目表　　　　　　　　　　　　　表 10-3

游赏类别	游赏项目
野外游憩	消闲散步、郊游、徒步野游、登山攀岩、野营露营、探胜探险、自驾游、空中游、骑驭
审美欣赏	览胜、摄影、写生、寻幽、访古、寄情、鉴赏、品评、写作、创作
科技教育	考察、观测研究、科普、学习教育、采集、寻根回归、文博展览、纪念、宣传
娱乐休闲	游戏娱乐、拓展训练、演艺、水上水下活动、垂钓、冰雪活动、沙地活动、草地活动
运动健身	健身、体育运动、体育赛事、其他体智技能运动
休养保健	避暑避寒、休养、疗养、温泉浴、海水浴、泥沙浴、日光浴、空气浴、森林浴
其他	民俗节庆、社交聚会、宗教礼仪、购物商贸、劳作体验

（引自：GB/T 50298—2018 风景名胜区总体规划标准 [S]. 北京：中国建筑工业出版社，2018.）

3）基于资源相关性的游憩机会分类

根据资源与环境的分布特征，分为资源性游憩活动和娱乐性游憩活动。资源性游憩活动包括以不同生态系统、保护物种、地方特色物种等资源的观察、研究以及环境教育为目的的活动。游憩方式包括徒步、骑自行车、骑马、自驾车船、坐气球或滑翔机、登山、攀岩、探险等。娱乐性游憩活动指配合资源提供的游憩性活动，包括野餐、野营、骑马、垂钓、戏水、潜水、冲浪、漂流、泛舟、温泉浴、民俗活动等。

（参考：GB/T 20416—2016 自然保护区生态旅游规划技术规程 [S]. 北京：中国标准出版社，2006.）

4）基于游憩强度的项目分类（表10-4）

根据访客对国家公园价值感知的难易程度、体力要求、舒适度及耗费时间等，将游憩机会分为低强度游憩机会、中强度游憩机会和高强度游憩机会。

（1）低强度游憩机会：对国家公园内极易感知的价值进行体验设置，对游憩设施进行充分的环境影响评价。通常适合各种类别的访客群体，要配套充分的解说教育。体验的舒适度较好，耗费时间依据具体的体验项目而定。

（2）中强度游憩机会：对国家公园内较易感知的价值进行体验设置，对游憩设施进行严格的环境影响评价，并且充分考核特许经营者的资质。通常适合多数访客群体，对访客的体力、经验有相应的要求。体验的舒适度一般，耗费时间依据具体的体验项目而定。

（3）高强度游憩机会：对国家公园内难以感知的价值进行体验设置，对游憩设施进行严格的环境影响评价，并且严格考核特许经营者的资质。通常适合极少数访客群体，对访客的体力、经验有较高的要求。体验的舒适度较差，较为耗费时间。

类别	游憩机会
低强度	观光风景、观察动物、观察鸟类、摄影、野餐、观赏戏剧、民俗手工、村寨体验
中强度	徒步、划船、滑沙滑草、骑马、宿营、宗教仪式、听经禅修、绘画写生、观察星空
高强度	影视拍摄、雪地摩托、直升机、极限运动、探险、科研

基于强度的游憩机会分类　　　　表 10—4

（参考：清华大学. 三江源国家公园生态体验与环境教育规划）

10.2　游客影响管理

10.2.1　游客影响研究

1）可持续旅游背景

1987 年挪威首相布伦特兰夫人在世界环境发展委员会（WCED）上做了《我们共同的未来》的报告，明确指出了可持续发展的定义，即"可持续发展既满足当代人的需要，又不对后代人满足其需要的能力构成危害的发展"。进入 20 世纪 90 年代，随着人类社会对"可持续发展"这一主题的日益关注，科学界、社会公众和各国政府开始寻求旅游发展的新模式。许多学者开始将可持续发展观念引入旅游业中 [1]。

可持续旅游的概念随着可持续发展的提出而出现，是可持续发展观念在旅游领域的延伸和发展。1990 年在加拿大温哥华举行的全球可持续发展大会的旅游组织行动策划委员会会议提出了《旅游持续发展行动战略》，首次从国家和地区的角度提出了旅游业可持续发展的定义、总目标、政策、实施步骤，以及政府和旅游企业的任务。1995 年 4 月 27~28 日，在西班牙加纳利群岛栏沙洛特岛联合国教科组织、环境计划署和世界旅游组织共同召开了有 75 个国家和地区的 600 余名代表出席的"可持续旅游发展世界会议"。会议通过了《可持续旅游发展宪章》和《可持续旅游发展行动计划》，确立了可持续发展的思想方法在旅游资源保护、开发和规划中的地位，明确规定了旅游规划中要执行的行动。此外，市场因素、规划的可操作性与实施反馈研究也引起了足够重视。

《旅游业 21 世纪议程》中将可持续旅游定义为："在保护和增强未来机会的同时满足现时旅游者和东道区域的需要"。《可持续旅游发展宪章》中指出，"可持续旅游的实质，就是要求旅游与自然、文化和人类生存环境成为一个整体，自然、文化和人类生存环境之间的平衡关系使许多旅游目的地各具特色，即旅游、资源、人类生存环境三者的统一，以形成一种旅游业余社会经济、资源、环境良性协调的发展模式。"

---

[1] 李庆雷，明庆忠. 旅游规划：技术与方法：理论. 案例 .[M]. 天津：南开大学出版社 .2008.8.

世界自然基金会（WWF）在其关于旅游政策主张的声明中指出，旅游发展应该与有效的保护一致，在当地自然承受力允许的范围之内进行，以便使自然资源再生与维持未来的生产能力；尽可能减少旅游对生态的影响；要恰当的考虑东道区域内不同的文化与民族，确保当地人民能公平的分享旅游的经济利益。

可持续旅游应实现 5 个目标，增进人们对旅游所产生的环境效应与经济效应的理解，强化其生态意识；促进旅游的公平发展；改善旅游接待地区的生活质量；向旅游者提供高质量的旅游经历；保护未来旅游开发赖以存在的环境质量。

随着可持续旅游概念的产生，各国学者开始对可持续旅游的各个方面进行研究。Nelson 等（1993）编著的《旅游业可持续发展：监测、规划和管理》一书首次系统的讨论了可持续发展的各种问题，包括可持续旅游概念、旅游环境容量、生态旅游、可持续旅游政策、资源利用与保护之间的平衡关系、可持续旅游与社区和区域可持续发展的关系，可持续旅游监测的作用和重要性等。目前，世界上很多国家都尝试实施可持续旅游战略，将可持续旅游的基本原则运用于本国旅游开发中。

生态旅游概念最早出现在 20 世纪 80 年代，在之后的 20 多年时间里，生态旅游概念得到不断的修改和深化，并被认为是保护区可持续发展战略的重要组成部分。生态旅游具有六要素且缺一不可[1]，包括：对保护区的自然资源产生很少的负面影响；在规划、开发、实施和监测等阶段都有利益相关者参与，包括个体、社区、生态旅游者、旅游经营者和政府管理机构等；尊重当地文化和传统；为当地社区和其他尽可能多的利益相关者产生可持续的和公平的收入；为保护区的保护产生收入；对所有的利益相关者就其在保护中发挥的作用进行教育。

2）游客影响研究阶段

所有旅游和休闲活动都会引起环境和社会的变化。对旅游影响和旅游问题相关知识的了解有助于做出决策以及开展更为有效的管理行为；对旅游影响程度基本知识的了解还能形成一套有效的开展旅游监测指标的体系，这是判定是否达到管理目标的基本依据[2]。

国外旅游研究进程划分为 3 个时期：认知时期（19 世纪末至 20 世纪 30 年代）、过渡时期（20 世纪 40 年代至 60 年代）和发展时期（20 世纪 60 年代至今）。进入 20 世界 60 年代，大规模的旅游活动对接待地造成的不同影

---

① Andy Drumm，Alan Moore. Ecotourism Development-A Manual for Conservation Planners and Managers. The Nature Conservancy，2002.

② Pedersen，Arthur. Managing tourism at world heritage sites： A practical manual for world heritage site managers. Gland Switzerland： IUCN. 2002.

响开始显露出来,引起学者们的关注。研究中开始出现利用多学科理论和方法进行综合研究。70 年代旅游影响研究(尤其是负面影响)成为热点问题,逐渐形成旅游经济学、旅游社会文化和旅游环境与生态 3 个影响研究领域。其中,1977 年的旅游人类学的产生,标志着旅游社会文化影响研究的重要里程碑。20 世纪 70 年代末,我国的旅游研究和旅游几乎同时出现,80 年代是旅游研究的初创阶段,到 90 年代为止,大部分的研究属于经济和管理方面。从 90 年代开始至今,旅游研究论题开始拓展和深入,旅游影响成为受关注最多的问题之一。

3)游客影响类型和程度

游客对自然环境正面影响类型包括:生态过程和水域、生物多样性等重要自然区域的保护;考古和历史遗址及建筑特征等文化资源的保护;环境质量的改善;为环境增色;改善基础设施;增强环境意识等。游客对自然环境负面影响类型包括:水污染、空气污染、噪声污染、视觉污染、垃圾问题、生态影响、环境风险、破坏考古和历史遗址等文化资源、土地使用问题等。

游客对社会经济文化的正面影响包括:保护文化资源;鼓励当地居民重视当地文化和环境,增强文化自豪感;促进文化交流和文化间理解;鼓励地方工艺和文化的发展;有助于建立自给自足的保护区经营管理;为当地居民增加就业机会;为当地居民增加收入;鼓励当地手工业发展;刺激新的旅游企业,刺激并使当地经济多样化;增加地方税收等;社会方面,提高当地设施、交通和通讯水平;提高当地居民的教育水平和环境意识;使就业者获得新的技能;提高游客的环境意识等。游客对社会经济文化的负面影响包括:地方文化庸俗化、商品化,失去真实性;当地社区经济和就业结构的扭曲;当地居民生活成本增加;社会方面,人口结构失衡;过度拥挤影响居民对公共设施的使用;犯罪、赌博、卖淫、传统信仰消失等道德问题增加等。

旅游影响程度是由一系列复杂的社会环境因素和开发方式所决定,相互关系较难判定,以下是一些规律总结。

(1)旅游影响程度与旅游影响源的类型有关。旅游影响主要是由旅游开发和游客本身造成的。开发造成的影响通常和基础设施相关,它影响广泛并且有时候造成严重的后果,例如旅馆造成的污染。游客造成的影响经常是非常敏感的,但是通常都能够避免,例如可要求旅游者不要喂食野生生物以及不要触摸石刻等。

(2)旅游影响程度与被影响对象有关。例如,一些动物物种较之其他物种更易受旅游活动的干扰等。被影响对象的两个重要属性为抵抗能力(resistance)和恢复能力(resilience)。抵抗能力指的是对之使用后不受干扰的能力,而恢复能力指的是受到影响后恢复成不受干扰状态的能力。

(3)游客数量并不一定是决定旅游影响程度的首要因素。限制一个地区游客数量的方法并不一定有效。通常游客使用量和环境影响之间的关系不是线性的而是曲线性的（curvilinear）。也就是说起初微小的使用会造成最为严重的后果，而随后的使用造成的后果则不断地下降。

游客影响特征。由于游客沿特定线路进行游览，所以影响也就发生在这些地区。游客团队大小对相应影响的形成起到一定的作用。不同的游客行为会造成不同类型的影响，不同的游客活动也会造成同一类型的影响。拥挤对游客本身是一种负面影响，它破坏了游客对游览体验最初的设想。

旅游与社区的影响关系。旅游开发与社区之间相互影响的关系难以预测，因为它们之间缺少一个统一的关系或方式。例如，一些社区对各种旅游开发的高度集中采取积极态度而另一些社区对之采取反对的态度；又例如，一些文化能够积极地适应外界的影响而另一些文化则不能。但总体而言，社区居民对旅游的接受程度取决于旅游体现居民需要和愿望的程度以及他们参与旅游产业的程度。当地人关心的是旅游开发对房地产价格、休闲设施的使用、交通的堵塞、生活的质量、工资水平和物价上涨造成的影响。居民如果能通过自身和家庭成员得到雇佣而在经济上受益，或者他们认为旅游发展带来的好处要超过其带来的负面影响的话，他们更有可能支持旅游发展。

10.2.2 游客影响管理研究

1）游客影响管理工具箱

Paul Eagles 和 Stephen McCool（2002）[①] 认为，一共有 4 种政策可以用来减少自然保护地内游客的负面影响：游览机会的提供，比如增加可游览面积和游览时间，来容纳更多的游客使用；控制游览需求，比如通过限制停留时间、总体数量、使用类型等；提高资源容纳能力，比如地面硬化、设施开发等；控制利用产生的影响，比如通过控制利用类型以及利用的分散和集中程度，来减少负面影响。他们将这 4 种政策进行细分（表 10-5），并形象地比喻为管理工具箱，规划者和管理者可根据保护区的实际情况选择适当的工具用于管理中。

2）游客影响管理框架

管理框架是规划者和管理者解决具体问题的思路，包括一系列的步骤，管理框架本身不提供解决问题的答案，但通过管理框架可能会找到答案。20世纪 70 年代期间，承载力成为游客影响管理的一项重要技术。在承载力技术的指导下，管理者尝试通过限制游客数量来解决游客使用中产生的问题，但是逐渐地发现这一方法存在许多缺陷[②]。在此背景下，一系列新的管理

---

① Paul F.J. Eagles，Stephen F. McCool，Christopher D. Haynes. Sustainable Tourism in Protected Areas: Guidelines for Planning and Management. 2002.

② 杨锐 .LAC 理论：解决风景区资源保护与旅游利用矛盾的新思路 [J]. 中国园林，2003，03：19-21.

<table>
</table>

战略	管理策略和技术
减少整个保护区的利用	减少整个保护区的游客数量；减少停留时间；鼓励其他区域的使用；对技术和设备的要求；增收游客费用；在交通上增加到达景点的难度
减少对问题区域的利用	告知问题区域和替代区域，抑制或禁止问题区域的利用，限制问题区域游客数量；鼓励、要求对问题区域停留时间的限制；在交通上增加到达景点的难度；减少问题区域的设施和景点，增加替代区域的设施和景点；鼓励小路外（off-trail）旅游；建立不同的技能、设备要求；增收不同的游客费用
在问题区域内，改变利用的位置	抑制或禁止宿营和马匹使用；鼓励允许在特定区域内宿营和马匹使用；将设施建在承载力强的区域；通过设施的设计将利用几种；鼓励或禁止小路外（off-trail）旅游；将不同类型的游客隔离开
改变利用时间	鼓励在非高峰期使用；当影响很高时，抑制或禁止利用；在高峰期收费
改变使用类型和游客行为	抑制或禁止有危害的活动和设施，鼓励或要求行为、技能和设备；进行荒野伦理教育；鼓励或要求团队的规模，限制马匹数量；抑制或禁止马匹、宠物、过夜游客
改变游客期望	告知游客正确的利用方式；告知游客目前保护区的状况
提高资源的抵抗能力	保护场地，使与影响隔开；加强场地抵抗能力
维护、恢复资源	解决问题；维护、恢复受影响区域

（表格内容翻译自：Paul F. J. Eagles，Stephen F. McCool and Christopher D. Haynes. Sustainable Tourism in Protected Areas：Guideline for Planning and Management. IUCN，2002.）

框架应运而生，为解决保护区游客利用问题提供支撑，包括：可接受改变极限 Limits of Acceptable Change（LAC）；Visitor Impact Management（VIM）；Visitor Experience and Resource Protection（VERP）；Visitor Activity Management Process（VAMP）；The Recreation Opportunity Spectrum（ROS）等。

游客影响管理框架特征如表10-6。LAC引用了ROS的概念，而VERP引用了LAC的概念，因此这3种规划框架之间具有很多共同点，具体如下：①在控制游客影响的根本方法方面，从控制游客数量到控制构成游客体验的要素状态，包括资源、社会和管理三个方面；②将要素状态通过指标和标准进行量化，使便于监测和衡量；③分析现状指标状态和标准的差异，提出对应的管理措施；④强调管理目标在确定要素状态指标和标准中的重要作用；⑤对于未来监测结果与标准比较后应采取何种措施，均缺乏具体指导，也是共同的缺点之一。VIM虽然没有应用ROS的概念，但是也采用了指标和标准以及监测的方法，只不过它的指标用来反映游客影响程度，而不是游客体验类型。VAMP属于加拿大管理规划体系中的组成部分，涉及内容较为综合和笼统。

这些管理框架在实施过程中面临一些相同的难题[1]，主要为：规划实施需要一定的人员、资金和时间；由于对游客影响的科学知识仍然比较有限，因此

[1] Paul F.J. Eagles，Stephen F. McCool，Christopher D. Haynes. Sustainable Tourism in Protected Areas：Guidelines for Planning and Management. 2002.

游客影响控制管理框架的特征 表 10—6

特征	LAC	VIM	VERP	VAMP	ROS
评估和减少游客影响的能力	+	+	+	+	+
考虑影响的多种潜在根源的能力	+	+	+	+	+
帮助选择多项管理措施的能力	+	+	+	+	+
作出可辩护决策的能力	+	+	+	+	+
将技术信息和价值判断区分开的能力	+	+	+	+	+
鼓励公众参与和经验分享的能力	+	+	+	+	+
将当地资源利用和资源管理结合的能力	+	+	+	+	+
需要的规划投资量	−	− −	− − −	− −	
实施中的实际效率	− − −	−	−	−	− − −

注：＋表示积极属性；—表示消极属性，—越多表示越消极

（表格翻译自：Paul F. J. Eagles，Stephen F. McCool and Christopher D. Haynes. Sustainable Tourism in Protected Areas：Guideline for Planning and Management. IUCN，2002.）

许多判断比较主观，或基于非常有限的信息；在管理过程中即使发现利用已经远远超过标准，但是仍没有开展相应的管理措施，因为人员力量有限，或管理人员不愿意去解决难题。

10.3 访客容量与规模调控

10.3.1 访客容量

从狭义上讲，国家公园访客容量是指，在可持续发展的前提下，在某一段时间内、一定空间内所能容纳的访客数量。从广义上讲，国家公园游憩承载力是指，在可持续发展的前提下，国家公园在某一段时间内，其自然环境、人工环境和社会环境所能够承受的游憩及相关活动在规模、强度、速度上各极限值的最小值。国家公园应采取各种措施，使访客规模、利用强度和利用速度在访客容量／游憩承载力范围内。

自然保护地资源宝贵且有限，由于访客的游憩活动带来人口拥挤、景观质量降低、动植物生境破坏以及访客的游憩满意度下降等问题，自然保护地游憩承载力问题越来越受到关注。国内自然保护地较为关注景区访客容量，风景名胜区、森林公园、地质公园、水利风景区、湿地公园均有相关规范、条例、标准对访客容量进行了规定。访客容量测算目前多以空间容量即线路法、面积法、卡口法为主。其中，《风景名胜区规划规范》GB/T 50298—2018、《旅游规划通则》GB/T 18971—2003 对访客容量进行了较为详细的规定。但是，由于国家公园侧重生态系统原真性、完整性保护，因此在测算标准方面应有所区别，需要新的标准来进行指导。近年来生态足迹测算方法、可接受改变极限（Limits of Acceptable Changes，LAC）为访客容量决策提供了新的思路。

1）承载力的概念

承载力的概念，最初是借用牧业管理的方法，在牧业管理中，承载力是指没有破坏资源的基础上，于一定的土地单元上放养牲畜的最大数量。在管理国家公园时，承载力转变为访客的最大数量，超过这个限度将不能保持游憩质量。目前，游憩承载力的研究包括生态承载力、物理承载力、设施承载力、设施承载力、经济承载力、社会承载力等。环境承载力的研究最初是满足游憩区域的管理者需要，他们期望在资源保护的基础上为旅游者提供高质量的旅游经历。20世纪90年代，随着对旅游可持续发展的深入理解，游憩承载力已经从人数限制的单一方面的研究，扩展到环境、经济、社会、文化以及心理等多层次承载力研究，以此综合探讨国家公园的管理框架。

2）可接受改变极限

"可接受的改变极限（Limits Of Acceptable Change）"这一用语是由一位名叫佛里赛（Frissell，1963）的学生于1963年在他的硕士学位论文中提出来的。佛里赛认为，如果允许一个地区开展旅游活动，那么资源状况下降就是不可避免的，也是必须接受的。关键是要为可容忍的环境改变设定一个极限，当一个地区的资源状况到达预先设定的极限值时，必须采取措施，以阻止进一步的环境变化。1972年这一概念经佛里赛和史迪科进一步发展，提出不仅应对自然资源的生态环境状况设定极限，还要为游客的体验水准设定极限，同时建议将它作为解决环境容量问题的一个替选方法。1984年10月史迪科等发表了题为《可接受改变的极限：管理鲍勃马苏荒野地的新思路》的论文，第一次提出了LAC的框架。1985年1月，美国国家林业局出版了题为《荒野地规划中的可接受改变理论》的报告，这一报告更为系统地提出了LAC的理论框架和实施方法。运用LAC理论可以解决资源保护和游憩体验之间的矛盾，其步骤如下[①]：

（1）确认研究区域的价值及关注问题；

（2）明确、描述游憩机会级别及区域；

（3）选取资源和社会条件的指标；

（4）列出现有资源和社会条件；

（5）明确每一项游憩机会级别的资源和社会指标标准；

（6）确认可选择机会级别的分配；

（7）对每一项可选择的机会确认管理行动；

（8）每一项可选机会进行评估和筛选；

（9）执行管理操作和检测条件。

---

① 杨锐. 从游客环境容量到LAC理论——环境容量概念的新发展 [J]. 2003-09-18.

10.3.2 访客规模调控

游客规模时空分布往往出现不均衡特点，在时间上，全年游客规模时间分布不均衡，淡旺季明显，而且重要节假日游客规模往往会超出游憩容量；在空间上，一些热点区域内或者交通转换点形成多处拥堵点，安全隐患大。因此有必要对访客规模进行调控。

国家公园应当建立入园预约机制，以便更加有效的保护资源与环境，合理控制访客数量，提高访客游憩质量，提高园区运营效率，减少管理成本，避免管理混乱。国家公园管理者鼓励访客进行网络预约，并且提前告知管理者交通方式和游憩时间。同时，国家公园也鼓励访客对露营地和其他游憩设施的进行提前预订。

除了门票预约之外，还可以在多个尺度加强区域协作。宏观调控针对整个旅游市场，包括政策性调控、信息性调控等。中观调控主要协调与其外部环境的关系，包括区域旅游线路设计、不同区域间的协作和对外交通协调等措施。

专栏：访客容量与规模调控案例 [①]

1）面临问题：日益增长的游客规模将突破预设的游客容量

九寨沟从2001年7月1日起，在全国范围第一个提出实施"限量旅游"政策的理念，规定最佳日容量1.2万人次，最大日容量1.8万人次。其中最佳日容量数据基于《九寨沟风景名胜区总体规划修编》（2001），最大日容量数据源于景区日常管理经验总结。但是，九寨沟面临着来自多方面的发展压力，游客规模持续增长，游客容量被突破，"限量旅游"政策受到严峻挑战。

（1）年游客规模持续增长，将超过年游客容量。根据《九寨沟风景名胜区总体规划修编》（2001）年游客容量为300万。随着2009—2015年成兰铁路的建设开通，有研究预测九寨沟未来5年后（2015）游客规模将达到530万（注：参考《四川九寨沟风景名胜区近期建设规划》（2011—2015）和《九寨沟县国民经济和社会发展"十二五"规划》）。可见，从年游客总量来看，现有容量将不能适应未来旅游发展的需求。

（2）淡旺季明显，旺季日游客超载。九寨沟一年内淡旺季明显，淡季时间为11月至次年4月，旺季时间为6月至11月，含十一黄金周，淡旺季游客差距大，十一黄金周期间游客拥堵尤为明显。2011年十一黄金周最高峰（10月3日）游客日规模超过3.8万人，大大超过日游客容量，造成景区内各个景点拥堵。

（3）游客在特定时间集中于特定景点，局部空间瞬时容量不足。九寨沟由

① 庄优波，徐荣林，杨锐，许晓青.九寨沟世界遗产地旅游可持续发展实践和讨论[J].风景园林，2012（01）：78-81.

于特殊的地理和交通条件，游客游览路线组织比较单一，基本由游览车主导。现状由于游览车的发车时间集中于上午有限的几个小时内，游客不可避免会在特定时间特定地点集中，导致局部空间容量超载。例如，以 2011 年 10 月 2 日观测得到的五彩池游客人均面积看，有些时段甚至不足 $1m^2$/ 人，远远低于每人 $5m^2$ 的游赏面积标准。

2）容量反思：传统容量测算中生物多样性容量的缺失

有人提出，既然游客规模将超过预设的游客容量，为了满足公众游览遗产地的要求，以及促进地方经济发展，是否可以把预设的 1.2 万的日容量再扩大一些呢？容量是否可以扩大，怎么扩大，这些问题促使我们反思，现状预设的容量算法是否合理。

对于九寨沟的环境容量，有一系列的研究，均认为环境容量是复合容量，由一系列容量共同制约形成，各研究涉及类型基本相同，主要包括生态容量、资源容量、社会容量、空间容量等。具体的测算方法和量化标准一般参考《风景名胜区规划规范》，并结合景区实际情况进行增减和调整。笔者在这些研究中发现关于生态容量的测算，主要涉及水、大气等非生物环境因素，以及《风景名胜区规划规范》中针叶林和阔叶林的森林容量。但是，森林容量的标准主要是基于植物吸收二氧化碳的能力确定的，与动物、微生物以及植物自然演替过程之间关系并不密切。这样看来，目前九寨沟环境容量的测算中，存在着生物多样性容量缺失的问题。虽然这是目前理论界游客容量测算普遍存在的问题，但是对于九寨沟这样一个以保护大熊猫、金丝猴等珍稀动物及其生存环境为主要内容的保护地，且是中国乃至世界上生物多样性保护的关键地区和热点地区来说，这种缺失的后果将非常严重。

在一些九寨沟生态和生物多样性研究中，已经可以看到这种缺失的隐患。例如，根据《人类活动对九寨—黄龙核心景区生态环境的影响和水资源生态保护与可持续发展关键技术及其对策研究》的研究，旅游活动已经对植物多样性产生影响，引起九寨沟主沟内植物组成和群落结构特征改变显著，栈道及公路附近许多耐荫喜湿的敏感种局部消失，耐干旱、耐践踏、繁殖能力强的植物种群扩大。其中，公路对植物的影响范围通常可达到 5~7m；部分栈道为 5~15m。另有研究者反映，在公路两侧 50m 范围内，动物多样性骤减。

由此看来，尽管我们可以最大限度地压缩人均游客面积、心理承受距离或者提高观光车调度效率等，从而增加空间容量、设施容量或社会心理容量；但是在生态容量方面，尤其在生物多样性保护可承受的游客量方面，还需要做很多的工作。如果不考虑这一方面因素，容量测算很容易就沦为"数字游戏"。

3）难点讨论：生物多样性监测数据不充分成为容量决策的瓶颈

难点一，生物多样性容量究竟是多少？

在九寨沟，游客规模多大将对生物多样性产生不可接受的影响？生态系统发生多大程度的变化是不能接受的？生物多样性指标状态在核心区和实验区的差距多大是可以的？这些问题目前尚无针对性的研究。尽管九寨沟在监测方面已经走在全国保护区的前列，但是现状已有的监测内容尚不足以支撑相应决策。如果在没有充分的监测数据支撑的情况下盲目决策，主观性强，风险大。

难点二，游客规模对容量突破的容忍度究竟为多少？

从实际工作来看，尽管规定最佳容量为1.2万人，但是游客规模往往不是平均的，由于淡旺季明显，旺季游客规模往往会突破游客容量，而在淡季则远远低于游客容量。据2007年游客统计数据，7~10月连续4个月的平均日游客规模突破最佳容量，其中8月份最高，达到1.8万，突破程度达到最佳容量的150%。而未来，随着年游客规模的增加，突破月份和突破程度也将相应增加。那么，对容量突破的容忍度究竟为多少？突破持续时间可以是多长，是1个月、3个月还是6个月？突破程度可以是多大，是容量的1/10，1/2，还是1倍、2倍？这些问题，同样由于缺乏足够充分的生物多样性影响相关的监测数据而难以确定。

4）对策建议：持续调控和监测探索两手抓

一方面，继续加强多尺度游客时空分布调控

游客时空分布调控目的在于通过调控游客在时间分布和空间分布的不均衡性，使游客规模不超过游客容量。这一方面景区已经开展了很多研究和探索工作。总体而言，游客时空分布调控可分三个尺度。其中，宏观调控针对整个旅游市场，包括政策性调控、信息性调控等。如建议国家实施假日制度创新，从政策角度解决客流的时间性不平衡分布。中观调控主要协调遗产地与周边旅游目的之间的关系。在调控淡旺季不平衡方面，通过发掘利用区域冬季游线，配合九寨沟冰雪节，形成冬季旅游专线，增加冬季游客量。在调控旺季游客规模方面，通过发掘利用区域半日游线，与遗产地组合成一日游路线，将游客在遗产地内停留时间由一日游减少为半日游，从而减少遗产地内瞬时游客规模。微观调控主要指遗产地内部调控，以改变某一时间段某一景点人数过于集中的问题。例如，在高峰日，通过上下车站点位置调控，增加冷门景点和利用率较低的栈道的到访率，分散客流；在极限状态下，通过指定游览路线和到访景点，控制游客每一景点停留时间，将游客在遗产地内的停留时间控制在半日或更少。微观调控的实施依赖良好的管理调控，景区目前正在研究实施的RFID系统可以作为关键性的技术支持。

另一方面，探索执行以监测为基础的适应性管理机制

遗产地游客容量的测算和决策既不能为了满足现实需要而进行主观扩大，也不能不顾地方发展需求一味压缩，需要基于科学数据进行科学决策。在当前缺乏旅游对九寨沟遗产地生物多样性影响的监测数据的条件下，遗产地游客容量管理应执行以监测为基础的适应性管理机制。2011-2015年期间，游客日容

量仍然延续最佳日容量 1.2 万人次，最大日容量 1.8 万人次的政策。以 5 年为
1 个监测评估反馈周期，编制监测方案和评估标准，通过监测积累旅游对生态
环境和生物多样性影响的数据并对其进行评估。如监测评估结果为影响仍在可接
受范围内，则可以在第二个 5 年将容量适当扩大；如监测评估结果为影响超过
可接受范围，则应在第二个 5 年将容量适当缩小。九寨沟在监测方面已经积累
了非常丰富的经验，在这一方面有条件继续走在全国的前列。另外，在生物多
样性监测指标方面，可以借鉴参考 LAC 理论框架下关于旅游机会种类、相应
监测指标、状态标准的相关研究和实践。

10.4　设施规划

公众对于国家公园的体验是以一定设施为媒介的。合理的设施可以加深人
们的体验和观感，而必要设施的缺乏必然影响着体验的深度。设施条件制约着
体验时长、体验方式、体验深度、体力消耗、访客心理、访客容量、解说教育
效果等诸多因素。具体而言，交通更加便利的地方可以吸引更多大众访客，合
理的游步道路径可以提供到访者更佳的游憩体验，相应完备的设施可以增强访
客对行程的良好印象，营地、餐饮卫生设施等解决人休息和基本生理需求的设
施可以增加体验时长，并以某种形式增加体验深度，等等。以上所有设施条件
最终都会影响访客的现实体验和心理预期，并进一步影响着国家公园环境教育
系统的最终效果，以及保护和教育这个最终目标能否顺利实现。

10.4.1　设施规划原则

游览设施是游客获得高品质游览体验的重要组成部分。国家公园游览设施
应与自然资源和文化氛围相匹配，应当尽量缩小规模、简化类型，区别于都市
里的宾馆和餐厅。如确有必要修建的游览设施，如住宿、餐饮等，应精简规模、
控制等级，让访客感觉干净、舒适即可，不可追求豪华。

设施规划应在保证访客体验和最基本的游憩服务需求的同时，尽可能降低
设施建设规模和减少游览设施对环境的影响。应根据国家公园功能分区确定的
功能设置相应的设施。例如，生态保育区允许开展小规模的探险游，则允许设
置一些探险小径和宿营地；游憩展示区允许开展较大规模的游憩活动，则允许
建设机动车道以及游步道、观景台等小型游览设施，部分区域集中设置服务设
施，允许建设宾馆、游客中心等较大型游览设施，但是规模和选址应进行严格
控制。

设施规划原则为：区内游览，区外住宿；以须定量，渐进调整；利用现状，
合理布局；尊重环境，绿色高效。

"区内游览，区外住宿"是指在满足游览基本要求的前提下，尽量减少国

家公园内部的游览设施，应充分利用区外邻近村镇和城市的旅游服务资源，尽最大可能实现区内游览、区外住宿。

"以须定量，渐进调整"是指区内设施规模的确定按照"必须"为原则。"可有可无"的设施不设，"可多可少"的设施少设，并在运行过程中逐步调整。游览设施是区内人工设施的重要组成部分，它的设置应强调"必须"而不是"需要"。区内分布着大量重要性和敏感度极高的自然资源，游览设施所产生的噪声、污水、垃圾等会对这些资源造成不利影响。因此，需要对游览设施进行总量控制，将其可能造成的环境影响控制在可以接受的范围之内。

"利用现状，合理布局"是指区内游览设施布局规划尽量利用现有设施，通过对服务基地数量和级别的调整合理布局游览设施。

"尊重环境，绿色高效"是指区内游览设施建设在体量、色彩、材料、造型等方面要融入自然风貌，甘当配角，能隐则隐，能藏则藏；在设施运行方面要高效率，对环境的污染应控制在环境自净能力以内，直至零污染。

10.4.2 交通设施管理

国家公园内交通设施包括非机动车交通和机动车交通。非机动车道路建设应满足：①保护国家公园本底价值，非机动车道路建设应尽可能减少对本底价值的负面影响；②能够结合资源展示提供令人满意的步行游览体验；③减少与机动车和不兼容用途的冲突。非机动车道路的设计要多样化，适合不同访客类型和现场条件，如徒步道、骑马道、自行车道、讲解用的小径等，位于探险、徒步等自然区域的小径不需要铺设路面，保持自然朴实的特质。

国家公园内部机动车道路建设应学习和借鉴国外国家公园道路建设的成功案例，促进形成完善的法律法规。国家公园内部机动车道路建设应以生态性为基本原则，尽可能减少机动车道路建设对景观和生态环境的影响。首先国家公园相关部门应充分调研道路建设现状及生态影响，例如每年发生野生动物交通事故的频率，现状生态敏感性土壤、植被分布区域，现状野生动物繁衍栖息地、活动路线等；其次，在道路规划和设计阶段，应邀请相关景观学、生态学专家进行评估，明确被保护、保育的对象和目标，同时学习国外生态道路建设的新方法和新技术；然后，在道路施工阶段，应减少土方工程，保护原有植被和土壤，必要时应架设野生动物走廊，以降低对生态环境影响；最后，在道路维护管理阶段，应加强科研监测，对于道路周边地形、土壤、生物量等进行定期统计调查，若道路建设对周围生态环境产生了不良影响，应及时反馈，并采取应对措施。

案例一：美国 I-70 州际公路建设

美国 I-70 州际公路由科罗拉多州的丹佛向西延伸至犹他州，贯穿落基山脉及全美第三高的森林游憩区——怀特河森林游憩区，景观壮阔。其规划开始于1953年，历经多方抗议和讨论，经过长达十多年的详细规划、设计和施工，于1993年获全美土木工程成就奖。该工程在规划之初，通过多方合作获得环境监测的相关资料，并邀请相关专家参与规划；道路在建设过程中，以高架桥及栈桥通过环境敏感区，同时采用各种新技术处理道路边坡，搭配一些景观复原技术或植生技术，此外，为保护表土及原生花草，道路建设初期便将富含种源库的表土加以保存。[①]

案例二：日本日光宇都宫道路建设

日本日光宇都宫道路连接日光和青龙路段，长约6km，位于日光国家公园范围内，穿越虫鸣山和保护类青蛙的栖息地。为降低道路建设产生的环境影响，保护蛙类的繁殖栖息地，道路建设之初进行了非常详实的生态调研，以了解道路建设范围内保护性物种的数量、区域、活动路径等现状条件。由于道路规划区域内的原生林区有丰富的腐殖质和种源库，经调查后决定保留开挖路权范围之表土，完工后再回覆于附近旁坡。道路建设中采用了高填方之路堤形式，并将规划道路向大谷川方向移动，同时将部分路段改为低路堤形式或桥梁隧道通过环境敏感性区域。

10.4.3 住宿设施管理

国家公园内应严格控制民宿及宾馆建设，严格保护区内不允许兴建民宿或宾馆。应尽可能利用现有设施满足访客需求，通过严谨全面的分析确定民宿/宾馆的规模和数量。新建民宿/宾馆应保持与周围景观风貌和谐，提高服务品质，融入地方文化特色。

案例一：中国台湾地区国家公园内住宿设施仅限制于民宿范围内，非民宿（如宾馆）不允许在国家公园范围内设置。台湾地区的一般民宿控制在5间以内，且客房总楼地板以面积150m²以下为原则；特色民宿则控制15间以内，且客房总楼地板面积200m²以下之规模。台湾地区民宿大多采用家庭副业经营的方式，服务人员多由民宿业者的家庭担任，强调浓厚人情味和家庭温馨的感觉。民宿强调结合自然环境，体验当地风土民情或农村生活，与周边环境资源互动高，与当地社区居民和团体互动高[②]。

案例二：日本大雪山国家公园内共有11处避难小屋（山小屋），总床位为425人，仅为游客提供临时休憩及卫生空间，国家公园内不允许兴建宾馆或民宿。大雪山国家公园是日本最大的国家公园，由此可见，日本国家公园内住宿

① 周南山，台湾山区国道公路规划原则与环境条件融合之研究计划．
② 留梅芳，民宿产业与民宿策略联盟．

设施建设控制的非常严格 [①]。

思考题

1. 国家公园应该为公众提供什么样的游憩体验。
2. 如何协调访客容量决策的科学性和实用性。
3. 如何认识设施在游客体验中的作用。

主要参考文献

[1] 李庆雷，明庆忠. 旅游规划：技术与方法：理论. 案例.[M]. 天津：南开大学出版社. 2008.8.

[2] Pedersen，Arthur. Managing tourism at world heritage sites：A practical manual for world heritage site managers. Gland Switzerland：IUCN. 2002.

[3] Paul F.J. Eagles，Stephen F. McCool，Christopher D. Haynes. Sustainable Tourism in Protected Areas：Guidelines for Planning and Management. 2002.

[4] 杨锐. 风景区环境容量初探——建立风景区环境容量概念体系 [J]. 城市规划汇刊. 1996.6.

[5] 杨锐. LAC 理论：解决风景区资源保护与旅游利用矛盾的新思路 [J]. 中国园林，2003，03：19-21.

[6] 袁南果，杨锐. 国家公园现行游客管理模式的比较研究 [J]. 中国园林，2005，07：27-30.

[7] Andy Drumm，Alan Moore. Ecotourism Development-A Manual for Conservation Planners and Managers. The Nature Conservancy，2002.

[8] 庄优波，徐荣林，杨锐，许晓青. 九寨沟世界遗产地旅游可持续发展实践和讨论 [J]. 风景园林，2012（01）：78-81.

[9] 吴必虎. 区域旅游规划原理 [M]. 北京：中国旅游出版社. 2001.5.

[10] Edward Inskeep. 旅游规划：一种综合性的可持续开发方法 [M]. 张凌云译. 旅游教育出版社. 2004.

[11] 严国泰. 旅游规划理论与方法 [M]. 北京：旅游教育出版社. 2006.4.

[12] 蔡君. 略论游憩机会谱 ROS 框架体系 [J]. 中国园林.

[13] 余向洋，朱国兴. 游客体验及其研究方法述评 [J]. 旅游学刊，2006，(10)：91-96.

① 资料来源：http://sounkyovc.net/manner.

第11章 社区协调规划

教学要点

1. 了解保护地社区相关概念，社区类型与演变等，形成保护地社区价值的正确认识。

2. 了解保护地社区规划背景和发展趋势。

3. 掌握国家公园社区协调规划框架，包括社区规划指导思想、规划目标、原则以及主要规划内容构成和方法，即社区分类调控、经济引导以及协调管理制度保障。

11.1 保护地社区相关概念

11.1.1 社区

"社区"的英文为"community"，源自拉丁语 communitas，含有表示"共同的"和"礼物"的词根，意为伙伴关系或组织化社会。1887 年德国社会学家滕尼斯（Ferdinand Tennies, 1859-1936）发表《社区与社会（Gemeinschaft und Gesellschaft）》，首次出现了"社区"一词，并区分了"社区"与"社会"两个概念。认为社区是因有共同的意愿而紧密结合的社会单元，家庭和亲属关系是社区的完美体现，其他的共同特征，例如场所或信念等也可以形成社区[1]。后来美国学者将 Gemeinschaft 翻译成英文 Community[2]。中文"社区"一词是吴文藻等燕京大学学生从英文 Community 翻译而来（吴文藻，1935）[3]。

从滕尼斯时期至今，在社会学和其他相关学科的研究中对于社区概念的界定一直没有统一的结论，不同研究者根据其自身认识和研究需求给出不同的社区定义。目前有关社区的定义已经超过 140 种（丁元竹，2009），主要的学说有人文区位说、地理和社会实体说、同质说等。人文区位说源自 20 世纪初产生的人文区位学，注重区位在社区形成过程中的作用，强调地理与社会要素在社区中同等重要；地理和社会实体说同样强调了地理要素的地位，但对社会因素有不同的理解，认为社区中的社会团体需要满足完整性（E.Davis，1949）、地域代表性（Harry，1950）或是具有共同心理和文化特性的结合体（M.Alliott et，1950）；同质说则把社区当作是社会生活相同的地区，并强调团体生活的各种互动行为。

《中国大百科全书社会学卷》则认为人们至少可以从地理要素（区域）、经济要素（经济生活）、社会要素（社会交往）以及社会心理要素（共同纽带中的认同意识和相同价值观念）的结合上来把握社区这一概念[4]。

11.1.2 社区研究

社区研究的理论起源于 19 世纪晚期的欧洲，1887 年德国社会学家滕尼斯出版的《社区与社会》一书被认为是社区研究的开端，其后社区研究在美国得到了很大的发展，并在美国和西欧发展出了不同的研究流派。我国的社

---

① http：//en.wikipedia.org/wiki/Community.
② 杨超，西方社区建设的理论与实践 [J]. 求实 . 2000（12）.
③ 吴文藻 . 现代社区实地研究的意义和功用 [J]. 社会学研究 . 1935（66）.
④ 中国大百科全书社会学卷。

区研究始于建国以前吴文藻等留学欧美的学者运用西方的社区理论研究中国的社区问题，其后费孝通等人专注于中国乡村社区的实地研究，产生了广泛的学术影响力。

社区研究的理论中影响较大的主要包括人文区位学（Human Ecology）理论和功能主义理论。人文区位学是由美国芝加哥大学的帕克于 1921 年首创，在以空间结构为对象的社区研究中发挥重要的作用，虽然理论本身经历了不同的发展阶段并产生了不同的研究方向，但研究重点基本都集中在空间组织及社会区位互动的研究上，尤其是对城市空间组织和城市空间扩张过程中的区位进行研究。

功能主义研究方法以英国功能主义人类学派和美国结构功能主义社会学派为支柱产生了了不同的功能理论。前者希望借助自然科学的方法开展实地研究来解释社会现象（马林诺斯基 Bronislaw Malinowski、布朗 A. Radcliffe Brown）。后者则认为社会科学更加靠近自然哲学，坚持使用抽象概念来对社会学进行分析（韦伯 Max Weber、帕森斯 Talcott Parsons）。

中国的社区研究主要是指以费孝通为代表的中国学者受到人文区位学和功能主义人类学影响而进行的社区研究理论探索，认为社区研究是"综合的实地研究"。

上述社区研究理论是将社区作为一个整体进行研究，除此之外还有很多研究关注社区构成要素的某一个或几个方面。例如社区人口理论、社区文化理论、社区权力理论、社区价值观与文化体系研究等。[1]

11.1.3　社区规划

社区规划在社会学和城市规划学的背景下关注的内容有一定的差异。

社会学范畴下的社区规划与社区管理和社区服务并列，是社区建设范畴下的三种手段之一，是指一个国家、地方政府和社区在一定时期内对各部门发展建设与布局的总体部署，是对社区发展战略的进一步详细落实，是指导社区建设和布局的科学依据。

城市规划学范畴下的社区规划则更多的强调空间要素，其最早的雏形是20 世纪 20 年代美国的邻里单元社区规划，其后随着"城市蔓延"带来一系列的城市中心区衰落、环境污染等问题，美国社区规划开始注重紧凑和可持续性。而在英国，其社区规划采用更广泛的社区含义，作为一种面向可持续发展的规划体系丰富城市规划的对象和范畴，强调规划过程中的社区参与和公民义务。

目前中国的社区规划理论尚不成熟，多限于对城市基层社区的规划和发展讨论，如居住区规划、城市某社区的规划等。

---

[1]　于显洋 . 社区概论 [M]. 北京：中国人民大学出版社 . 2006.

11.1.4 保护地社区历史演变

很多保护地社区拥有悠久的聚居史，并在长期与自然的相互作用中形成并保护了重要的风景价值。在中国几千年农耕文化的熏陶下，大多传统社区形成了自给自足的小农经济结构和以宗族血缘为纽带的社会结构，社区的空间分布受耕地等生产资料影响较为分散，个体建筑规模小，居住密度低，并形成了与自然和谐共处的朴素生态观和自然资源管理知识。这一时期由于内向性的社会结构和地理条件的限制，社区之间的物质和精神交流极为有限，不同地域和文化背景的社区差异较大，从而产生了形态各异、类型多样的传统基层社区，尤其是少数民族和宗教社区。

鸦片战争时期西方帝国主义列强入侵，很多传统社区遭到破坏，社区居民生活在水深火热之中。由于帝国主义对中国的产品倾销，使本来就发展缓慢的中国工业和手工业萌芽受到打击。抗日战争胜利之后，在农村实行的一系列土地改革使封建土地所有制瓦解，社区居民拥有和经营土地，社区的面貌和居民生活水平得以改善。农业生产力和农村居民劳动自由度的提高增加了农村剩余劳动力数量，从而为城市化发展提供了条件，城市居民人口数量上升。

改革开放后开始在农村采取土地适度规模化经营的政策，进一步提高了生产力和灵活性，以乡镇企业为代表的工商业经营方式得以发展，同时随着人民生活水平的提高，旅游业兴起，位于风景资源丰厚的社区居民开始从事旅游业。产业发展促进了农村的城镇化，农村社区居民人口规模和建设规模不断增长。市场经济发展浪潮促进了不同地域社区之间的交流，居民采用普遍的现代化技术手段提高自身生活质量的同时，也改变了社区的风貌和传统生活方式。国家推动新农村建设和乡村旅游、实现快速城市化等政策的出台加速了社区在经济结构、空间形态和人口规模等各方面的变化。

同时，自然保护地尤其是风景区的设立增加了社区所在区域的旅游吸引力，带来了大量的游客和巨大的旅游利益，无论是农村或是城镇型社区都从原有产业积极转向旅游业，社区外来居民数量增多，为满足入迁居民和游客需求，社区建设规模和建筑密度不断增加，传统社区风貌进一步被改变。

11.1.5 保护地社区的基本类型

通过上述历史演变和变迁驱动力分析，保护地社区个体之间具有很大的差异性。按照不同的标准，如行政单位、人口规模、产业类型、区位、聚居历史、与保护区的关系等，可以将社区进行不同的类型划分。了解多种类型划分有助于全面掌握保护地区社区的现状。

按照社区所属行政单位的不同，可以分为乡村型社区（乡）、城镇型社区（镇）、城市型社区（街道办）。

按照社区人口规模进行类型划分，目前尚无针对保护地区社区规模的数值标准，《村镇规划标准》按人口规模将社区分为大、中、小型三类（表11-1）。

村镇规划规模分级   表 11-1

	村庄		集镇	
	基层村	中心村	一般镇	中心镇
大型	>300	>1000	>3000	>10000
中型	100~300	300~1000	1000~3000	3000~10000
小型	0~100	0~300	0~1000	0~3000

按照社区主导产业类型的不同可以分为农耕畜牧型社区、林业经营型社区、旅游服务型社区。

按照社区与保护地主要交通路线、主要入口等的区位关系可以将保护地社区分为临核型、沿线型、门户型和普通型社区。

按照聚居历史长短，可以分为原居型、外来型和政策型社区。原居型社区是指在保护地设立之前就已经存在的社区，该类社区具有悠久的聚居史和珍贵的文化传统，往往是保护地价值的重要组成部分；外来型社区是指在保护地设立之后，由于旅游利益驱使或者其他一些原因从保护地外迁移到保护地内的社区；政策型社区是指在保护地规划社区调控政策的要求下形成的社区，该类社区往往是由其他两类社区居民从其原住址搬迁到制定地点形成的。

按照社区与保护地之间的关系，可以将社区划分为共生型、依托型、无关型、受限型等。共生型社区是指社区本身是保护地价值载体的重要组成部分，与保护地有长期且密切的相互关系，社区的自身发展与保护地发展息息相关；依托型社区是指作为保护地旅游服务或者后勤物资供给区的社区，其产业发展对保护地的依赖性较强，受旅游淡旺季影响较大；无关型社区是指远离保护地核心区域和主要门户，受到旅游和管理政策影响较小的社区；受限型社区是指社区发展对保护地资源保护产生了较大影响，往往是在环境污染和视觉景观方面，因此保护地对其发展规模和发展途径进行了政策控制的社区。

此外，还有一些社区难以按照通常的分类方式进行划分，在制定社区规划及其他相关管理政策时需要针对这些社区展开专门研究，在这里重点介绍两大类特殊社区：林（农）场和宗教类社区。

林（农）场社区。该类社区依托一个共同的事业或企业单位存在，单位职工及其家属是社区的主要成员，成员构成、社会关系和支柱产业相对单一，是一种特殊的社区类型。我国林场概念源自中国林区的森林区划，分为国有林区区划系统和集体林区区划系统[①]。国有林区区划系统为：国有林业局—林场—

① 中国农业百科全书总编辑委员会林业卷编辑委员会，中国农业百科全书编辑部.中国农业百科全书·林业卷下 [M].北京：农业出版社.1989.521.

国有林区—林班—小班；集体林区区划系统为：县—乡（林场）—村（林班）—小班。因此，我国林场一般包括国有林场和集体林场两大类。国有林场的规模通常较大，其中包括若干乡级及以下行政单位，例如，湖南永州金洞林场管辖6乡1镇1工区，73个行政村，总人口52302人[1]。而农场一般指国有农场，其土地、自然资源、机器设备、生产建筑等生产资料属于全民所有；在国家计划指导下进行生产经营活动；产品由国家统一支配；农场工人是工人阶级的一部分。国有农场在隶属关系上分为：归农垦部门管理的国有农场，归侨务部门管理的华侨农场，归军队管理的部队生产农场，归司法部门管理的劳改农场，归农业部门管理的良种场、园艺场、种畜场等[2]。

宗教类社区。中国很多保护地尤其是风景区都拥有悠久的宗教文化，留下了很多寺庙或道观。随着历史发展，有的已经年久失修，香火不再，还有很多一直延续至今，成为保护地重要的价值载体，如嵩山少林寺。这些保留下来的寺庙和道观不仅具有重要的文化和历史价值，还与在其中生活的僧人和道士等共同形成了另一类特殊的保护地社区。

11.1.6 保护地社区规划发展趋势[3]

1）社区价值识别从不受重视到纳入多层次价值体系

现状保护地社区规划中，关于社区的认识，除了具有显著的历史文化和视觉景观价值的社区外，普通的居民点往往被认为与保护地的目标不一致，因此在规划对策方面往往采取搬迁或缩减人口的政策，且政策相对简单，缺乏执行过程和方法的研究。在规划实施过程中，发现社区搬迁难度很大，不仅经济成本高，社会影响也比较大。同时，随着世界遗产关于价值识别、可持续发展等理念的提出，也推动对社区价值进行反思和重新识别。保护地内普通社区的地方层面价值，包括社会、经济、文化等价值，将逐渐受到重视，并将纳入到保护地多层次价值体系中进行综合统筹。

2）社区规划范围从区内到缓冲区再扩展到多层次区域

缓冲区在生态上是保护地与周边地区之间的联系；在土地利用方面，是周边地区较强的利用强度与保护地内部较低的利用强度之间的过渡。传统保护地社区规划，主要针对区内的社区提出规划目标和对策，关于缓冲区，往往仅划定边界，没有具体管理政策。这种做法的主要根源在于，认为管理机构对缓冲区没有直接管理权，即使规划规定了相关政策，也难以实施。在这种认识指导下，随着区域快速城市化，遗产地越来越被孤立为一个个岛屿。近年来，缓冲

① 许春晓.林场居民对生态旅游开发的认知状态研究[M].农业系统科学与综合研究2005（03）190-195.

② 农业大词典编辑委员会编.农业大词典.北京：中国农业出版社.1998.第579-580页.

③ 庄优波，杨锐.世界自然遗产地社区规划若干实践与趋势分析[J].中国园林，2012，28（09）：9-13.

区作为一种保护手段为世界遗产领域所重视，世界遗产委员会及其咨询机构于 2006 年和 2008 年举行了 2 次专题会议，讨论缓冲区相关问题。另外，缓冲区的范围划定、是单个缓冲区还是多个缓冲区以及缓冲区政策的执行机制等，正逐步成为讨论的焦点。

　　3）社区规划内容从物质空间规划到综合管理规划

　　现状保护地社区规划内容，主要侧重物质空间规划，围绕居住空间未来的选址、规模、建设形式等展开。但是实际上有些社区面临的问题，并不能完全通过物质空间规划的方法得到有效解决。例如规划确定了搬迁居民点，但是没有规定如何搬、搬到哪里、如何补偿等，实践中的可操作性就很弱。社区管理机制、文化教育、经济引导等属于非物质空间范畴的内容，在社区规划中增加这些内容的目的是通过多种渠道来解决社区问题，在一些空间规划无法起到有效作用的情况下使用机制等软性手段来达到目标，从而使社区规划能够真正落实下来。随着社区地方价值日益受到关注，以及全球化和城市化背景下社区面临的居住、就业、文化保护等问题日益复杂，软性手段的分量将逐步加大。近年来相关研究已经开始关注，如强调后续的产业和经济方面的安排及引导对于居民点整治行动能否顺利进行至关重要；强调保护地规划过程中的社区参与等。

11.2　国家公园社区价值评价

11.2.1　社区价值体系

　　国家公园社区价值体系可分为使用价值和保护价值两大类。

　　使用价值分为直接使用价值和间接使用价值。直接使用价值是指社区为当地居民提供日常生活所需的各种必要条件的功能。例如，社区内的建筑满足居民的住房需求，道路与交通设施满足居民的出行需求等。间接的使用价值是指社区或其构成要素作为商品进入市场，为当地居民或其他开发商提供经济利益的功能。例如，利用社区的建筑进行餐饮住宿接待，社区空间开放作旅游参观等。

　　保护价值可以分为美学价值、历史价值、文化多样性价值三大类，代表具有一定特征的社区或其构成要素在美学、历史和文化多样性方面的重要意义。保护价值的受益者往往是更为广泛的区域、国家乃至国际社会公众。社区保护价值是保护地价值的重要组成部分或有力补充。

　　因此，可以这样说，社区及其构成要素只要存在即有直接使用价值，但必须具有一定的特征，即成为特征要素才具有保护价值。保护价值与间接使用价值之间存在着密切的关系：保护价值越高，越能带动间接使用价值的提升；间

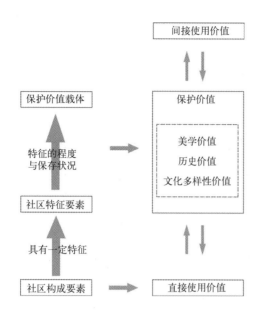

图 11-1 国家公园社区价值体系构建关系图

接使用价值如果对保护价值有影响，也会最终影响到自身价值的高低。

国家公园社区的保护价值是国家公园价值的重要组成部分或有力补充，同时社区价值须建立在不破坏国家公园价值的基础上。当社区使用价值与国家公园价值产生矛盾的时候，优先考虑国家公园价值的保护（图 11-1）。

11.2.2 社区价值评估

社区价值评估就是识别出社区的保护价值及其载体，判断其价值重要性和与国家公园价值的关系，作为进行社区规划、管理和其他决策的依据。

社区价值评估首先要进行特征要素的筛选。社区特征要素是指使某处社区不同于他处的构成要素及其组合方式。一般来讲，国家公园社区的特征要素可从如下三方面把握，社区自然背景、社区物质空间和社区社会文化。

自然背景方面主要考虑社区所处的自然条件以及其利用自然条件生存而形成的相互作用关系是否具有美学与历史价值。具体考虑的指标包括地质地貌、土地利用方式、景观格局等。

物质空间方面主要指社区内部空间构成要素有可能具有的美学及历史价值，包括空间结构、边界与入口、街巷与公共空间、水系、院落空间、建筑、名胜古迹等。社会文化方面主要考虑社区在漫长的历史发展过程中可能形成的文化多样性价值，包括社会关系、民风民俗、语言、自然观念和场地认同感等要素。

上述要素并非一成不变，不同社区应根据自身特点分析筛选出特有的特征要素。由于社区是居民的生活空间，处在不断发展变化中，需要对特征要素在不同时期的状态进行分析。一般可分为历史和现状两个时期，历史状态是指社区在过去相对缓慢漫长的历史发展过程中形成的特征；现状是指社区经历了近现代社会经济发展的影响后，所呈现出的特征。

在此基础上，通过广泛的公众咨询和多利益相关者参与，针对现状的特征要素和组合进行价值评估。考查的标准为是否具有稀有性和典型性，以及保存状态是否真实与完整。对于那些具有重要保护价值的特征要素，应将其列为保护对象进行相应的保护；对于目前不足以具有保护价值的特征要素来说，应从保持地域性景观特色和保护文化多样性的角度，考虑其相应的加强、恢复或创新措施。

11.3 国家公园社区规划框架

11.3.1 社区规划指导思想

《国家公园总体方案》第六部分"构建社区协调发展制度"中的第十七、十八、十九条中，明确了对国家公园社区协调发展的指导思想，主要包括三个方面。①思路创新，首次在中央层面提出建立社区共管机制，并探索集体土地的合作协议保护模式。②管控严格，强调国家公园管理机构对社区生产生活、建设用地和景观风貌的管控。③鼓励引导，国家公园管理机构引导多元主体的广泛参与、社区特许经营、设立生态管护公益岗位，建立资金转移支付机制、建设入口社区和特色小镇。

11.3.2 社区规划目标

社区规划的总体目标是"在不影响国家公园价值保护的前提下实现社区价值保护与可持续发展"。总体目标包括三个方面，国家公园价值的保护；社区景观特征的传承；社区可持续发展。

1）保护国家公园价值

社区是构成国家公园价值完整性的重要组成部分。当相应景源的保护与其他景观特征传承或可持续发展发生矛盾时，应当被优先考虑。

2）社区景观特征的传承

国家公园是自然条件优越的区域，是远离工业化的区域，同时也是景观优美的区域，因此国家公园及其周边的社区最有条件保护并传承其地域性景观特征，成为抵制现代化发展下的文化趋同现象，实现地域文化活力保存的前沿阵地。

特征（Character）指的是景观中一种有别于其他、可识别的连续性的要素组合模式，这种要素组合模式使一处景观有别于它处景观，而不是比它处景观更好或者更坏（Carys Swanwick，2002）。不同国家公园的社区应当具有突出的景观特征，并具有明显的地域文化印记。因此需要对社区地域性景观特征进行识别，并在此基础上做出保护、维持、优化、恢复或创造社区地域性景观特征的决策。

社区的地域性景观特征可以分为地方性物质空间、地方性知识体系和地方性环境背景三个大的方面。地方性物质空间能够最直接反映社区的地域性景观，为社区居民的生活空间，主要包括建筑、名胜古迹、开放空间和社区空间结构等基本要素；地方性知识体系是根植于地方社会特定人群的文化传统和对文化现象的整体理解，具有文化的多样性、差异性和悠久历史。对这种知识体系的认知来源于对其具体表现形式的调查与研究，如节假庆典、民族民俗、宗教礼仪、神话传说的风土人情及其体现出的深层次哲学自然观。另外，当地居民对于地方归属感及其决定要素的认知也极为必要。地方性环境背景是指作为社区自然背景的地形地貌、气候、环境质量、土地利用等更大尺度背景性要素，是社区地域性地方性景观形成的根源和内在机制。同时社区与周边风景资源之间的视觉景观联系不但对社区地域性景观特征的传承意义重大，更是国家公园价值保护的要求。

3）社区的可持续发展

国家公园社区居民与其他社区居民一样，拥有发展的权利和需求，尽管国家公园的保护有可能对居民发展产生一定限制，但同时国家公园的设立也为社区的可持续发展提供了很大的机遇，例如资源保护和管理工作对人力资源的需求、国家公园旅游对服务设施和人员的需求、国家公园自然条件为社区居民提供优越环境和游憩机会、国家公园道路交通系统设施的完善为居民生活提供便利等等。因此国家公园社区规划应充分利用这些优势和机遇，并为那些限制居民发展的因素妥善寻找出路，从而实现社区居民在住房、收入、交通、社会保障、文化教育和休闲游憩等方面的可持续的发展。

11.3.3 社区规划原则

社区规划遵循四条原则。

资源与环境保护原则。社区的发展不能以破坏资源与环境为代价，社区必须要有负责可靠的环境管理。

社区受益原则。社区应在经济发展、环境保护和教育三方面享受国家公园提供的利益。

权责利平衡原则。国家公园管理机构与社区之间以及社区自身之间的权利、责任、利益的分配应公平合理。

社区参与原则。在规划制定和实施过程中应充分考虑社区的立场，调动居民的积极性，让居民广泛参与到资源保护和管理的相关工作中来。

第一条的资源与环境保护原则体现的是社区的"责"与"权"，第二条的社区受益原则体现的是社区的"利"，而第三条的权责利平衡原则是对第一条原则和第二条原则的制衡，从而达到"利"与"责、权"的相称。受益原则是最基本的，因为只有社区经济得到发展，环境受到保护，意识和素质得到提高，才能真正投入到保护国家公园资源的合作中。权责利平衡原则是受益原则的保障，二者缺一不可。保护地周边的一些乡镇为保护国家公园的资源作出了很大贡献，但是没有受到相应的利益补偿，贡献与受益不平衡。管理机构需要在公平性上给予更多的重视，否则社区受益就是空谈。公平性不是指平均分配，而是应该按贡献分配。资源与环境保护原则是对社区自身发展的必须要求。对资源进行保护并不意味着周边社区的发展就得停滞，发展与保护是相辅相成的。社区特殊的位置决定了社区的发展以及建设更要慎重进行，必须以资源和环境为前提，保护好社区自身的资源与环境，就是保护了国家公园的区域资源与环境。社区参与原则是社区规划的重要保障。只有在规划调研、制定和实施的全过程充分听取社区的意见，吸收社区居民的参与才能真实反映社区的真实现状和态度，切实解决问题，实现社区的可持续发展。

11.3.4　社区分类调控

规划控制常住人口的具体操作方法，是在国家公园中分别划定无居民区、居民衰减区和居民控制区。在无居民区，不准常住人口落户；在衰减区，要分阶段地逐步减小常住人口数量；在控制区要分别定出允许居民数量的控制性指标。对农村居民点的具体调节控制方法，是按其人口变动趋势，分别划分搬迁型、缩小型、控制型、聚居型等四种基本类型，并分别控制各个类型的规模、布局和建设管理措施。

11.3.5　社区集体土地和资源流转

根据《总体方案》，国家公园"重点保护区域内居民要逐步实施生态移民搬迁，集体土地在充分征求其所有权人、承包权人意见基础上，优先通过租赁、置换等方式规范流转，由国家公园管理机构统一管理。其他区域内居民根据实际情况，实施生态移民搬迁或实行相对集中居住，集体土地可通过合作协议等方式实现统一有效管理。探索协议保护等多元化保护模式"。

1）国外国家公园土地管理借鉴

美国实行土地私有制，美国国家公园可以通过购买、交换、馈赠、遗赠和征用实现土地所有权的转移。但实际情况是，当美国国家公园局不可能或没有足够的资金获得土地所有权的情况下，国家公园局一般会采取一些变通的办法以获得相关土地的有效管理权。常用的方式包括合作协议和购买地役权。合作协议是指土地所有者在保留其土地所有权的情况下，与国家公园局就土地的运营、开发等达成的管理协议。这些管理协议不能违背国家公园有关的法律、政策和规划。购买地役权是指国家公园局购买私人土地所有者的部分土地使用权，例如国家公园局购买土地的通过权，以使得游客能够穿越私人业主的土地，到达某一风景游览地区；有些情况下，也指花钱限制土地所有者的一些权利，例如国家公园局购买土地的风景权（Scenic Easement）以防止私人业主在自己的土地上砍树或建造永久建筑。

加拿大政府针对居住在国家公园或保留区旁的原住民制定了共同管理机制。加拿大联邦政府设立了联邦条约协商局（Federal Treaty Negotiation Office），其任务是代表加拿大所有人民，同地方政府协商，与原住民一同制定光荣的、持久的和可执行的条约。例如加拿大联邦政府、当地政府和库瓦倪（Kluane）国家公园周边的原住民经过多年协商，在1993年制订并颁布了土地与自治合约，明文规定位于原住民传统领域之内的国家公园管理计划或政策必须遵守的主要原则：国家公园应认可原住民在历史、文化及其他相关方面的权利；认可与保护原住民在公园内的传统与当代资源利用；永久性保护公园北部区域中具有国家独特性和重要性的自然环境；鼓励大众了解、欣赏、享受公园环境，并促进其积极保护公园风貌以流传给后代；在公园保护与管理过程中给原住民提供经济机会；认可口述历史在研究公园内与原住民相关的重要史迹地与可移动遗产资源时的作用；认可原住民在解说公园内与原住民文化相关的地名与遗产资源时的权益。在这个文件中，自然保护和原住民的文化与生存权，都是公园管理的最高目标。由于自治政府必须对所有原住族人负责，在签署自治合约后，许多保护措施反而比自治之前还严格。即使承认原住民拥有生计所需的资源利用权，但代表原住民的谈判者仍同意建立更大范围的禁止农猎区。[①]

2）国内国家公园集体土地和资源补偿

国家公园集体土地和资源补偿一般分为货币补偿和非货币补偿两类。其中货币补偿应在吸纳社区群众参与的基础上，对集体土地开展收益与成本分析，确定集体土地的经济价值及其收益，作为制定补偿标准的科学依据。根据集体土地的类型（耕地／林地／宅基地等）、不同处置方式（征收／流转／合作协议）和分区（核心保护区／其他）制定差异化补偿标准。货币补偿之外，国家公园还应该积极寻找其他补偿途径。主要包括：一是就业补偿，提供免费就业培训和就业机会，国家公园的保护管理项目、访客服务项目和特许经营项目应优先考虑失地农民就业。二是技术支持，为社区提供创业辅导、生态友好产品等技术支持，扶持社区发展。三是基础设施建设，协助社区完善环卫、道路等基础设施建设。

各试点区集体林地货币补偿形式和费用差异较大。其中有根据统一标准支付集体林地补偿费用（湖北神农架20元／亩）；根据分区按照不同标准支付集

① 王应临.基于多重价值识别的风景名胜区社区规划研究[D].北京：清华大学.2014.

体林地补偿费用（如浙江钱江源，60、45、40 元／亩）；按照统一标准支付集体林地补偿费用（14.5 元／亩），并小范围开展地役权协议试点（如湖南南山 30 元／亩）；根据分区按照不同标准支付集体林地补偿费用（21.75、18.75 元／亩），并全面开展地役权协议试点（尚未明确费用和具体方法，如福建武夷山）；根据文物保护范围支付集体土地流转费（耕地 1000 元／亩、林地 200 元／亩，如北京长城）。

九寨沟风景区在社区利益补偿机制方面进行了有益的探索，形成了多种形式的社区利益补偿和参与方式，可以作为国家公园货币补偿的借鉴。①九寨沟管理局从每张门票收入中提取 7 元作为社区居民生活保障，确保了社区居民生活保障费随景区门票收入增长而增长。社区居民人均从门票提成中获得年收入约 1.4 万元。②九寨沟管理局每年从每张门票中提取 10 元支持漳扎镇建设，主要用于镇上的环境保洁、周边的生态保护、基础建设以及风貌改造等。③九寨沟管理局组织了景区居民入股，建设并运营诺日朗旅游服务中心。该服务中心由管理局和景区居民共同出资筹建，双方所持股份分别为 51% 和 49%；但是在收益分成方面，景区管理局只占 23%，景区居民占 77%。

11.3.6 社区经济引导

社区的经济发展必须要把资源与环境保护放在第一位，提倡产业对资源的合理利用。经济引导不是简单的把所有产业都变成与旅游服务相关的第三产业，每一种产业如果能够对资源和环境的破坏减到最小，并且有科学的技术指导，市场的需要，那么就可以适当的予以发展。

社区经济发展，必须符合国家公园的性质与目标。引导社区居民提高产业中科技含量。在适当的地域空间范围内，调整农业的发展，鼓励发展对自然资源合理利用、低投入高产出的第一产业，严禁采矿、伐木等影响生态环境的产业；鼓励发展没有环境污染的旅游产品加工业尤其是手工业；适当发展生态和文化旅游，规范第三产业的发展。

参考法国国家公园，建立国家公园品牌增值体系，设计国家公园标志 LOGO、产品标签、宣传册与营销网站，针对餐饮、住宿、有机蔬菜、时令水果、手工艺品、地方特产等不同的行业制定不同的生态品牌准入标准。对加盟国家公园品牌增值体系的社区进行专项技能培训，加强对生态产品的原材料、生产过程、质量标准的监督管理，提高国家公园品牌产品附加值，确保品牌加盟社区能够从中获得发展机遇和经济效益。

产业的调整会带来人力资源的重新配置，管理机构可以通过向周边社区提供就业指标以及开展合作项目等方式将剩余劳动力吸引转移到资源保护和旅游服务业中。应该注重培养从业人员的技术技能和服务素质，一些低门槛的工作岗位如租衣照相等会随着旅游方式的改变而逐渐减少。

11.3.7 社区协调机制

根据《总体方案》，国家公园设立后整合组建统一的管理机构，履行国家公园范围内的生态保护、自然资源资产管理、特许经营管理、社会参与管理、宣传推介等职责，负责协调与当地政府及周边社区关系。国家公园所在地方政府行使辖区（包括国家公园）经济社会发展综合协调、公共服务、社会管理、市场监管等职责。

随着国家公园体制建设的发展，以及以国家公园为主体的自然保护地体系的完善，社区协调管理方面也应得到多种类型机制的保障，例如社区共管机制、生态补偿机制、特许经营机制、社区奖励机制等。

社区共管机制：主要涉及社区参与国家公园自然资源保护的形式，相关公益岗位的数量和上岗要求，以及社区相关能力建设等方面。由国家公园管理单位、村集体、农户签订三方协议，分别履行管理、监督和执行保护协议的职责。国家公园管理单位定期对村集体的生态保护成效进行评估，并建立基于保护成效的分级奖惩机制。

生态补偿机制：涉及自然资源利用受限、集体土地承包经营权受损、生态移民搬迁等情况。

特许经营机制：涉及社区居民参与国家公园特许经营的方式、竞争条件和受益渠道，以及部分项目工作岗位对于社区居民的倾斜比例。

社区参与机制：规划应明确提出社区参与国家公园重大事宜决策的途径和意见权重，例如设施规划建设、特许经营招标、土地流转等方面。

社区奖励机制：规划应提出社区参与国家公园资源保护管理工作的奖励机制，例如设立社区奖励基金，为贡献突出的社区和个人授予荣誉并给予物质奖励。

思考题

1. 国家公园社区与普通社区的差别是什么？
2. 如何提高国家公园社区价值评估的科学性和客观性？
3. 社区协调机制中国家公园管理机构、地方政府和当地居民各自发挥何种作用？

主要参考文献

[1] 景天魁. 社会学原著导读 [M]. 北京：高等教育出版社，2007.
[2] 于显洋. 社区概论 [M]. 北京：中国人民大学出版社，2006.
[3] 桑德斯. 社区论 [M]. 徐震译. 台北：黎明文化事业股份有限公司，1982.
[4] 丁元竹. 社区的基本理论与方法 [M]. 北京：北京师范大学出版社，2009.
[5] 李强. 从邻里单位到新城市主义社区——美国社区规划模式变迁探究 [J]. 世界建筑. 2006（07）：92-94.

[6] 刘玉亭，何深静，魏立华.英国的社区规划及其对中国的启示 [J].规划师.2009 (03)：85-89.

[7] 王应临.基于多重价值识别的风景名胜区社区规划研究 [D].清华大学.2014.

[8] 庄优波，杨锐.世界自然遗产地社区规划若干实践与趋势分析 [J].中国园林，2012，28 (09)：9-13.

[9] 陈耀华，金晓峰.新农村建设背景下风景名胜区与居民点互动关系研究 [J].旅游学刊，2009，24 (05)：43-47.

[10] 保继刚，孙九霞.社区参与旅游发展的中西差异 [J].地理学报，2006 (04)：401-413.

第12章

区域协调规划

教学要点

1. 了解保护地区域协调相关概念，包括风景名胜区的外围保护地带、自然保护区的缓冲区等。

2. 了解国家公园缓冲区的基本概念模型，包括功能构成、内在关系和相互关系。

3. 掌握国家公园区域协调规划框架，包括边界划定、协调目标、主要协调内容和方法以及协调机制保障。

4. 了解国外国家公园区域协调概况。

12.1 区域协调相关概念

12.1.1 保护地区域协调背景

当前世界国家公园与保护区运动正经历着几大认识和观念的转变，包括：从岛屿状孤立保护到网络状联系保护；从杜绝社区到社区受益；从绝对保护到梯级保护、多样保护等。把保护的注意力从单纯的保护地扩展到保护地外围，符合当前世界国家公园与保护区运动的发展趋势。2003 年 WCPA 在南非德班的第五届世界保护区大会，以"跨界受益"（Benefit beyond boundary）为主题，着重体现了对保护区界外管理的关注[①]。

目前世界各国国家公园由于国情不同，在保护地区域协调方面手段不一。英国、加拿大、印度、尼泊尔以及一些非洲国家的国家公园都设立了缓冲区。美国由于私人土地制度等原因，没有建立缓冲区，而是以国家公园界外管理的方式进行协调[②]。另外，IUCN 近几年提倡的第五类保护区的理念，以及 UNESCO、ICOMOS 作为研究热点的文化景观的理念，均与遗产地区域协调密切相关。

1）国外保护地缓冲区

缓冲区是指将周围活动的不良影响隔离出去的环形地带（a collar of land managed to filter out inappropriate influences from surrounding activities.）[③]。这一术语最早出现于 1941 年[④]，但此后很长一段时间这一理念并未引起人们的重视，直到 20 世纪 70 年代，联合国教科文组织的"人与生物圈计划"及"生物圈保护区计划"启动时，这一术语才开始引起人们的关注。到目前为止，这一概念已经为许多国际组织和国家所接受，并广泛应用于国家公园与保护区领域。在实践过程中，国家公园与保护区的缓冲区被赋予了很多功能，其中最先赋予的功能为：生态缓冲与资源保护，将外来影响限制在保护区外；而随着社会公平意识的增强，向缓冲区内社区提供利益补偿成为缓冲区第二大功能[⑤]。

2008 年 3 月世界遗产中心在瑞士达沃斯召开专家研讨会，专门讨论世界遗产地的缓冲区问题，亦体现了对缓冲区的高度重视。会议对第 31 届世界遗

---

① WCPA.2003 Durban World Parks Congress. Parks Magazine Vol.14 No.2. 2004.

② Craig L. Shafer. US National Park buffer zones: historical, scientific, social, and legal aspects. Environmental Management Vol.23, No.1, 1999.

③ Reid W. V. and Miller K. R. Keeping Options Alive: the scientific Basis for Conserving Biodiversity. World resources Institute, Washington, D.C., 1989.

④ Shelford V. E. List of reserves that may serve as nature sanctuaries of national and international importance, in Canada, the United States, and Mexico. Ecology, Vol.22. 1941.

⑤ Mackinnon J., MacKinnon K., Child G. and Theorell J. Managing Protected Area in the Tropics. IUCN, Gland, Switzerland. 1986.

产大会上涉及的缓冲区的问题进行了分类统计，统计结果如下：视觉景观影响
26/73（即 73 个项目中有 26 项涉及）；立法问题 16/73；边界不清问题 15/73；
城市发展和经济发展压力问题 12/73；无缓冲区问题 12/73；不恰当活动问题
4/73；面积不够问题 2/73；不可持续的旅游发展问题 2/739。从问题着手研究
缓冲区，是值得借鉴的一种研究方法。该研讨会的部分结论将对各国世界遗产
地缓冲区保护管理产生深远的影响，例如：建议今后世界遗产地缓冲区的边界
修改要经过世界遗产委员会的批准；世界遗产提名地的专家考察，要将缓冲区
的保护管理作为评估的内容之一；各世界遗产地应妥善处理好缓冲区和核心区
在功能、边界、保护、管理各方面的关系等①。

　　除了理论研讨之外，一些保护性国际组织开始在国家公园缓冲区开展试验
性的实践活动，例如 WWF2007 年在尼泊尔国家公园缓冲区开展可持续发展行
动，通过为缓冲区的社区成员提供小水电站，改善缓冲区的环境状况，从而减
轻对国家公园的压力②。

　　2）我国自然保护地区域协调

　　（1）自然保护区缓冲区 ③

　　UNESCO 于 1984 年提出将生物圈保护区的"核心区—缓冲区"模式变
为"核心区—缓冲区—过渡区"模式，也是我国目前提倡采用的保护区模式。
在这种自然保护区模式中，主张对核心区内的生态系统和物种进行严格保
护，对缓冲区的限制则较核心区少，要求在缓冲区内开展的科研和培训等
活动，不影响核心区内的生态系统和物种。过渡区内允许开展各种实验性
可持续的经济活动。缓冲区相当于内部缓冲区，而过渡区相当于外部缓冲区。
由此可知自然保护区缓冲区对人为干扰的控制程度比风景名胜区外围保护
地要高很多。

　　我国大多数自然保护区地处偏远且经济欠发达的地区，周边居民的生活需
求和社会发展对自然保护区产生一定威胁。尽管根据 50 个国家级自然保护区
的问卷调查表明，94% 的国家级自然保护区建有缓冲区，但仍有 6% 的国家级
自然保护区没有建立缓冲区（这种情况在省、市、县级自然保护区中可能更为
普遍），并且许多缓冲区缺乏界碑标定，因而边界不明。此外，在被调查的 50
个国家级自然保护区中，51.11% 的缓冲区内生活有当地居民。在这种情况下，
仅依靠实验区是不能减缓这部分居民对核心区的压力的。即使缓冲区内无当地
居民生活，保护区也没有采取有效的措施限制周边居民进入缓冲区。因此，在

① UNESCO. WHC–08/32.COM/7.1. Paris，22 May，2008.
② WWF. WWF supports Sagarmatha National Park Buffer Zone Management Committee.http：//
www.panda.org/who_we_are/wwf_offices/nepal/news/?uNewsID=131201. 2008.
③ 于广志，蒋志刚. 自然保护区的缓冲区：模式、功能及规划原则. 生物多样性. 2003，
11（3）：256–261.

不破坏核心区资源的前提下，鼓励当地居民参与缓冲区的管理与保护不失为保护区管理的良策。鉴于此，建议沿缓冲区外围在当地居民易接近的地方设立检查站，防止随意出入缓冲区。另外有应用景观生态学原理对自然保护区核心区和缓冲区进行生态评价的比较研究，以及在缓冲区开展社区替代生计和生态旅游的研究等。

（2）风景名胜区外围保护地带 [①]

风景名胜区建立初期即 20 世纪 80 年代初开始，就已经采纳缓冲区的概念，并在 1985 年《风景名胜区暂行条例》中以"外围保护地带"的方式得到进一步明确。"风景名胜区外围的影响保护地带是对于保护景观特色、维护自然环境、生态平衡、防止污染和控制不适宜的建设所必需的"。

经过多年的管理实践，目前风景名胜区外围保护地带呈现出三大基本特征。第一个特征为多样的空间形态。在面积上，有些风景区的缓冲区面积是风景区面积的 1~2 倍，有些则仅有 10%~20%。在形状上，有些均匀分布在风景区的周边，有些偏心分布于风景区的一侧。在边界形态上，有些是依据自然地物边界划定，形态较为曲折，有些则是根据行政区划等人为因素划定，形态较为规正。第二个特征为多种程度的人为干扰。对于城市型风景区而言，其缓冲区大部分为建设用地，而对于城郊型或郊区型风景区而言，缓冲区土地受人为干扰的程度相对较低。高强度的土地利用在空间分布上也各不相同，有些是均匀分布，如大片的农田，有些则是集中分布在若干点，如居民点建设区。第三个特征为缓冲区和风景名胜区之间松散的管理模式。通常两个区域分属两个互相独立的管理机构管理，两者通过上级主管部门进行沟通协调。

12.1.2 国家公园区域协调概念模型

尝试建立国家公园区域协调概念模型，将外围区域涉及的多种关系进行系统梳理，使有助于进行价值判断和问题识别，为外围区域保护管理提供一种分析的视角和基础。

1）国家公园外围区域的基本构成

（1）两大功能。外围区域具有补充和辅助国家公园资源保护的功能，以及社区利益补偿和统筹协调的功能。

（2）四个景观构成要素。外围区域作为景观研究对象，其要素构成大致可分为生态环境、历史文化、视觉景观、社会经济四个方面。其中生态环境、历史文化、视觉景观主要与资源保护功能相关，而社会经济主要与利益协调功能相关。

---

① 庄优波．风景名胜区缓冲区现状及概念模型初探 [C]．住房和城乡建设部、国际风景园林师联合会．和谐共荣——传统的继承与可持续发展：中国风景园林学会 2010 年会论文集（上册）．北京：中国建筑工业出版社，2010：5.

（3）多层次空间范围。外围区域与国家公园之间存在不同类型不同紧密程度的联系，对应区域的空间范围也相应不同。

2）区域两大功能的内在关系

（1）区域发挥资源保护功能的三种途径。途径一，价值完整性的保护。外围区域的生态环境、历史文化、视觉景观，与国家公园内部对应要素之间往往有着千丝万缕的联系，如果这种联系构成了国家公园的本底价值，那么区域在国家公园价值完整性保护方面具有重要意义。途径二，区域连通性的保护。外围区域的生态环境、历史文化、视觉景观，可以作为廊道或基质，联系国家公园与周围更大区域的对应要素。途径三，背景环境的保护。这一途径是外围区域最基本的功能，区域需要为国家公园生态环境、历史文化、视觉景观提供自然健康、和谐统一的背景环境。

（2）外围区域发挥社会经济功能涉及三种利益相关者。包括外围区域当地社区居民、国家公园管理机构和区域相关机构。当地社区的社会经济，是当地生产、生活的表现，往往是实现当地社区利益补偿的主要空间；国家公园相关社会经济，在于吸纳从国家公园转移出来的开发利用，减轻对国家公园的压力，在这一过程中，外围区域可以看作是将国家公园内的开发利用不断向外吸引的通道；区域相关社会经济，在于抵御区域社会经济进一步向国家公园渗透，将其限制在国家公园范围外。

3）区域两大功能的相互关系

（1）两大功能的相容性。判断区域协调是否良好运作，不仅在于判断外围区域的资源保护功能和社会经济功能各自是否发挥好，更为重要的在于判断两大功能之间的相容性程度。相容性往往可以落实到具体空间上，即资源保护功能的载体——生态环境、历史文化、视觉景观，与社会经济的载体——三大利益相关者的人类活动、人工设施建设和土地利用，两者之间的相容性程度，两者是否存在冲突。

（2）两大功能的综合权衡。区域保护管理的关键，在于处理好两大功能的综合权衡。区域社会经济活动应在生态环境、历史文化、视觉景观所能承载的干扰范围内。当超出承载范围时，有必要对其资源保护和社会经济利益进行价值判断和权衡，包括资源保护价值的大小，社会经济利益相关方的分析，并在此基础上，对社会经济活动进行反馈和修改。

12.2　区域协调规划框架

这里采用九寨沟遗产地保护规划中的区域协调规划作为案例进行说明[①]。

---

① 清华大学. 九寨沟遗产地保护规划. 2009.

12.2.1 区域边界划定

遗产地不是一个孤岛，它的保护与发展同周边环境密切相关；九寨沟内外的旅游活动、交通联系、社会经济活动和生态环境也并不会因为遗产地规划界线的存在彼此割裂，周边区域与遗产地彼此互动、相依共生。

九寨沟遗产地区域协调的范围，根据不同类型的联系，大致可以分为几个层次：遗产地缓冲区、周边保护区环，九寨沟县，大九寨，阿坝州，九环线，四川省大熊猫栖息地网络等。

12.2.2 区域协调目的

区域协调目的为：为遗产地缓解来自外围区域的威胁；将遗产地的旅游压力部分疏导至外围区域；提升外围区域的价值和社区福利，协调九寨沟遗产地与周边区域共同发展；最终促进遗产地保护与管理工作的顺利高效开展。

12.2.3 区域资源保护协调

1）区域生境廊道保护

完善遗产地与遗产地东侧王朗国家级自然保护区、白河省级自然保护区、勿角省级自然保护区之间的生态网络，并建立联合科研监测机制加强合作；加强遗产地西侧外围保护区内生态廊道的建设，防止城镇化进程对区域物种联系的阻断。地域范围越大，生态环境越稳定，物种丰富度越高。因此，需要通过廊道相连形成，衔接比邻的自然保护区，形成遗产地与周边区域的生态网络。遗产地东侧生态廊道人为干扰度低、保护良好，因此，目前主要是建立遗产地与东侧王朗、白河、勿角自然保护区之间的联合科研监测。遗产地西—北侧有九环线，沿线城镇化趋势有所增加，因此，需要在西北侧缓冲区城镇化进程中，加强生态廊道的建设。

2）区域环境保护基础设施建设

完善区域废物废水处理设施；提高漳扎镇污水处理厂的处理能力。目前遗产地内废水的处理主要依赖于漳扎镇污水处理厂，现状压力已经很大，并且随着未来游客规模的增加，压力将会进一步增大。应当对其规模进行扩大或者另外新建废物废水处理点。

3）区域环保意识宣传教育

通过多途径的区域环保意识宣传教育，加强遗产地周边区域各行业人员，尤其是个体商户、贫困村寨村民的环境保护意识。目前遗产地核心区仍然面临来自区域的问题，主要包括两个方面：周边村民进入遗产地采药、打猎、放牧；当地居民带领游客从长海上游等进入遗产地。因此，应当加强区域各行业人员环境保护意识和执行行为。

12.2.4 区域旅游发展协调

1）调控淡旺季不平衡

通过发掘利用区域冬季游线，如松潘—丹云霞—牟尼沟一日游、大录—唐克—瓦切—麦洼一日游，纳摩—黑水一日游（图12-1），配合九寨沟冰雪节，形成冬季旅游专线，增加冬季游客量。

九寨沟一年内淡旺季明显，根据九寨沟2001-2007年月人数统计可知淡季时间为11月至次年4月，旺季时间为6月至11月，含十一黄金周，淡旺季游客差距大，十一黄金周期间游客拥堵尤为明显。挖掘具有良好冬季旅游资源的牟尼沟、大录、若尔盖、唐克、瓦切、麦洼等沟谷旅游和藏寨旅游资源点，发展三条冬季区域游线，进行冬季旅游营销策划。同时，进一步对九寨沟的冬季美景进行营销宣传，加强游客对九寨沟冬季的认知和兴趣，提高现状淡季的游客规模，从而实现淡季旅游分流的作用。

2）调控旺季游客规模

在旺季通过发掘利用区域半日游线，与遗产地组合成一日游路线，将游客在遗产地内停留时间由一日游减少为半日游，从而减少遗产地内瞬时游客规模。

2007年十一黄金周最高峰（10月3日）游客日规模超过3万人，2011年十一黄金周最高峰（10月3日）4万人，大大超过日游客容量，造成景区内各个景点拥堵，游客体验很差。目前九寨沟县尚未推出配合九寨沟黄金周游览的路线。因此导致沟内人满为患，而沟外的许多景点却远未达到其容量。

挖掘九寨沟周边旅游资源，形成可行的半日游路线，为高峰期九寨沟内实行半日游提供保障，使得游客在九寨沟游览时间上的损失在区域旅游中得到补偿，同时提升游客的游览体验。通过对九寨沟县及周边半日游旅游的发掘，可开发九寨沟县半日游线3条：分别为大录寨藏家风情半日游、喇嘛石大峡谷风景区—石蜡红叶风景区半日游三条游线，作为高峰期的分流游线。

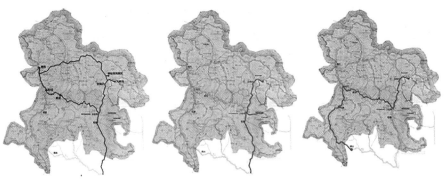

松潘—川主寺—甘海子—九寨沟—神　　松潘—丹云霞—牟尼沟一日游　　　纳摩—黑水—红原一日游　　　图12-1 区域冬季旅游
仙池景区—唐克—瓦切—麦洼两日游　　　　　　　　　　　　　　　　　　　　　　　　　　　　　　　路线示意图

3）协调旅游服务设施

通过协调服务设施的布局、类型、规模、等级和形式等，使其更好地为遗产地旅游服务。在保护遗产地及九寨沟县传统文化的前提下，满足游客住宿需求，并促进九寨沟县社会经济发展。

本次规划将县内旅游住宿设施分为三类。第一类为控制建设、控制床位型。该类设施主要分布在九寨沟沟口及周边区域，应严格控制旅游住宿设施的建设，并控制床位数的增长。第二类为控制建设、增加床位型。该类设施主要位于环黑河一线的村寨内，应控制村寨独立旅游住宿设施的新建，但可结合民居适当增加旅游住宿床位。第三类为鼓励建设、增加床位型。该类设施主要分布在永乐镇（县城所在地）、永乐镇至店房寨村沿途区域及勿角乡等区域，应鼓励适当新建旅游住宿设施，并适当增加旅游住宿床位。

一般来说，根据村寨与旅游住宿设施的关系，可将旅游住宿设施分为重合式、分离式和混合式三类。重合式是指旅游住宿设施基本结合居民住宿设施设置，表现为家庭旅馆等形式。分离式是指旅游住宿设施独立于居民住宿设施，主要类型为酒店、旅馆、饭店等。混合式是指仅部分居民住宿设施与旅游住宿设施结合，旅游住宿设施既包含由村民住宿设施改造的家庭旅馆，也包含新建酒店、饭店等独立于村民住宿设施的服务设施。

基于九寨沟县旅游住宿设施现状，规划建议采取以下统筹措施：①严格控制沟口及漳扎镇旅游住宿设施的发展，发展县内其他区域的旅游住宿设施，以缓解沟口及漳扎镇拥挤的状况。②调整三种模式住宿设施数量比例，控制分离式住宿设施数量，适当增加混合式住宿设施，重点发展精品旅游村寨等重合式旅游住宿设施。③建设发展重合式旅游住宿设施时注意对传统文化的保护。

4）协调道路交通

通过区域道路交通协调，缓减高峰期遗产地入口交通拥堵的压力，提高遗产地的可达性和便捷性。具体措施包括：高峰期高峰时段，上四寨至沙坝段限制自驾车通行，开设甘海子、上四寨、沙坝和九寨沟县城到沟口的四条进沟旅游班车专线，鼓励、引导自驾游游客乘坐旅游班车到达沟口，或选择上四寨—大录乡—沙坝的环黑河路线开展半日游，避开高峰时段；建设和完善上四寨、沙坝、大录寨、甘海子和永乐镇的自驾车停车场、交通转换设施及相关配套设施；改善环黑河路线路况和相关交通设施，以保证自驾游的安全和顺畅。

现遗产地有羊峒一个出入口，随着自驾游数量不断增加，沟口自驾车增多导致交通拥堵状况严重。从九寨沟漳扎镇的停车规模统计看，漳扎镇现状停车位不能满足高峰期时的自驾游停车规模，自驾车停车困难。因此，有必要对来自九寨沟县城方向和来自黄龙方向的自驾车进行统筹管理。主要手段为高峰时期高峰时段（早6点至10点）对甘海子至沟口方向、沙坝至沟口方向自驾车限行。

自驾车游客在沙坝和上四寨停靠自驾车，改乘旅游专线进沟。自驾游游客也可在前一天晚上入住漳扎镇或周边，或到高峰时段以后进沟。沙坝为居民外迁安置点，选择这一点作为交通转换点，有利于解决部分外迁居民的就业问题。上四寨位于来自黄龙和若尔盖方向道路的交汇点，有利于交通转换设施的集中安排。自驾游限行期间鼓励开展上四寨—大录乡—沙坝的环黑河自驾游，该路线全长约120km，沿途经过石蜡红叶风景区、喇嘛石大峡谷风景区等自然景点及大录寨、南安家村等藏家村寨。

12.2.5 区域社区发展协调

1）沟内外迁居民安置

在外围区域妥善安置沟内的外迁居民。安置点初步考虑设置在漳扎镇月亮湾或沙坝村。在前期充分的考查论证和征求居民意愿的基础上，可以选择其他安置点，但应当考虑外迁居民的未来发展和外迁社区与当地社区的社会融合等问题。目前两个居民安置点中，月亮湾位于遗产地范围内，处于漳扎镇旅游服务区，沙坝村位于遗产地范围外，位于漳扎镇。通过居民访谈，居民对这两个外迁点的搬迁意愿并不高，需要对其进行更进一步的可行性评估。

2）促进产业调整

充分发挥遗产地在区域经济发展中的带动作用，依据区域周边社区的实际情况和特点，明确其产业发展定位和社区居民的就业方向，促进区域经济协调发展。重点针对高山偏远地区的社区，通过合理的产业与就业发展引导，实现其可持续发展。目前遗产地周边社区受旅游带动的效果已经较为明显，漳扎镇2008年的三产比重占85%，人均收入是周边乡镇2倍。但是对区位优势不足的社区来说，其就业和收入水平与其他社区差距较大。

本次规划根据九寨沟县各乡镇的地理区位、旅游资源和旅游服务设施现状，参考九寨沟县"十二五"规划，对各乡镇进行经济发展统筹，将各乡镇分为四类。第一类为重点扶持自然观光旅游与服务产业的乡镇，包括九寨沟县中部和东南部的漳扎镇、白河乡、马家乡、勿角乡等自然旅游资源丰富的乡镇。第二类为重点扶持乡村文化旅游与服务产业的乡镇，包括大录乡、玉瓦乡、黑河乡、陵江乡等环黑河自驾游旅游区的4个乡镇。第三类为重点扶持旅游综合服务产业的乡镇，包括永乐镇、保华乡等城镇化水平较高、基础设施较完善、经济较发达的乡镇。第四类为重点扶持农产品、旅游商品加工业的乡镇，包括安乐乡、永和乡、永丰乡、罗依乡、双河乡、郭元乡、草地乡等7个乡镇。

在此基础上，建议对4个乡镇重点加强环境保护教育：包括遗产地所在的漳扎镇、紧邻遗产地与遗产地自然保护密切相关的白河乡和马家乡、紧邻遗产地有大熊猫迁徙廊道的大录乡。其中，马家乡相对其他乡镇居民收入水平较低，建议重点加大经济扶持。

3）广泛开展能力建设和解说教育活动

加强对区域社区尤其是贫困村寨的职业技能培训和环境保护教育，从根本上防止对遗产地造成威胁的各类违法活动的开展。目前遗产地周边社区存在居民进入遗产地采药、打猎、放牧和带领游客从长海上游等地进入遗产地的情况，这与居民就业水平不足和环境意识不强有直接的关系。

12.2.6　区域协调机制

九寨沟遗产地地处阿坝州九寨沟县境内，接壤绵阳市平武县王朗自然保护区、阿坝州松潘县黄龙世界自然遗产地、九寨县内白河、勿角自然保护区和甘海子国家森林公园，接壤行政单元级别相差较大，因此，至少需要由阿坝州人民政府指定专门机构部门人员负责沟通协调九寨沟与周边区域的关系，才能保证区域协调顺利进行。

由阿坝州人民政府指定专门机构或人员负责沟通协调九寨沟与周边区域的关系；九管局应主动加强与相关政府、机构、组织以及个人的合作；九管局应积极介入区域相关各类规划的编制和决策过程，使得遗产地保护管理得到充分的考虑和反映。

12.3　美国国家公园界外管理借鉴

12.3.1　美国国家公园界外管理的相关概念

美国国家公园界外管理是指国家公园管理机构通过各种方法对国家公园边界外的土地利用、设施建设、人类活动等进行管理和协调，目的在于"避免和解决潜在的冲突、保护公园资源和价值、提供游客游憩机会以及与社区共赢"[1]；界外管理涉及的利益相关方主要为国家公园界外土地的管理者或所有者，包括：除国家公园管理局之外的其他联邦机构；州、县等各级地方政府和印第安部落；私人土地所有者，非政府组织以及所有其他利益相关方。

美国国家公园开展界外管理的必要性，可以从内外 2 方面原因阐述：

（1）内部原因在于美国国家公园边界划定本身的不科学性。即历史上大部分国家公园的边界依据土地所有权设置，与生态过程要求的自然边界往往不相符合，该边界也无法将所有的与国家公园有关的自然资源、文化遗址以及与游客体验相关的优美景观统统囊括进来，因此，与国家公园毗邻土地上的活动，可能会极大地影响到公园资源的完整性，有必要对其进行管理。

（2）外部原因则在于生态过程并不会因为国家公园的边界而戛然而止，而

---

① USDI, NPS. Management policies 2006.National Park Service, US Department of the Interior. Washington, DC.2006.

是会跨越边界，因此国家公园内部不可避免会受到来自界外的影响。这是较内部原因更为根本的原因。根据美国国家公园体系 2001-2005 年度战略规划总结①，美国国家公园受到来自界外的影响主要包括以下几种类型：人为环境灾难；气候变化；自然灾害；自然力量，如洪水、地震、冻融作用、火灾等；外部环境污染物和外来物种入侵；犯罪活动，如纵火、破坏、盗窃、偷猎等；相邻土地所有者的采伐木材、采矿和污染水域等活动以及其他不当开发行为。国家公园界外生态过程无时无刻不与界内生态过程发生联系，因此，有必要对其进行管理，避免或减轻不良影响。

12.3.2 美国国家公园界外管理认识和观念的发展历程

美国国家公园界外管理的认识和观念并非一成不变，而是随着科学研究、社会经济的发展不断发展。总体上，美国国家公园界外管理经历了从受关注较少到受重点关注、从对界外影响的主观感知到科学研究和记录、从多种管理方法并存到合作方法受到格外推崇的过程。根据 Shafer② 等学者的研究成果，笔者尝试将其发展历程粗略地分为如下 4 个阶段。

（1）20 世纪 60 年代之前，界外管理思想的缘起和缓慢发展

早在 19 世纪末，美国国家公园就已经发现，边界外活动对边界内的影响。对这种影响的认识和管理，主要起源于对大型有蹄类动物栖息环境的保护。例如，1887 年，为了给耳鹿和羚羊提供冬季山区活动区，火山湖（Crater Lake）国家公园的边界被建议往东扩 3km；1898 年，为了减少驼鹿和灰熊受到打猎的影响，黄石国家公园的边界被建议向南扩展等。

20 世纪初至 1930s，是美国土地私有化大发展阶段，大量土地被开发利用③，导致国家公园外部环境发生了极大的变化。一战和二战期间，国家公园内部和外部均出现了采矿、伐木、放牧等威胁。但是，这一阶段对于国家公园所受影响的关注重点尚停留在公园内部，认为影响源主要来自公园内部的游客使用和/或管理不善④。尽管有少数国家公园管理者和科学家呼吁进行界外管理，但是基本未受到重视，界外管理发展缓慢。

（2）20 世纪 60-70 年代末，生态系统方法深入研究使界外管理开始受到关注

界外管理开始受到关注得益于 20 世纪 60-70 年代对生态系统方法(Ecosystem Approach)的深入研究。生态系统方法是指不以保护一个个单独的物种为目的，

---

① USDI, NPS.National Park Service strategic plan 2001-2005. National Park Service, US Department of the Interior.Washington, DC. 2000.

② Craig L. Shafer.US National Park buffer zones: historical, scientific, social, and legal aspects.Environmental Management Vol.23, No.1, 1999.

③ 冯文利 . 美国公共土地管理经验及其借鉴意义 . 中国经济时报 . 2007-03-30.

④ Robert Stottlemyer.External threats to ecosystems of US National Parks.Environmental Management Vol.11, No.1, 1987.

而是以保护整个生态系统为目的的保护管理方法。1970年联合国教科文组织的人与生物圈（MAB）计划，进一步推动了这一方法的发展。在这一计划中，基因多样性的保护，不是通过保护选定物种实现，而是通过保护支持这些物种生存的生态系统实现。1970年美国国家公园管理政策明确提出对生态系统方法的应用，"保护整体环境是美国国家公园管理的特征所在"[①]。从生态系统角度来看国家公园，为了遵循自然边界分布特征，研究范围往往会越过公园管理边界，因此，需要将眼光投到国家公园边界以外，界外管理开始受到关注。

（3）20世纪80-90年代末，界外威胁严重性的认识使界外管理成为关注重点

1980年全国性的国家公园威胁调查表明[②]，大多数的威胁来自国家公园外部而非内部。自此，国家公园理论研究和实践管理均认识到界外影响的严重性，界外管理成为关注重点。1982年美国科学促进会召开了美国国家公园生态系统外部威胁专题讨论会。当时的研究发现，许多国家公园缺乏对界外威胁的充分的数据记录，影响了国家公园管理者开展界外管理的交流能力和可信度。因此，这一阶段的一个关注内容为对国家公园界外影响的数据收集和科学研究[③、④]。其中，大沼泽地（Everglades）国家公园水文数据收集被认为是该领域的范例[⑤]。这一阶段的另一关注内容为界外管理方法分析和建议，研究涉及多个学科领域，包括保护生物学、生态学、生物地理学、社会学、政策科学、法律和经济学等[⑥]。

（4）21世纪初至今，跨界合作保护受到推崇成为界外管理发展趋势

由于里根以后的几届政府不断压缩国家公园局的人员和资金规模，从20世纪90年代开始国家公园局开始强调和其他政府机构、基金会、公司和其他私人组织开展合作。到21世纪初，这一趋势日益明显。2007年12月美国政府颁布13352号行政命令："促进合作保护"（Executive Order 13352-Facilitation of Cooperative Conservation）。2008年美国内政部长Dirk Kemp Thorne在合作保护百年回顾活动的发言中提到，"20世纪是一个保护的世纪，而21世纪应

① USDI. Administrative policies for natural areas of the national park system. National Park Service, US Department of the Interior.Washington, DC. 1970.

② USDI.State of the parks-1980.A report to the Congress.National Park Service, US Department of the Interior.Washington, DC. 1980.

③ R.Roy Johnson, Steven W.Carothers.External threats: the dilemma of resource management on the Colorado River in Grand Canyon National Park, USA. Environmental Management Vol.11, No.1, 1987.

④ Robert Stottlemyer.Evaluation of anthropogenic atmospheric inputs on US National Park ecosystems. Environmental Management Vol.11, No.1, 1987.

⑤ James A.Kushlan. External threats and internal management: the hydrologic regulation of the Everglades, Florida, USA.Environmental Management Vol.11, No.1, 1987.

⑥ Christine Schonewald-Cox, Marybeth Buechner, Raymond Sauvajot, Bruce A.Wilcox. Cross-boundary management between national parks and surrounding lands: a review and discussion. Environmental Management Vol.16, No.2, 1992.

该成为合作保护的世纪"①。在这样一个提倡合作保护的整体社会背景下,《2006年美国国家公园管理政策》首次提出跨界合作保护的概念,并将其作为国家公园管理基本理念之一,取代并涵盖了之前一版管理政策②中"来自公园界外的威胁和机会"的相关内容。

12.3.3 美国国家公园界外管理方法

美国国家公园界外管理方法,从界外管理思想的缘起至今,一直是讨论的焦点所在。界外管理是一个综合的问题,涉及生态、政治、经济、社会等学科,因此问题的解决思路和方法也是多种多样。Shafer14 将其概括为从强势向温和渐变的 3 大类方法:依据法律法规进行管理,采用经济手段进行管理,和通过合作保护进行管理(也有学者认为还有第 4 类方法即技术支持方法③,笔者认为其可并入到合作保护管理方法中)。

1)依据法律法规进行界外管理

依据法律法规进行界外管理是指,根据法律、规章和条约规定限制界外土地利用、防止相邻土地对国家公园产生威胁的做法。这是最为强势的方法。根据美国国家公园界外土地权属,法律法规大致可分为以下两种类型。

第一种类型针对联邦所有土地的利用活动,相关法律法规包括国家公园基本法、国家环境政策法、荒野法、野生和风景河流法、濒危物种法、国家森林管理法等④。例如,1969 年的国家环境政策法案(NEPA)通过环境影响评价程序可以在一定程度上阻止外部威胁;又例如清洁水法案、清洁空气法案,通过控制污染物排放浓度来减轻外部空气和水的影响。

第二种类型针对地方政府和私人土地的利用活动,相关法律法规包括相应级别地方政府的区划和规划等。当发现界外土地利用对公园产生负面威胁时,国家公园可寻求国会立法保护,因为美国宪法赋予国会立法权力以保护国家公园。黄石国家公园周边采矿项目在世界遗产中心和国家公园的建议下被中止就是这一方面的经典案例⑤。

依据法律法规进行界外管理的难点在于对私人土地的管理。国家公园周边许多地方政府未制定分区规划,或分区规划制定时间过早、存在不合理性,但是由于美国对私人所有财产权利的高度尊重,对界外土地额外的立法保护往往

---

① Dirk Kempthorne.America's history of cooperative conservation.http: //thehill.com/op-eds/americas-history-of-cooperative-conservation-2008-04-21.html.

② USDI, NPS.Management policies 2001.National Park Service, US Department of the Interior.Washington, DC. 2001.

③ The Conservation Foundation.National parks for a new generation: Visions, realities, prospects.The Conservation Foundation.Washington, DC. 1985.

④ Robert B.Keiter.Legal considerations in challenging external threats to Glacier National Park, Montana, USA.Environmental Management Vol.11, No.1, 1987.

⑤ 刘红婴、王建民 . 世界遗产概论 [M]. 北京:中国旅游出版社 . 2003.

需要耗费大量的时间、资金和精力，实施效率比较低。缓冲区方法在美国国家公园至今未得到美国国会立法认可，其主要原因就是出于对将被划入缓冲区的私人土地所有者权利的考虑。

2）采用经济手段进行界外管理

采用经济手段进行界外管理是指，通过购买土地所有权、购买地役权以及实施有奖励的地役权，防止相邻土地对国家公园产生威胁的做法。这是相对温和的方法，一般针对国家公园界外的私人所有土地。

购买土地所有权是指购买国家公园边界外那些非联邦土地。购买土地所有权的直接结果就是对公园边界的改变。由于购买土地成本非常昂贵，这一方法使用起来往往非常谨慎。

购买地役权是指，国家公园管理局购买私人土地所有者的部分土地使用权，例如，国家公园购买土地的通过权，以使游客能够穿越私人业主的土地，到达某一风景游览地区。

与购买土地所有权、购买地役权比较，有奖励的地役权对公园管理者的经济压力最小。有奖励的地役权，即用税收优惠换取地役权。例如，1986年1月14日，美国国内税收署颁布条例，通过联邦所得税优惠政策奖励那些毗邻公园的土地地役权捐赠给合格的公共或私人保护组织的土地所有者。

3）通过合作保护进行界外管理

通过合作保护进行界外管理是指，与界外土地相关的其他利益相关者一起工作，通过教育、影响和说服[1]，而不是强迫遵守，防止相邻土地对国家公园产生威胁的做法。这是最为温和的方法，而且能够实现国家公园和利益相关者的共赢。

通过对《2006年美国国家公园管理政策》的整理分析可知，美国国家公园界外合作保护的内容和方式丰富多样。其中，规划层面的合作保护最为突出，表现为：一方面，将总体管理规划作为区域规划和区域生态系统规划的一个组成部分，鼓励公众参与到公园总体规划中来；在总体管理规划中明确公园界外威胁及其处理措施。另一方面，需要公园管理者及时掌握界外各项土地规划和开发项目的动向，并积极参与到各种类型的区域规划中，对不利于公园的部分进行充分协调、提出修改建议等。另外，合作保护还表现在自然资源管理层面：国家公园与相关管理机构以及非政府组织、私人组织、私人土地所有者等签署协议（agreement），来共同保护植被、动物、水体等自然资源；以及建立国家公园网络层面：与各利益相关方合作，将国家公园与其他保护区通过走廊联系在一起，创造无缝的公园网络系统。合作保护的基础在于自愿参与，因此，提供技术支持、开展教育项目、支持入口社区规划等措施有利于对利益相关方自

① Coggins，G. C. Protecting the wildlife resources of national parks from external threats. Land and Water Law Review. 1987.

愿参与观念的培养，是合作保护的有力保障。

尽管合作保护能够充分发挥公众作用，其产生的力量是很强大的，但是也存在一定的缺陷，即其成果过于随机，缺乏整体性和有效性。Coggins30用一个生动的例子来说明这一问题，即，由愿意合作的土地和不愿意合作的土地组成的一个断续的棋盘景观，也许不能提供可以让动物通行的走廊。

4）管理方法分析比较

对上述三种管理方法在社会影响（强势－温和程度）、经济代价、保护有效性3个方面进行分析比较，可得到表12-1所列结论。

三种管理方法比较一览表 表12-1

管理方法\比较项目	社会影响（强势－温和程度）	经济代价	保护有效性
法律法规	较差	较低	较好
经济手段	较好	较高	较好
合作保护	最好	较低	不确定

总体而言，三种管理方法各有所长，在实际操作中应综合应用，共同应对国家公园界外管理错综复杂的问题。例如，在宰恩（Zion）国家公园总体管理规划（2001-2020）[①] 中，既采用了经济管理方法，通过购买土地调整国家公园的边界，并在一些入口区域购买了通过权，对一些界外私人所有土地购买了保护权；同时也采用了合作保护的方法，在生态系统管理、声环境管理等方面明确来自公园边界之外的威胁，以及相关处理措施。

另外，管理方法的实际执行效果与当地具体情况密切相关。Marybeth Buechner[②] 采用访谈和调查等方法，对1979-1990年间近100篇研究报告提到的界外管理5个生态战略和11个经济、政治、法律、社会战略的实际执行效果进行分析。结果表明，大部分界外管理实践者认为，充足的资金保障、理解边界内外生态过程的互相联系互相依赖性以及公园员工与周边利益相关者中的关键个体之间的个人关系和互动，是界外管理最重要的影响因素。

12.3.4 对我国国家公园区域协调的借鉴

在美国，国家公园不是孤立的单元，而是区域景观重要组成部分的观念已被认识和接受。如何合理采用法律、经济、合作保护等管理方法进行界外管理，使其不仅有利于生态系统完整性保护，而且有利于利益相关者受益，他们既有

---

① USDI，NPS.Zion National Park General Management Plan 2001-2020. National Park Service，US Department of the Interior.Washington，DC. 2001.

② Marybeth Buechner，Christine Schonewald-Cox，Raymond Sauvajot，Bruce A. Wilcox.Cross-boundary issues for National Parks：what works "on the ground".Environmental Management Vol.16，No.6，1992.

经验也有教训，而且仍然在不断探索发展。尽管两国国家公园管理体制存在较大区别，土地管理制度也不同，国情更是差距较大，但是总结前述分析，以下5个方面可供我国国家公园区域协调借鉴。

1）提高对界外影响严重性和区域协调必要性的认识

从美国国家公园开展界外管理的历程可知，早期管理者和研究者认为影响源主要来自公园内部的游客使用和／或管理不善，到20世纪80年代才发现界外威胁严重程度已经超过了内部影响。当前，在国家公园体制建设初期，应提高对界外影响严重性和区域协调必要性的认识，尽早采取措施，做到"防患于未然"。

2）开展界外影响的科学研究和监测

从美国国家公园开展界外管理的历程可知，掌握界外影响的科学数据，是进行界外管理的重要基础。对我国而言，有必要将一部分关注从国家公园界内转向界外，广泛开展界外影响的科学研究。

3）增强国家公园边界划定的科学性

从美国国家公园开展界外管理的必要性分析可知，外部原因即生态过程的连续性是难以改变的，但是内部原因即边界划定的科学性则是可以通过研究和规划加以改进，从而实现在界外影响产生的源头进行控制。

4）深入探讨适宜的区域协调方法

从美国国家公园界外管理方法可知，界外管理是一个综合的问题，涉及生态、法律、政治、经济、社会等学科，因此问题的解决思路和方法可以多种多样。而且，在不同的实施背景下，管理方法的执行效果大不一样。因此，需要积极深入探讨适合我国国家公园区域协调的方法。

5）丰富区域协调合作保护的内容和方式

合作保护是当今世界保护领域的主要战略。当前，我国国家公园合作保护的重要性已经得到一定认识，但是具体操作方法则处于摸索阶段。建议以规划作为突破口，不断丰富界外合作保护的内容和方式：一方面，在总体规划中明确界外影响及管理的内容，并鼓励公众尤其是周边社区参与到国家公园总体规划中，尽可能实现社区共赢；另一方面，国家公园管理机构应积极参与到周边区域规划、城市规划、乡镇规划中，对这些规划中不利于国家公园资源保护的部分进行充分协调、提出修改建议、提供技术支持等。

思考题

1. 周边区域在国家公园保护管理中具有哪些重要作用？
2. 如何形成高效的国家公园区域协调制度保障？

主要参考文献

[1] WCPA. 2003 Durban World Parks Congress. Parks Magazine Vol.14 No.2. 2004.

[2] 于广志，蒋志刚.自然保护区的缓冲区：模式、功能及规划原则.生物多样性.
2003，11（3）：256-261.

[3] 庄优波.风景名胜区缓冲区现状及概念模型初探 [A].住房和城乡建设部、国际风景
园林师联合会.和谐共荣——传统的继承与可持续发展：中国风景园林学会 2010
年会论文集（上册）[C].住房和城乡建设部、国际风景园林师联合会：2010；5.

[4] Craig L.Shafer. US National Park buffer zones：historical, scientific, social, and
legal aspects. Environmental Management Vol.23，No.1，1999.

第13章

规划环境影响分析

教学要点

1. 了解环境影响评价基本概念、战略环评和规划环评研究进展、以及我国环境影响评价的发展状况。

2. 掌握规划环境影响评价的基本框架，包括程序、内容、方法等。

3. 了解美国国家公园规划环评概况，以及对我国的借鉴意义。

13.1　环境影响评价背景

环境影响评价源于对环境问题的深入认识，人们认识到必须从其产生根源入手才能从根本上解决环境问题。1964 年，加拿大召开国际环境质量评价会议，会上首次提出环境影响评价这一概念，即"认识、预测、评价、解释和传达（即鉴别和评价）一种行动的环境后果，这行动可以是工程项目、立法提案、政策、计划和操作程序，并将评价结论应用于决策的一种活动"①。1970 年 1 月，美国实施《国家环境政策法》，首次将环境影响评价的实施进行立法，是环境影响评价的一个重要里程碑。环境影响评价的应用领域经历了从产品和项目扩大到政策和法规的过程。目前，战略（包括政策、计划、规划等）环境影响评价已经被美国、加拿大、欧盟等十多个国家和地区在不同程度上接受并应用于决策领域。

13.1.1　战略环境影响评价研究进展

战略环境影响评价（SEA）最早由英国的 N.Lee，C.Wood 和 F.Walsh 等几位学者提出，是指对政策、计划或规划（Policy、Program、Plan）及其替代方案的环境影响进行规范的、系统的、综合的评价过程。这一概念的产生和日益受到重视，其根本原因有两方面：人们对单个项目环境影响评价局限性认识的深入，以及实施可持续发展战略的要求。战略环境影响评价与项目环境影响评价的联系和区别成为研究重点之一。战略环境影响评价与项目环境影响评价的联系在于：战略环境影响评价是对环境影响评价应用层次的扩展，是对环境影响评价体系的补充和完善，并不是要取代传统的项目层次的环境影响评价。战略环境影响评价与项目环境影响评价的区别主要体现在以下 4 个方面：①评价对象的区别。项目环境影响评价考虑的是一项开发活动对环境的影响，强调一个具体的项目，而战略环境影响评价则评价政策、规划或计划产生的影响。②在评价时空范围上的区别。项目环境影响评价的范围是具体地段，战略环境影响评价的范围在地域上更广泛。③评价内容上的区别。项目环境影响评价是对具体建设项目产生的直接环境影响进行预测和评价；战略环境影响评价的评价内容往往更多地着重于战略的经济、社会、环境效益，把环境问题与社会经济有机地结合起来，其实质是可持续发展的评价，形式不仅仅停留在直接影响上，更多关注的是间接的、累积的、附加的、诱导的战略性环境影响。④评价方法的区别。尽管战略环境影响评价与项目环境影响评价是层次关系，都基于相同目标和基本相似的评价步骤，但是在评价方法上却大不相同。项目环境影

---

① 陆雍森. 环境评价 [M]. 上海：同济大学出版社，1999.

响评价方法是"定性少 + 定量多"型，而战略环境影响评价方法是"定性多 + 定量少"型。

美国、荷兰、新西兰、加拿大、丹麦、英国、瑞典、挪威以及中国香港和中国台湾等地区都在以不同形式开展战略环境影响评价工作。总体而言，当前战略环境影响评价的主流学派有两种[①]：一种称政策和规划派，是在战略实践的基础上发展起来的，其特点是环境影响评价与政策或规划同时进行，以英国、瑞典和澳大利亚为代表；另一种称为项目环境影响派，是在项目环境影响评价实践基础上发展的，将项目环境影响评价的方法应用于战略环境影响评价，以美国、荷兰以及我国香港等为代表。

13.1.2 规划环境影响评价研究进展

规划环境影响评价是战略环境影响评价的一种类型。在战略环境影响评价研究的基础上，许多学者对规划环境影响评价的基本框架、内容、程序和方法等进行了理论探讨，并在不同规划领域进行了实践应用。规划环境影响评价的方法体系大致由以下4个部分构成[②]：①项目环境影响评价方法以及一些经过修正的项目环境影响评价方法：如核查表法、矩阵法、网络法、幕景分析法、费用—效益分析、叠图法、模型法等；②规划和政策分析方法：如可持续性目标和环境目标的设立、替代方案的优化选择、环境承载力分析、选址与适宜度分析等；③信息技术等方法：如地理信息系统、遥感技术、专家系统、综合决策支持系统等；④其他方法：包括累积评价方法、系统综合集成方法、主观评价法等。在规划环境影响评价指标体系方面，目前比较常见的指标体系为"压力—状态—响应"（PSR）框架。其最早是由世界经济合作组织为了评价世界环境状况而提出的评价模式，其基本思路是人类活动给环境和自然资源施加了压力，结果改变了环境质量与自然资源质量；社会通过环境、经济、土地等政策、决策或管理措施对这些变化发生响应，缓解人类活动对环境的压力，维持环境健康。

规划环境影响评价当前存在的问题[③]，包括信息公开与公众参与的不足、规划环境影响评价的质量不高、规划环境影响评价的研究与实践尚待深入、评价人员专业技能有待提高等，其中最为突出的问题表现为：规划环境影响评价技术方法有待完善。当前应用的规划环境影响评价技术方法普遍停留在传统建设项目环境影响评价的方法层面，缺乏环境影响评价结果与规划决策紧密结合的方法。这种评价技术和方法的问题同样也折射反映在评价内容上，延续了建

---

① 蔡玉梅、谢俊奇、杜官印. 规划导向的土地利用规划环境影响评价方法 [J]. 中国土地科学. 2005，19（2）：3–8.

② 尚金城，包存宽. 战略环境评价导论 [M]. 北京：科学出版社，2003.

③ 朱坦，吴婧. 当前规划环境影响评价遇到的问题和几点建议 [J]. 环境保护，2005（04）：50–54.

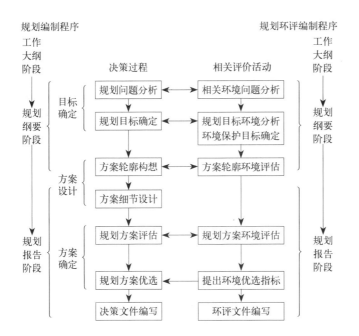

规划编制程序   规划环评编制程序

图 13-1 规划编制程序
与规划环评编制程序的
对应关系
（资料来源：李明光．规
划环境影响评价的工作
程序与评价内容框架研
究 [J].环境保护．2003.）

设项目环境影响评价的特征，较多地关注自然环境影响，较少关注社会、经济方面的影响，也较少关注自然环境、社会、经济影响的综合评价。这些缺陷导致规划环境影响评价的准确性差、预测结果不理想、减缓措施制定得不够详细等问题，使得规划环境影响评价没有发挥应有的作用。

将规划环境影响评价的工作程序与规划的工作程序结合起来，通过将规划环境影响评价功能在决策过程内部化、结构化而实现综合决策的制度化和规范化（图 13-1）[①]，有利于解决规划环境影响评价沿袭建设项目环境影响评价思路而引发的问题。

13.1.3 我国环境影响评价制度的发展

我国的环境影响评价制度是借鉴国外、结合国情逐步发展起来的。同样，我国的环境影响评价的应用领域也经历了从产品和项目扩大到政策和法规的过程。1979 年颁布的《环境保护法（试行）》（2014 年最新修订）规定在新、改、扩建工程时，必须提交"环境影响报告书"。20 世纪 90 年代以来，我国逐渐认识到开展战略和规划层面的环境影响评价的重要性和紧迫性，并在《中国 21 世纪议程》、《国务院关于环境保护若干问题的决定》等文件中明确提出开展对现行重大政策和法规的环境影响评价。2003 年 9 月开始实施的《中华人民共和国环境影响评价法》，进一步为规划环境影响评价的实施提供了法律基础。该法第二章关于应开展环境影响评价的规划类型的规定如下："本法对现阶段应当进行环境影响评价的规划区分为指导性规划和非指导性规划。指导性的规划包括土

---

① 李明光．规划环境影响评价的工作程序与评价内容框架研究．环境保护．2003（07）.

地利用、区域、流域、海域的建设、开发利用规划，以及本法第八条规定的专项规划中的宏观性、预测性的规划。非指导性的规划是本法第八条规定的专项规划的主体，包括工业、农业、畜牧业、林业、能源、水利、交通、城市建设、旅游、自然资源开发的规划等。至于需进行环境影响评价的规划的具体范围，本法明确由国家环保总局会同国务院有关部门制定，报国务院批准。"

国际经验表明，随着环境影响评价制度的建立，尤其是战略环境影响评价的开展，相关政策、规划的决策过程会相应发生调整。以美国为例，实施《国家环境政策法》之后，对规划决策过程最主要的两项改变为：在规划编制过程中进行环境影响分析和多方案比较；在规划编制过程中开展广泛深入的公众参与。

13.1.4 国家公园规划环境影响评价的意义

提高国家公园规划决策的科学性有许多途径，其中引入环境影响评价是当前比较有效的方法。环境影响评价的最终目的是为决策者的决策行为提供依据，具体表现在两个方面：首先，环境影响评价从尽可能客观、科学的角度出发，对规划方案的环境影响关系、影响性质和影响程度等进行分析，使决策者对于规划方案的影响对象、正面影响、负面影响和影响大小等有一个全面深入的了解；其次，环境影响评价从社会公平、利益均衡的角度出发建立价值评判体系，给出规划方案的综合评价，供决策者选择。将环境影响评价引入国家公园规划的决策过程，有助于提高国家公园规划决策的科学性。

13.2 规划环境影响评价框架①

13.2.1 规划环境影响评价的程序

1）规划环境影响评价的程序概述

2003 年 9 月开始实施的《中华人民共和国环境影响评价法》的第二章对规划环境影响评价的执行做了专门规定。为指导其实施，国家环保总局于 2003 年 9 月同时出台了《规划环境影响评价技术导则》（以下简称《技术导则》）。国家公园规划环境影响评价程序可分为 5 个步骤。各步骤应包括以下基本内容。

（1）环境现状调查、分析与评价：国家公园资源、社会、经济要素的构成及其基本状况；资源、社会、经济要素存在的主要问题；现状要素及其问题的发展趋势分析。

（2）规划分析：了解规划编制背景和规划目的；规划目标协调性分析，即

---

① 本节主要参考：庄优波，杨锐. 风景名胜区总体规划环境影响评价的程序和指标体系 [J]. 中国园林，2007：49-52.

分析规划与所在区域／行业其他规划（包括环境保护规划）的协调性；规划包含的具体措施及其环境影响对象分析；规划环境影响评价范围的确定。

（3）环境影响识别与评价指标确定：对规划环境影响的影响因子、影响范围、时间跨度、影响性质等进行识别，即在规划分析的基础上，进一步确定国家公园规划的规划内容与国家公园资源、社会、经济等环境要素之间的因果关系；建立环境影响评价指标。

（4）环境影响预测与评价：通过科学原理、模型和一定的经验分析等途径预测大气环境、声环境、水环境、生态环境、视觉景观、社会、经济等若干项环境要素的变化轨迹和变化结果；建立一定的评价标准，判断预测的影响程度是否可以接受；提出减缓负面影响的相关措施；提出对规划方案的反馈修改意见。

（5）拟定监测、跟踪评价计划：列出需要进行监测的环境要素或指标；制定监测方案。

2）规划环境影响评价程序与《技术导则》相关规定的关系

《技术导则》确定的规划环境影响评价的工作程序和基本内容如下：①规划分析；②环境现状与分析；③环境影响识别与确定环境目标和评价指标；④环境影响分析与评价；⑤确定环境可行的推荐规划方案；⑥开展公众参与；⑦拟定监测、跟踪评价计划。

比较本研究确定的主要步骤与《技术导则》的主要步骤，我们会发现，两者的工作程序和内容基本一致。两者最大的区别在于，环境现状分析与规划分析在工作程序中的先后关系。在国家公园规划环境影响评价中，首先是环境现状分析，其次是规划分析，而且环境现状分析与规划过程中的现状分析结合在一起。在《技术导则》中，则首先是规划分析，其次是环境现状分析。

为什么会有这样的区别呢？环境现状分析与规划分析在工作程序中先后关系的区别，实际上体现为，规划环境影响评价介入规划编制过程的时机是同步介入还是后期介入的区别。尽管《技术导则》将规划环境影响评价定义为："在规划编制阶段，对规划实施可能造成的环境影响进行分析、预测和评价，并提出预防或者减轻不良环境影响的对策和措施的过程"；在规划环境影响评价的评价原则中也提到了早期介入的原则，即"规划环境影响评价应尽可能在规划编制的初期介入，并将对环境的考虑充分融入规划中"，但是在具体程序安排中，仍然体现出规划环境影响评价在后期介入的特征。将环境现状分析安排在规划分析之后，说明环境影响评价承担者在规划分析阶段对环境现状并不了解，也反映出规划编制和规划环评技术工作由两个不同的队伍或不同的单位来做的特征。

规划环境影响评价的同步介入具有很多优点，例如节省时间、减少反复过程、评价建立在对规划内容充分了解的基础上、有利于社会影响的实时反馈等。

Thomas Ficher[①] 在论述土地利用规划的环境影响评价时说，"如果土地利用规划能够充分地考虑到环境因素，环境影响评价就不必要做了"。这一论断同样适用于国家公园规划。国家公园规划环境影响评价应尝试与规划过程同步介入，将环境影响评价嵌入到规划编制过程中去。而要完成这种同步介入，现状分析应早于规划分析。

3）规划环评程序与规划程序的关系

国家公园规划流程借鉴了如下风景名胜区规划流程。为了提高风景名胜区总体规划过程中分析和推理的理性程度，杨锐等借鉴 Steinitz 提出的景观规划流程六个阶段模型，并根据风景名胜区实际情况进行改进，将风景名胜区总体规划整个规划流程分成 8 个阶段。这 8 个阶段同样适用于国家公园规划，分别是调研、现状分析、资源评价、规划、影响评价、决策、实施与监测。调研的目的在于掌握目前国家公园的构成要素及其状况；通过现状分析理清各要素间的相互关系；资源评价的作用在于判断各要素间的关系是否合理，为规划目标和措施提供依据；规划阶段是整个流程的核心步骤，目的是确定规划目标并研究采取哪些规划行动能使规划地区从现实状态向目标状态转变；接着通过影响评价来分析这些规划措施会带来什么样的正、负面影响以及影响的程度如何；决策步骤以影响评价为依据，判断规划措施的积极影响是否能促使规划目标实现，消极影响能否被接受，即规划是否可行。通过决策步骤判断规划是否可进入实施与监测阶段；如结论为否定，那么整个流程需要重新返回规划步骤进行修改。

将环境影响评价嵌入到国家公园规划编制过程中，主要体现在两个方面（图 13-2）：第一，规划环境影响评价成为国家公园规划过程 8 个阶段中的一个阶段；第二，在规划环境影响评价的 5 个主要步骤与国家公园规划过程的其他阶段之间建立一定的对应关系，具体内容如下。

对应关系 1：国家公园规划过程中现状调查、现状分析、资源评价 3 个阶段与规划环境影响评价的环境现状与分析步骤对应，两者同步，可以合二为一。

对应关系 2：影响预测和评价的结论返回至规划流程中，为决策阶段提供依据。如果决策认为影响不能接受，则重新返回规划（改变）阶段，或更早的阶段，开始新的一轮规划流程和环境影响评价过程；如果决策认为影响可以接受，那么，环境影响评价应拟定相应的监测计划。

对应关系 3：规划决策后进入实施和监测环节，在监测计划的指导下，对规划的环境影响进行监测。

13.2.2 规划环境影响评价的内容

国家公园规划环境影响评价的内容由以下两个因素决定。

---

① Thomas Fischer. 英国土地利用规划中的战略环境评价应用 [A]. 规划环境影响评价技术文集 [C]. 北京：国家环境保护总局监督管理司和环境工程评估中心，2004：166-171.

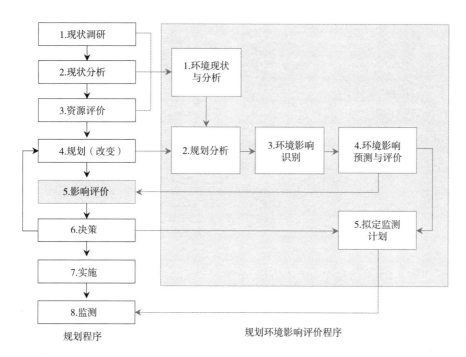

图 13-2 规划环境影响评价程序与规划程序的对应关系

（1）国家公园规划环境影响特征。规划不仅对自然资源产生影响，而且对文化资源、视觉景观、当地社区的社会经济以及周边区域的社会经济等产生影响。保护相关的规划内容对自然资源产生影响，对社会经济也会产生影响。例如，在国家公园规划中，为了保护自然资源，对部分社区产业类型和规模进行限制，禁止开山采石或禁止放牧等，对自然资源产生正面影响，而对当地社区的社会经济将造成深远的负面影响。同样，利用相关的规划内容对自然资源产生影响，对社会经济也会产生影响。例如，规划一定规模的游客在居民点的活动带来的文化冲击、旅游带来的各种就业机会和商业利益等，对当地社区的社会经济产生影响。这些环境影响如果不正确对待和有效控制，会引发重大问题，导致国家公园保护管理的不可持续。

（2）国家公园规划目的。国家公园规划目的主要包括：保护价值；适度满足科研、环境教育和游憩等社会公益性需求；以及保护与利用的协调三个方面。规划如果过于偏重保护，将使得国家公园的科学、教育、审美、文化等价值不能有效体现，同时也阻碍了相关社区和周边区域的适当发展，最终使资源保护工作得不到有力支持，资源保护效率得不到保证；规划如果过于偏重利用，则将使资源不堪重负，最终被破坏殆尽。如何将保护与利用进行协调，是规划最根本的目的。

通过对国家公园规划目标和环境影响特征的分析可知，规划环境影响评价应包括 3 方面内容：对自然环境产生的影响是否可以接受；对社会经济产生的影响是否可以接受；以及自然环境影响和社会经济影响如何进行权衡和协调（图 13-3）。

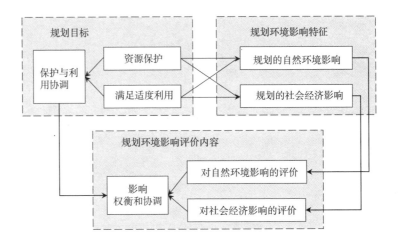

图 13-3 规划环境影响
评价内容示意图

13.2.3 规划环境影响评价的方法

环境影响是指人们的开发行动可能引起的物理、化学、生物、文化、社会经济环境系统的任何改变或新的环境条件的形成。环境影响评价是人们在采取对环境有重大影响的行动之前，在充分调查研究的基础上，识别、预测和评价该行动可能带来的影响，按照社会经济发展和环境保护相协调的原则进行决策，并在行动之前制定出消除或减轻负面影响的措施（陆雍森，1999）。从不同的角度出发，可以对环境影响评价作不同的分类。按照评价要素来划分，环境影响评价可分为自然环境影响评价与社会影响评价两大类。

自然环境影响评价是指预测评价特定的政策行动对自然环境产生的影响。这里的自然环境涉及：物理、化学、生物等要素。社会影响评价是指预测评价特定的政策行动对社会产生的影响。这里的"社会"一般广泛涉及：审美、考古、社区、文化、人口、经济、性别、健康、原住民、基础设施、制度、政治、贫困、心理、资源等社会各个层面（Vanclay，1999）；这里的"影响"包括：人们生活、工作、游憩活动中相互关系和组织协作方式的改变，以及在文化层面的影响，如规范、价值观、信仰的改变，从而指导他们对自我和社会认知的形成，并使其合理化（The Interorganizational Committee on Guidelines and Principles for Social Impact Assessment，1994；刘佳燕，2006）。在不同国家和机构的评价工作中，"社会影响评价"拥有不同的称谓，其内涵也存在一定差异，例如常见于美国的"社会影响评价"（Social Impact Assessment），英国的"社会分析"（Social Analysis），世界银行等国际机构的"社会评价"（Social Assessment）（向清，1997）。上述概念的差异主要源于各国和机构发展社会影响评价的制度和技术背景的不同，但核心内容基本一致（刘佳燕，2006）。本研究统称为社会影响评价。一般来说，社会影响评价侧重项目或规划对社会经济领域的影响，尤其是对社会经济敏感对象的影响，例如贫困人口、妇女、少数民族居住区、非自愿移民等。

社会影响与自然环境影响既有相同点，也存在差异。社会环境与自然环境相同点在于：既有预期的正面影响，也有负面影响；都有不同范围的影响，例如在社会影响中可能产生 50 个或 1000 个工作岗位，在自然环境影响中可能产生 50 或 1000 加仑的废水；都能产生不同持续时间的影响，不同严重程度的影响，以及都存在累积影响。社会环境与自然环境之间又存在很大的差异，因为社会环境会对预期的变化作出反应，并且在规划过程中会根据环境的变化不断调整自身状态，另外，不同社会环境中人对变化会产生不同的看法，进而作出不同的反应（The Interorganizational Committee on Guidelines and Principles for Social Impact Assessment，1994）。因此，社会影响评价与自然环境影响评价在方法上有很大的差异。

对两类影响评价方法进行比较，可以得到以下结论（表 13-1）：自然环境影响评价方法往往以自然科学技术方法为基础，影响评价指标往往比较明确，影响重大性判断准则以法律法规、专家判断为主；社会影响评价方法往往以社会学研究方法为基础，影响评价指标往往具有多目标性、间接效益指标多、长期性、宏观性、政策性、量化难度大等特征，影响重大性判断准则与社会公众、专家的价值观密切联系。

<table>
<tr><td colspan="3" align="center">两类影响评价方法的比较</td><td align="right">表 13-1</td></tr>
</table>

比较内容	自然环境影响评价	社会影响评价
评价对象	对自然环境要素的影响	社会、经济环境要素的影响
评价方法基础	侧重自然科学方法	侧重社会学、经济学方法
指标特征	往往比较明确	多目标性、间接效益指标多、长期性、宏观性、政策性、量化难度大
评价标准	以法律法规、专家判断为主	与社会公众、专家的价值观密切相关

13.3 美国国家公园规划环评借鉴[①]

13.3.1 美国国家公园规划环境影响评价的制度背景

20 世纪 60 年代，美国的环境污染问题已经相当严重并引起公众的强烈反应，而美国联邦政府各部门当时的法定职权并没有保护环境的内容，在此背景下美国国会决定制定和宣布《国家环境政策法》（NEPA）。《国家环境政策法》1969 年由美国国会通过，1970 年 1 月 1 日起实施，并成立总统咨询机构即国

---

① 本节主要参考：庄优波.风景名胜区总体规划环境影响评价研究 [D].北京：清华大学建筑学院，2007.

家环境质量委员会（the Council on Environmental Quality）负责监督该法律的实施。国家环境质量委员会在1978年公布了《国家环境政策法》实施细则，并在1981年进行补充，补充文件题为"关于国家环境质量委员会的《国家环境政策法》实施细则的四十个常见问题"。《国家环境政策法》对影响的规定仅限于对物质实体的影响，而国家环境质量委员会的实施细则要求包括社会和经济影响。

《国家环境政策法》的最终目的是使政府各部门在各种行动的决策之前充分了解该行动的环境代价和收益。实现这一目的的主要依靠两种工具。工具之一：在行动决策之前，对任何具有潜在环境影响的行动进行谨慎、充分的环境影响评价，并提出实现行动的多种方案；工具之二：开展充分的公众参与或利益相关者参与。环境影响评价的结果以3种形式公布于众，根据影响程度由小到大分别为：1至2页的通知、环境评估（EA）以及环境影响评价报告书（EIS）。环境影响评价、公众参与和资料分析的过程，都必须及时完成，并成为决策的有用部分。在决策完成之后才开始或完成环境影响评价，就违背了《国家环境政策法》的精神。

《国家环境政策法》对美国的影响非常深远。联邦政府各部门都必须实施这些法规细则。一旦计划或行动可能对人类环境产生影响，就需要执行《国家环境政策法》。

13.3.2　美国国家公园规划环境影响评价内容

根据《国家环境政策法》的要求，美国内政部相应制定了本部门的《国家环境政策法》细则，并作为部门手册的第516条（Part 516）。美国内政部国家公园管理局也制定了若干《国家环境政策法》手册。最新版本为1982年的第12号局长令（Director Order 12，简写为DO-12），并于2000年更新为DO-12手册。

《国家环境政策法》是一个程序法，而不是一个实体法。政府各部门只需要遵守法律规定的程序进行环境影响评价，包括环境影响的科学分析以及公众参与，至于评价结论是否对环境产生重大影响，法律不做规定。例如，有一个计划将对环境产生较大的负面影响，但是这个计划按照《国家环境政策法》的程序要求进行了评价，该法律就允许其实施。为了弥补程序法的缺陷，美国国家公园管理局在制定《国家环境政策法》手册时，将本部门的相关实体法（其中最主要的实体法为National Park Service Organic Act，要求将资源"原封不动的"传给下一代）与《国家环境政策法》进行结合，从而使国家公园规划环境影响评价的作用得到极大提高。

国家环境质量委员会为所有的环境影响评价报告书（EIS）制定了统一的标准格式，对该格式进行任何修改都必须经过国家环境质量委员会的批准。美国国家公园总体管理规划的环境影响评价报告书格式基本遵照这一格式，并对格式进行了应用性说明。具体内容如下。

（1）封面。封面包括6项内容：包括领导机构和合作机构在内的负责机构清单；规划的位置和名称；联系人的名称、地址和电话；报告书的性质，是草案、最终成果还是补充说明；规划的简要说明；提供建议的截止日期。

（2）概述。概述应充分、准确地表达报告书的内容，包括：主要结论；有争议的地方（无论是相关机构提出的或公众提出的）；需要解决的主要问题（包括如何在不同的规划方案之间进行选择）。

（3）目录。目录应足够详细，从而保证读者能够很快地定位到主要内容，尤其是定位到特定的影响主题和规划方案。

（4）项目目的及必要性。项目目的应明确重要的环境问题。

（5）规划方案。不同的规划方案应从不同的途径来实现国家公园的目的和目标（规划方案内容构成见附录B）。

（6）被影响的环境。国家公园内被影响的环境要素主要包括13种类型。

（7）影响。包括：规划方案的直接影响、间接影响、累积影响；影响的范围、强度和持续时间等。影响指标的描述必须准确、科学可信、并能被不同的读者所理解。影响范围、持续时间和强度应尽可能量化。内容安排方面，可根据方案来组织各种影响；也可根据影响主题来组织各个方案。

（8）咨询和协商。应包括公众参与历史的简单描述、评价者和专家的名单、收到环境影响评价报告书的个人和机构名单，如果是最终成果，还应包括对不同建议的答复。公众参与历史应包括发生在立项阶段、规划方案阶段和影响评价阶段的重要咨询过程以及咨询过程中讨论的问题等。

（9）参考文献。包括文献资料、术语表、关键词索引、附录等。

13.3.3 美国国家公园规划环境影响评价公众参与

美国国家公园规划环境影响评价的公众参与主要发生在4个阶段：目的通告（Notice of intent）阶段、评价范围确定（scoping）阶段、评价草案阶段以及最终成果阶段。各阶段公众参与的具体内容如下。

（1）目的通告阶段。规划环境影响评价的目的通告应在联邦登记处（federal register）公布，使公众了解规划的目的和后续工作，公布的内容包括：对规划项目和方案的简单描述；对评价范围确定程序的描述以及将在何时何地召开会议；提供国家公园管理局联系人的名字和地址；说明规划的环境影响评价是指定的（delegated）或非指定的（non-delegated）。

（2）评价范围确定阶段。这一阶段任务包括：确定重要问题；筛选和除去不重要不相干的问题；分配任务；明确与其他规划和文件的关系；明确时间安排；确定分析尺度等。评价范围包括内部范围（国家公园工作人员）和外部范围（感兴趣的和受影响的公众）。确定外部范围的方法可采取时事通讯（newsletter）、媒体广告、公众接待日（open houses）和游客宣传册等形式，也可直接给游客、感兴趣的机构和国家公园的邻居写信，信件应包括项目介绍、地图、方案介绍以及对意见建议的征求等内容。

（3）环境影响评价报告书草案阶段。美国国家公园管理局要求规划环境影响评价报告书草案必须留给公众至少60天的时间来提意见。国家公园规划环境影响评价报告书草案完成后，美国国家环保局会在联邦登记处公布消息，通知公众可以获取这一报告书，并保证送到所有相关机构。相关机构包括：所有在法律上规定有权限的机构以及相关的联邦、州、地方的机构和印第安部落；任何感兴趣的和被影响的个人和机构；其他任何索要文件的个人。在下列两种情况下需要开展草案的公众会议或听证会：当存在实质性的环境争议或利益争议时；当其他相关机构提出召开公众会议的要求并提供相应理由时。公众会议或听证会必须在草案分发至少30天之后举行，以保证与会公众有足够的时间阅读草案。公众会议或听证会应采取可靠的方式通知到相关人员，例如直接写信、网络邮件、地方集散地的海报、媒体广告等。

（4）环境影响评价报告书最终成果阶段。当评价报告书对所有提出的修改建议答复完毕后，形成环境影响评价报告书最终成果。这一成果需要提交国家环保局，同时在联邦登记处发布公告。最终成果的分发程序和环境影响评价报告书草案基本相似，时间不少于30天，分发对象为：任何提出建设性意见的个人和机构；所有提出建议的机构或印第安部落；任何索要文件的个人。

13.3.4 月面环形山国家纪念地规划环境影响评价

1）月面环形山国家纪念地及规划简介

月面环形山国家纪念地（Craters of the Moon National Monument）成立于1924年5月2日，是爱达荷州第一个国家纪念地，主要目的是保护火山熔岩地貌特殊景观，其名字源于这里的地貌景观与月球表面极其相似。目前年游客约20万人次。2000年11月9日，7373号总统令宣布将月面环形山国家纪念地从54000英亩扩大到750000英亩。这一命令使得国家公园管理局和土地管理局需要联合起来共同管理这一纪念地。因此需要有一个统一的规划来指导具体工作，并以此代替现有的四个土地利用规划（部分代替）和一个纪念地总体管理规划(完全代替)。新的规划将为未来15至20年内的资源保护、游客使用、开发和经营等活动的管理和决策提供工作框架。规划编制工作开始于2002年4月24日，2004年4月30日完成草稿，2005年7月完成终稿（表13-2）。

2）环境影响评价主要内容

规划一共设置了4个方案。规划方案关注5个方面的内容：开发活动，主要指提供何种旅游服务设施和服务类型；交通和可达性，主要指如何组织国家

月面环形山国家纪念地规划及环境影响评价工作时间表　　　　表 13-2

2001 年立项，确定评价范围				
10 月，成立规划小组，明确规划范围和主要问题				
2002 年确定规划目的、形成规划方案				
2 月	6 月	7 月	8 月	10 月
第一次时事通讯，关于资源保护和利用的建议征集	公众接待日接待不同机构和感兴趣团体	第二次时事通讯，总结 6 月收集的意见建议	形成初步规划方案	修改规划方案
2003 年方案评价，完成规划草案				
1 月	2 月	3 月	5 月	4-12 月
第三次时事通讯，对规划方案意见的征集	举行公众讨论会征集对规划方案的意见	根据总结的建议，修改规划方案	规划方案环境影响评价	逐步形成规划草案
2004-2005 年规划及环境影响评价发布，完成规划终稿				
4 月 2004	5-7 月 2004	8 月 2004-6 月 2005	7 月 2005	秋季 2005
发布规划草案，征集公众意见	90 天的公众参与期，并举行公众接待日	修改规划草案	规划终稿分发给公众，30 天不作为期	确定规划终稿，发布，实施和监测

（表格翻译自：Craters of the Moon National Monument and Preserve. Proposed Management Plan/Final Environment Impact Statement. 2005，7）

公园内部以及到达国家公园的机动车道路系统和步行道路系统；游客使用和安全，主要指为游客提供何种类型的游客体验，以及公众使用的范围和位置；授权使用，主要指对采矿、放牧的限制，以及旅游用品商店和导游的特许经营问题；自然和文化资源，主要指如何保护这些资源。各方案特征如下：方案 A，延续当前管理政策的方案（no action）；方案 B，强调在国家公园内提供不同类型的游客体验；方案 C，强调并提高了国家公园的原始自然特征；方案 D，为推荐方案，强调对物质空间和生物资源的保护和恢复。方案特点主要通过分区（Zoning）来表达（图 13-4）。这 4 个方案采用了同一套分区系统，一共为 4 类分区：游览区（frontcountry），通道区（passage），原始区（primitive），乡村区（pristine）。不同方案的分区位置和分区规模不同。在规划方案形成后，分析被影响的环境要素，一共涉及 5 大类、19 中类、44 小类的环境要素（表 13-3）。在此基础上，对上述环境要素分别进行环境影响分析（表 13-4）。

3）公众参与过程

公众参与发生在该国家公园管理规划编制的整个过程中。参与方法包括：联邦登记处通告（federal register notices）、新闻发布会、公众会议和讨论会、特定人群演讲会、个体面谈、最新消息邮件以及网络海报等。规划程序和参与方法信息放在国家公园网站（www.nps.gov/crmo）和土地管理局网站（www.id.blm.gov/planning/index.htm）上，对规划的反馈信息可以发送至电子邮件（IDCraters_Plan@blm.gov）。

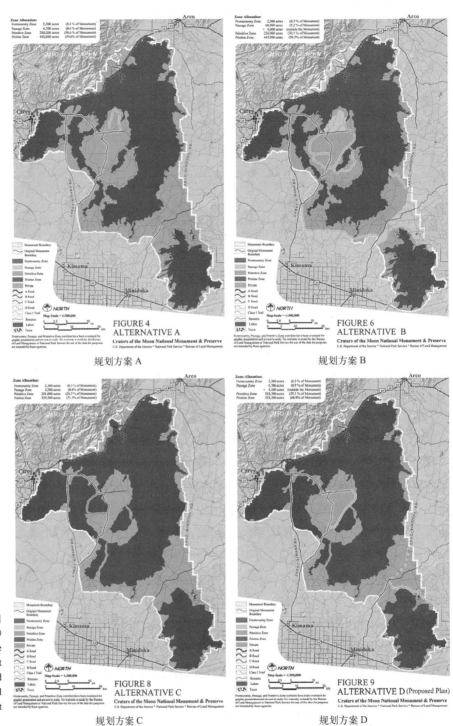

图 13-4 月面环形山国家纪念地规划方案图 A-D（图纸来源：Craters of the Moon National Monument and Preserve. Proposed Management Plan/Final Environment Impact Statement. 2005，7）

规划方案 A

规划方案 B

规划方案 C

规划方案 D

　　规划过程共发出 3 封时事通讯，向公众通告规划进展并征求意见。第一封信在 2002 年 4 月发出，约 1500 封，主要内容是关于在 60 天的评价范围确定阶段制定规划方案的任务，以及召开听证会、公众会议的具体时间、地点。收到 169 封回信，在此基础上共整理出 536 条建议。这些建议涉及 6 个方面：总

被影响的环境要素一览表　　　　　　　　　　表 13-3

大类	中类	小类	大类	中类	小类
自然资源	地质资源	地质背景	土地利用和交通	放牧	—
		地质特征		其他土地利用	管理和旅游设施
	土壤	土壤类型			土地和房地产
		生物土壤表皮			采矿
	植物	植物类型		特殊用途区域	荒野地
		外来物种			荒野研究区域
		火与植物			自然研究区域
		特殊状态物种	游客体验	解说教育	—
	水资源	水质		游憩和公共安全	游客规模总量
		水的利用			打猎
	野生动物	野生动物栖息地			机动交通游览
		害虫防治			徒步和骑马
		野生动物灾害防治			宿营
		特殊状态物种			参观洞穴
	空气质量	—			公共健康和安全
文化资源	考古和历史资源	史前遗迹		视觉景观资源	视域
	印第安人权力和利益	人种学资源			视觉资源管理
		印第安人传统使用			夜空
土地利用和交通	可达性与旅游	主要交通路线		声景观	自然静寂
		机动车道路分级	社会经济状况	概况	—
		步行道路分级		区域经济状况	—
		无道路的路径		区域社会状况	—

（根据 Craters of the Moon National Monument and Preserve. Proposed Management Plan/Final Environment Impact Statement. 2005，7 涉及的相关内容总结绘制）

体建议；开发；交通和可达性；游客使用和公众安全；经授权的使用；自然与文化资源。第二封信在 2002 年 8 月发出，约 850 封，并在网站上公布信件内容。主要内容是总结了第一阶段的建议，并提出下一阶段的时间表和工作内容。在这一期间，规划小组制定了 4 个不同的规划方案。第三封信在 2003 年 1 月发出。主要是对规划方案的介绍，并通告了将在 2003 年 2 月召开 3 次公众讨论会来征求意见。大约有 160 封回信。规划小组再次将这些建议进行分类和总结。

除广泛的公众参与之外，规划期间规划小组还向一些特殊的相关机构进行了咨询与合作，包括：印第安部落、历史保护办公室和历史保护咨询委员会、美国渔业和野生动物管理局、其他一些相关机构、组织和团体。以印第安部落的咨询为例，2003 年 3 月 19 日规划组主要成员与部落土地利用政策委员会成员进行初步交流，解释规划程序并邀请他们参与；通过 3 次时事通讯通告进程；2002 年 7 月 22-23 日在部落里召开两天讨论会；2003 年春季向土地利用政策委员会简要介绍规划方案并征求意见；2003 年夏季在部落里召开意见征集会等。

不同规划方案下环境要素所受影响分析和比较　　　　　　　表 13-4

方案 A (不作为方案)	方案 B	方案 C	方案 D (推荐方案)
自然资源			
植被和防火管理			
方案 A 会对植被产生从可忽略到中等程度的短期和长期的不利影响，这些影响来自对公路和小径的连续使用和维护，以及非法的野外使用，传播有害的种子，防火设施和大火，连续的放牧等。设施的恢复活动和建设会导致短期的从可忽略到较小程度的直接不利影响，但是植被的修复和公共教育会产生长期的从较小到较大规模的有益影响	方案 B 因为增加到访率和可达性以及更多的公路和小径的维护，会导致更大可能的植被碎片化，增加有害种子传播的风险，和人为失火的可能性。对植被的影响既有短期的，也有长期的，强度从可忽略到中等，且比方案 A 影响范围更广。设施建设会对植被产生一些长期的从可忽略到较小程度的影响，而增加公共教育则会产生较小到中等程度的长期的有益影响	方案 C 和其他方案相比，提供更少的游客访问机会，允许更少的防火设施使用，更少的有害种子的管理，和在一个更大区域里采用更慢的恢复速率。游览对植被的不利影响主要是较小程度和有限的，设施的建设和维护产生的影响比其他方案更小。恢复会产生长期的较小到较大程度的有益影响，但是因为更少的除草剂的使用，使得这些有益影响会较慢发生	方案 D（推荐方案）中，将有更多的防火设施的使用，和对有害种子更严格的控制。这样会导致短期的较小到较大程度的不利影响，但也会导致长期的中等到较大程度的有益影响，而且相比其他方案而言，会发生在更短的时间里。有计划地布置恢复项目会增加植被斑块的规模和连续性。游客游览、大火、防火设施、放牧和设施建设产生的不利影响与方案 A 相似
水资源			
在强度水平上，实施方案 A 会保持当前的长期影响，通常从可忽略到可能较大程度的影响都有，尽管较大程度的影响会局限在小范围。大强度的游憩使用和牲畜在洼地饮水会对营养浓度、细菌水平和混浊度产生较小到中等的影响。这些影响一般局限于单个水区域，因为各水区域没有连通	方案 B 的影响基本上和方案 A 一样。但是因为有更多的游客流量和游憩使用，外加会有更多的牲畜活动，方案 B 对冰洞和洼地会有更多的非直接的不利影响。影响强度从可忽略到可能的中等程度，但都是局部的。影响可能是短期的，也可能是长期的，取决于每个景点的具体环境	方案 C 的影响和方案 A 基本一致。然而因为公路会减少，所以以中等程度的不利影响会更少	方案 D（推荐方案）对水资源的影响也跟方案 A 相似，局部的长期影响强度从可忽略到中等程度都有。实施方案 D 会对水资源产生强度从可忽略到较大程度的影响。高强度游憩使用会影响冰洞湖，牲畜饮水会影响个别洼地，这些会对营养浓度、细菌水平和混浊度产生较小到中等的不利影响
文化资源			
方案 A 会对纪念地内大部分的考古资源完整性产生从可忽略到较小程度的不利影响。恢复项目和防火设施会产生长期的中等程度的有益影响，但初次的修缮和防火活动，以及放牧和交通工具通行会导致短期的，从较小到中等程度的不利影响	通过强调游憩机会和交通工具可达性，方案 B 会对纪念地内大部分的考古资源完整性产生中等程度的不利影响。恢复项目和防火设施会产生长期的中等程度的有益影响，而交通工具通行，放牧，初次修缮和防火活动会导致短期的从较小到中等程度的不利影响	方案 C 通过减少进入原始区域的游客量和交通量，对纪念地内大部分的考古资源完整性产生较小程度的有益影响。恢复项目、防火设施和限制区域都产生长期的，较小到中等程度的有益影响。有限的交通、放牧、初次修缮和防火活动会导致短期的，较小到中等的不利影响	方案 D（推荐方案）通过加强景点外的教育和游客服务，和大范围修缮，对纪念地内大部分的考古资源完整性产生中等程度的有益影响。短期的较小到中等程度的不利影响主要来自交通工具通行、初次修缮、防火活动和放牧

续表

方案 A （不作为方案）	方案 B	方案 C	方案 D （推荐方案）
土著的权利和利益			
方案 A 会对维持纪念地内的人种和传统用地的完整性有从可忽略到较小程度的有益影响	通过强调游憩活动和交通工具可达性，方案 B 会对维持纪念地内的人种和传统用地的完整性有较小到中等程度的不利影响	方案 C 通过减少进入原始区域的游客量和交通量，会对维持纪念地内的人种和传统用地的完整性有较小程度的有益影响。但限制交通工具访问会对部落老者产生不便	通过加强景点外的教育和游客服务，和大范围修缮，方案 D（推荐方案）会对维持纪念地内的人种和传统用地的完整性产生较小到中等的有益影响。但限制交通工具访问会对部落老者产生不便

（表格翻译自：Craters of the Moon National Monument and Preserve. Proposed Management Plan/Final Environment Impact Statement. 2005，7，表中为部分环境要素内容）

4）美国国家公园规划环境影响评价借鉴

尽管中国和美国国家公园所处的基本国情不同，发展阶段不同，规划体系和规划内容也有较大差异，但是，同属于世界自然保护联盟（IUCN）6 类自然保护地的范畴，规划需要解决的问题基本相同，涉及资源保护、游客体验以及社区利益等；规划环境影响评价的根本目的也基本一致，即为规划决策提供依据，控制决策负面影响。美国国家公园规划环境影响评价实践（按照 NEPA 从 1970 年开始实施算）比我们早了近 40 年左右，有许多经验教训值得我们借鉴，主要包括以下 3 个方面。

（1）环境影响评价程序与规划程序。美国国家公园环境影响评价程序与总体规划程序紧密结合。从国家公园总体规划立项之初就开始考虑环境影响评价的内容；在总体规划立项过程中，通过评价范围确定程序来确定环境影响评价中需要考虑的环境问题和方案范围；总体规划方案阶段，对不同方案进行详细的影响识别、预测和影响比较；总体规划成果草案和终稿阶段，随着规划方案的修改对规划环境影响评价进行相应修改。这样，规划环境影响评价内容不仅能够为将来下一层次的规划项目实施提供决策依据，而且，在总体规划决策中真正发挥作用。

（2）环境影响评价的技术方法。美国国家公园规划环境影响评价已经形成一套较为完整的评价方法体系，其中最主要的体现在于影响识别、影响预测和影响评价 3 个方面。影响识别方面，建立了国家公园被影响的环境要素的总体框架，共 13 类，每个国家公园规划环境影响评价的被影响环境要素均包括在这 13 类中，并且在必要条件下可将某些类别进行细化。影响预测方面，注重量化分析方法，预测分析建立在详实的监测统计数据以及科学研究的基础之上，并注重累积影响的分析。影响评价方面，对于每一影响，均需按照一定的评价标准,判断其影响时间(长期或短期)、影响性质(正面或负面)、影响程度(强、适度、弱)。

(3)环境影响评价的公众参与。美国国家公园规划及其环境影响评价的公众参与具有非常高的广度、深度和有效性。广度在于公众参与类型覆盖广,不仅包括具有直接利益关系的社区、机构以及政府主管部门,还包括广泛意义的公众;广度还反映在参与时间覆盖环境影响评价的整个过程。深度在于参与形式多样,包括邮件、公共会议、个体访谈等,便于公众自由发表意见;深度还在于参与时间充分,公众能清晰掌握规划进程和参与时机,并有充裕的时间来熟悉规划和提供建议。有效性在于规划和环境影响评价过程中有多次参与信息总结与反馈,保证公众参与能真正影响规划和环境影响评价决策。如此高程度的公众参与,离不开美国社会的法制和民主发展进程。

思考题

1. 规划环境影响评价的必要性?
2. 规划环境影响评价的难点在哪里?
3. 美国国家公园规划环评在我国的适用性如何?

主要参考文献

[1] 陆雍森. 环境评价 [M]. 上海:同济大学出版社,1999:1,73-76.

[2] 尚金城,包存宽. 战略环境评价导论 [M]. 北京:科学出版社,2003:7.

[3] 朱坦,吴婧. 当前规划环境影响评价遇到的问题和几点建议 [J]. 环境保护,2005 (04):50-54.

[4] 李明光. 规划环境影响评价的工作程序与评价内容框架研究. 环境保护. 2003(07).

[5] Thomas Fischer. 英国土地利用规划中的战略环境评价应用 [A]. 规划环境影响评价技术文集 [C]. 北京:国家环境保护总局监督管理司和环境工程评估中心,2004:166-171.

[6] 蔡玉梅,谢俊奇,杜官印. 规划导向的土地利用规划环境影响评价方法 [J]. 中国土地科学. 2005,19(2):3-8.

[7] 庄优波,杨锐. 风景名胜区总体规划环境影响评价的程序和指标体系 [J]. 中国园林,2007(01):49-52.

[8] 庄优波. 风景名胜区总体规划环境影响评价研究 [D]. 北京:清华大学建筑学院,2007.

[9] NPS.Craters of the Moon National Monument and Preserve.Proposed Management Plan/Final Environment Impact Statement. 2005,7.

第14章
规划实施体制保障

教学要点

1. 国家公园规划实施的制度保障框架由哪些机制构成。
2. 国家公园法制机制内容构成。
3. 国家公园社会参与机制内容构成。

14.1 规划实施体制保障框架

规划实施是一个综合性的概念，既是政府的职能，也涉及公民、法人和社会团体的行为。第一，在政府实施规划方面，既包括直接行为：根据规划，制定实施计划与政策；通过财政拨款等手段，直接投资建设项目；根据目标，制定有关政策来引导保护地的发展；也包括控制和引导行为：对于非政府投资项目和行为，实施控制和引导，以加强管理。第二，在公民、法人和社会团体的行为方面，包括参与项目的投资，关心并监督规划的实施；遵守规划的规定和服从规划管理，客观上有助于规划目标的实现。

规划实施机制主要包括 5 个方面：法制机制、行政机制、财政机制、经济机制和社会机制。

1）法制机制。通过法律、法规为规划行政行为授权和提供实体性、程序性依据。法律机制是行政行为的执行保障。

2）行政机制。政府及其规划行政主管部门依据宪法、法律、法规的授权，运用权威性的行政手段，采取命令、指示、规定、计划、标准、通知许可等行政方式来实施规划。

3）财政机制。通过公共财政的预算拨款，直接投资重要设施；通过税收杠杆等手段来促进和限制某些投资和建设活动。

4）经济机制。有偿出让国有土地使用权；有偿出让国有设施的经营权等。

5）社会机制。社会参与规划的制定，有了解情况、反映意见的正常渠道；社会团体在制定规划并监督其实施的有组织的行为；新闻媒体对规划制定和实施的报道和监督；政务公开，健全的信访、申述受理和复议机构及程序。

随着国家公园体制建设不断深入，相关制度建设也在不断探索和构建中。2017 年 9 月，中共中央办公厅、国务院办公厅印发了《建立国家公园体制总体方案》，相关举措为国家公园规划的实施保障提供契机。其中，法制机制方面，见《总体方案》的（二十一）完善法律法规。行政机制方面，见第三部分建立统一事权、分级管理体制；（八）建立统一管理机构、（九）分级行使所有权、（十）构建协同管理机制。财政机制和经济机制方面，见四、建立资金保障制度；（十二）建立财政投入为主的多元化资金保障机制、（十三）构建高效的资金使用管理机制。社会机制方面，见第六部分构建社区协调发展制度、（十七）建立社区共管机制、（十八）健全生态保护补偿制度、（十九）完善社会参与机制、（二十二）加强舆论引导、（二十三）强化督促落实等方面。其中，法制机制保障力量最为强大，而社会机制保障影响最为深远。

14.2　规划实施的法制机制保障

14.2.1　《总体方案》相关要求

《建立国家公园体制总体方案》"（二十一）完善法律法规"提到：在明确国家公园与其他类型自然保护地关系的基础上，研究制定有关国家公园的法律法规，明确国家公园功能定位、保护目标、管理原则，确定国家公园管理主体，合理划定中央与地方职责，研究制定国家公园特许经营等配套法规，做好现行法律法规的衔接修订工作。制定国家公园总体规划、功能分区、基础设施建设、社区协调、生态保护补偿、访客管理等相关标准规范和自然资源调查评估、巡护管理、生物多样性监测等技术规程。

14.2.2　国家公园规划法律依据

目前，我国已施行的自然保护地专类法包括《自然保护区条例》和《风景名胜区条例》，但尚未在国家层面出台国家公园相关法规文件，已颁布的《环境保护法》、《森林法》、《水法》、《草原法》、《野生动物保护法》等与自然资源保护相关的法律中，并未对自然保护地规划提出专项要求。

为了确保国家公园规划的权威性和有效实施，国家公园规划应受到《自然保护地基本政策法》和《国家公园法》保护，《国家公园法》中应明确规定国家公园规划的原则和目标、层级和内容、编制要求、审批部门、实施监管和惩处措施等事项。立法中还应明确规定国家公园管理机构和国家公园规划编制人员的权责利关系。

14.2.3　各国国家公园规划法律依据借鉴

西方发达国家在国家公园法律保障和立法模式方面的探索及经验，对我国国家公园体制建设具有借鉴意义，其国家公园规划的制定和实施主要以综合性框架法和专类保护地法为依据。例如，美国国家公园总体管理规划和实施规划制定的主要法律框架是《国家环境政策法案》（National Environmental Policy Act）和《国家史迹保护法案》（National Historic Preservation Act），战略规划和年度工作计划制定的主要法律框架是《政府政绩和结果法案》（Government Performance and Results Act）；《加拿大国家公园法》（Canada National Parks Act）中规定了加拿大国家公园管理规划相关事宜；英国的《当地政府法》（Local Government Act）规定国家公园是独立的规划当局，《环境法》（The Environment Act）规定每个国家公园管理局须准备和发布一份国家公园管理规划；新西兰国家公园规划得到《国家公园法》（National Parks Act）和《保护法》（Conservation Act）的法律保障，《国家公园总体政策》为保护地管理提供指导，内容涵盖自然资源、文化与历史资源、游憩利用、设施建设、活动、科研与信息、自然灾害应对等内容。

另外，日本的《自然公园法》规定了每处自然公园均要制定自然公园规划，根据该计划制定自然公园内设施的种类及配置、保护程度的强弱。

综上，基于我国现有自然保护地法律法规情况，可借鉴美国、新西兰模式制定"自然保护地综合性框架法"明确国家公园的法律地位，再通过"国家公园专类法"对国家公园的各项规划编制和保护管理措施进行规定。

14.3 规划实施的社会机制保障

14.3.1 《总体方案》相关要求

《建立国家公园体制总体方案》"（十九）完善社会参与机制"提到：在国家公园设立、建设、运行、管理、监督等各环节，以及生态保护、自然教育、科学研究等各领域，引导当地居民、专家学者、企业、社会组织等积极参与。鼓励当地居民或其举办的企业参与国家公园内特许经营项目。建立健全志愿服务机制和社会监督机制。依托高等学校和企事业单位等建立一批国家公园人才教育培训基地。

14.3.2 社会参与概念

狭义的社会参与是指参与和合作管理机制，即：在法律保障的前提下，各类与中国国家公园事业相关的主体，通过与国家公园管理机构之间进行多种方式的对话和沟通，积极参与并影响以下事项的决策：国家公园的设立、规划、管理、保护与利用、监测等，从而加强国家公园管理决策的民主性和科学性。其核心是社会参与并影响规划与政策制定。相关的英文词汇有 civic engagement，public involvement 等。广义的社会参与还包括其他机制，主要是指建立合作伙伴关系制度，包括社会捐赠机制、志愿者机制、科研合作机制等内容。相关的英文词汇有 partnership 等。

14.3.3 社会参与内容框架

1）社会参与的主体：社区、企业、NGO/社会组织、专家、游客、其他个体、媒体等。

2）社会参与的内容：国家公园的设立、规划编制与实施、资源保护、开发利用、监督管理等。

3）社会参与的方法：合作管理和监督（公示公告、听证会、专家咨询、座谈会、论证会或评审会、问卷调查或网上调查、现场咨询、聘请公众担当监督员、设立公众意见箱）、捐赠、参与志愿服务、科研合作等。

针对我国保护地社会参与制度不够完善的问题。第一，应加强保护地社会参与制度的理论研究，为实践提供基础支撑；第二，应在保护地相关的法律法规、政策中对具体参与的形式、内容、途径等方面做出详细的规定和要求；第三，应出台相关的指南以做出具体的技术指导。第四，加强管理机构的学习、培训，提高管理机构对于社会参与的重视程度，并掌握公共参与相关的技术和方法。从而能为我国国家公园社会参与提供机制保障。

针对参与主体积极性有待提高的问题。第一，应加强国家公园以及社会各层面的环境教育，提升公众的环境保护意识，在国家公园管理中有意识的培养公众的环保意识和参与意识。第二，关注各类潜在参与国家公园事业的主体，包括周边社区、民间组织、新闻媒体、专家、访客、其他社会公众个体，在国家公园管理中为其培育良好的参与制度。

针对管理与实践中参与主体、内容、方法不够全面的问题。第一，应扩展社会参与的主体类型，从国家公园边界内到边界外、从个人到群体、从专家到游客的各类参与主体都应得到重视。第二，应深化社会参与的内容，从保护地的设立、规划，到日常管理和监督的各个阶段，都应落实社会参与。第三，应丰富社会参与的方法，提供参与程度多元、双向互动、切实有效的社会参与方法。

14.3.4 社会参与机制建设重点

合作管理机制。国家公园应建立合作管理机制／合作伙伴制度，从依靠一方管理转变为合作共赢的管理方式。包括开展多种共管方式，与社区、企事业单位、国际和国内公益组织、个人、大专院校、科研机构建立合作伙伴关系，建立意见反馈机制、建立重大项目社会参与决策制度，有效落实合作管理机制。

社会捐赠机制。建议设立国家公园基金，并建立激励捐赠机制、探索多种形式的社会捐赠方式（可将捐赠与特定主题的科学研究、环境教育等活动结合在一起）。同时应实施国家公园特许经营制度或引入 PPP 模式，制定社会投资与捐赠的相关配套政策；成立专门机构或授权第三方对引进的社会投资和捐资加强管理。

志愿者机制。搭建志愿者服务平台，鼓励政府部门、企事业单位和社会组织成为志愿者单位。制定志愿者招募与准入、教育与培训、管理与激励的相关政策；加强招募工作，建立公开招募与定向招募相结合的招募方式；加强教育培训，完善岗前培训和日常提升的培训体系；构建激励机制，对志愿者的奖励应采取以精神层面为主，物质奖励为辅的方式。

科学研究合作机制。加强与科研机构、专家学者、非政府环境保护组织的合作，以弥补自身科研力量的不足，鼓励国家公园管委会成立科研合作机构。具体包括：建立健全科研监测管理制度；制定科研监测激励机制；建立决策咨询合作机制；完善教育培训合作机制，加强人才培训；加强与国外国家公园、国际组织的交流合作。

社会监督机制。包括公民监督、民间组织监督、利益群体监督、社会舆论监督等。鼓励建立社会监督员制度，鼓励成立监督委员会，加强社会网络监督，实施公开公正透明的监督。应建立财务、信息公开机制。

思考题

1. 如何保障国家公园规划能够得到有效实施？
2. 国家公园规划法制机制和社会参与机制各自的难点是什么？如何解决？

主要参考文献

[1] 马文军，王磊.城市规划实施保障体系研究 [J].规划师，2010，26（06）：65-68.
[2] 吕忠梅，环境法新视野 [M].北京：中国政法大学出版社，2000.
[3] 张振威，杨锐.中国国家公园与自然保护地立法若干问题探讨 [J].中国园林，2016，02：70-73.
[4] 张振威，杨锐.美国国家公园管理规划的公众参与制度 [J].中国园林，2015，02：23-27.
[5] 李振鹏，张文.风景名胜区公众参与制度研究 [J].中国园林，2009，04：30-33.
[6] 美国国家公园局长令 Director's Order 75A —CIVIC ENGAGEMENT AND PUBLIC INVOLVEMENT. https：//www.nps.gov/policy/DOrders/DO_7_2016.htm.